江南好
风景旧曾谙。
日出江花红胜火
春来江水绿如蓝。
能不忆江南

白居易《忆江南》词三首其一。

鱼米之乡

LAND OF FISH AND RICE

FUCHSIA DUNLOP

[英]扶霞·邓洛普——著　何雨珈——译

中信出版集团 | 北京

献给戴建军

献给杭州龙井草堂和遂昌躬耕书院的每一个人

致以我诚挚的爱与感谢

目录

FOREWORD

江南好，江南美，最忆是江南

江南之美，是中国传统审美当中的意境之美。

这美有山、有水、有鱼、有米、有桑、有蚕，一切都围绕着我们的日常生活，围绕着我们能够更好地组成一个和谐共生的大家庭而存在。江南的美，是中国人文与传统审美当中的一幅写意水墨画。在这幅水墨画当中，烟雨朦胧，山水各色。

正应了达·芬奇所指的“美感完全建立在各部分之间神圣的比例关系上”，在江南，这个比例是山与水之间的比例，是山水与土地之间的比例，是稻米与鱼虾之间的比例，是辛苦劳作与幸福收获之间的比例。

在扶霞所著的《鱼米之乡》当中，她把江南的美食细分成冷菜、肉菜、汤羹、蔬菜等各式各样，代表着江南的山水比例，也代表着江南的物产比例，表达准确，又让人触碰到一种愉悦美，这就是神圣的比例之美。

把这种比例之美从视觉落实到味觉上，那就是辛、酸、苦、辣、甜的调和，就是新鲜与腌制、新鲜与陈酿以及陈酿当中驾驭各式各样微生物，把时间凝固到食材中间的美。在这些比例当中，既有植物，又有动物；既有根茎，又有花朵；既有果腹的米面，也有让人心醉愉悦的茶饮。

各式各样的比例，都让江南的饮食代表着一种江南特有的文化：不极端，不张扬，和谐共荣，并且能够宽容地把与自己不相干的对立面包容在自己的内涵之中。这不仅是江南文化的气韵，也是整个中华文化的气韵所在。

书中对江南美食的细致描述与剖析，代表着扶霞女士深入了解中国传统文化。既了解传统文化与美食、审美之间的比例之美，也了解人们在面对这一片美好的土地、丰盛的赐予时“取之有度，留之有余”的生活之美。这本书提供给我们另外一种文明的视角，让我们看到其实在中国传统的文化、传统的审美（包括饮食审美）当中，有着祖祖辈辈生活在这片土地上的人们对比例、和谐、生活美学的一种高度概括。

谢谢扶霞女士以自己的观察思考，为我们提供了另外一种角度，来看“江南美，最忆是江南”的一个场景。

陈立

2021 年 6 月

黄海
江苏省
安徽省
扬州
镇江
南京
无锡
高淳
苏州
上海
长江
杭州
绩溪
舟山
绍兴
黄山
（屯溪）
宁波
浙江省
金华
遂昌
东海
N
0
100km

THE BEAUTIFUL SOUTH

秀美江南

本书将带你来到风景秀美的长江下游地区，展开一段旅程，中国人将这一地区称为“江南”。西方人概念里的中国江南，主要是上海这个现代化的大都市，而上海不过是进入这个地区的小小门户。数百年来，江南在中国都享有盛名：风景优美，产出了无数优秀的文墨作品，很多城市富足辉煌，吃食精致考究。江南地区包括了东部沿海的浙江和江苏两省，还有上海市以及安徽省南部古称“徽州”的区域。江南素有“鱼米之乡”的美誉，自然环境得天独厚，气候温暖滋润，土地肥沃，江、河、湖与近海区域有着丰富的水产和海鲜。

我自己的江南之旅始于将近10年前，第一站去了历史悠久的美食之都扬州。和两百多年前的清朝皇帝一样，我被这柔软缱绻的温柔乡和灿烂美好的淮扬菜迷住了。接下来的几年里，我又数次下江南，遍访杭州、苏州、宁波和绍兴等古城，再返回现代化的上海。我徜徉在古城的街巷通衢，造访路边摊和富商旧宅，流连于各式各样的后厨。我跟着当地的大厨与农民，出江河湖海捕鱼虾蟹贝，下村野田间挖笋和野菜。

也不记得什么时候，我的心中萌生了写一本江南食谱的想法，但我很清楚，这个念头真正变得严肃和成熟，是当我在杭州城郊穿过一道月洞门，走进龙井草堂那令人心旷神怡的庭院之中时。特立独行的餐馆老板戴建军（昵称“阿戴”）在那里建造了一座“圣殿”，创造出我心向往之却鲜少相遇的中餐。他的采买团队把农村地区翻了个底朝天，搜寻极其新鲜水灵的农产品和手艺人坚持用传统方法做出来的食物。在草堂后厨，他的厨师团队遵循着老一辈的烹饪方法，自己腌肉腌菜，坚持用高汤代替味精调味。在我看来，龙井草堂是在恢复中餐原有的尊严与辉煌，他们所表达的，是自然与人工巧手的完美结合，达到了饮食中健康与愉悦的理想平衡。

在戴建军和当地美食界其他领军人物的支持和鼓励下，我爱上了江南和这里超凡卓绝的美食文化，和再往前10年的我对四川的热恋一样炽热。接下来的多年中，我常常回到江南，寻访专业厨师、民间高手、路边摊的美食“扫地僧”和乡野农人，他们给我讲故事、传授菜谱，还让我得以品尝之前未曾有口福体验的人间至味。无论是谁，只要爱上了江南，必然会流连忘返，依依不舍。据说，公元 4 世纪有位名叫张翰的官员，因为过于思念和渴望江南家乡的莼菜羹和鲈鱼脍，毅然从北方辞官返乡。从那以后，“莼鲈之思”就成为乡愁的代名词。中餐博大精深，每一种菜系都有独特的魅力：川菜专攻调味，香料众多，色彩炫目；北方的汤面下肚，暖胃暖心。然而，在我心中，最能让人放松身心、享受闲适的，还是江南的菜肴。

江南菜在中国国内本身就很受欢迎，以精巧雅致和淡然平衡著称。江南的厨子们偏重突出食材的本味，不会过度调味抢其风头。江南传统就是崇尚“清淡”之味，这两个字本身就很美，但在英文中常常被翻译为“味道淡的”（bland）或“无味的”（insipid），失去了其原本的吸引力。在中文里，“清淡”既有淡然悠远的味道，又包含清新舒适的心情，让你的身体与情绪一道平静下来。江南文化本来就是此二字的化身，除了饮食崇尚清淡简约，风景也云山雾罩，诗爱写意，画偏水墨，各种去处曲径通幽，江南雨阴柔缠绵。

江南菜的“脾性”是温和柔软的，但这绝不意味着它缺乏丰富的风味。其实，这个地区以红烧菜而闻名，酱油、料酒和糖这“红烧三剑客”合体，效果惊人。这里还有香气扑鼻的醋，用美酒糟出来的“醉”佳肴，以及各种各样别具一格的发酵食物。不过总体上来说，在江南，要称得上一顿好菜好饭，必须要让人觉得舒服。众所周知，均衡的饮食是身强体健的基础，“厨道即医道”。重口味的大鱼大肉与辛辣刺激的东西，吃起来一定要有节制，要用调味清淡的蔬菜、清肠润腹的汤和白米饭来中和。

江南菜涵盖范围很广，从朴实的农家菜和街头小吃，到宴席上的珍馐佳肴，后者因制作之精心，得了“功夫菜”的名号，其厨师如同武术大师，用炉火纯青的技艺来进行烹饪。江南菜风味众多，从清淡鲜美的蒸鱼和清炒的绿叶菜，到味道无比刺激的臭豆腐。即使这个地区的不同区域，在烹饪风格方面也是天差地别。苏州与无锡偏爱甜味；绍兴有很多发酵美食；宁波则盛产海鲜，菜肴味道鲜明清爽。江南的佛教素食传统和丰富多彩的点心也值得一提。著名的江南地方菜肴不胜枚举，比如叫花鸡，整鸡肚子里塞点料，包上荷叶与泥土进行烘烤；无与伦比的东坡肉和狮子头（其实就是肉圆子，叫“狮子头”，颇有点柏拉图的味道）；做法很讲究的龙井虾仁；还有用酒香浓郁的黄酒浸润出来的醉鸡。江南很多佳肴的起源都有传说，或与历史人物有关，或能牵扯出一段令人兴致盎然的佳话。

当地人自认为江南美食全国最佳。他们说粤菜过于生猛，川菜太辣，北方菜太咸，而

浙江杭州，西湖上的游船。

江南菜不但丰富多样，永远吃不厌，而且和谐柔美，既安抚味蕾，又安抚身心。很多当地人都觉得江南菜达到了完美的平衡，特别健康，又十分亲切，能吸引八方食客，所以多年以来，才能成为中国国宴与外交宴会上的主角。江南菜恰好也很合当代西方人的口味，因为清爽柔和，注重健康应季，既有发酵食物，在肉类使用上又比较节制，日常饮食中不乏蔬菜。

粤菜和川菜在西方已然扬名，而江南菜还玉在椟中。毫无疑问，原因之一是这个地区的中餐菜系对外传播的名称不一。有种说法是"淮扬菜"，主要指以古城扬州为中心的菜系风格，也是通常意义上的中国"四大菜系"之一，但有时候又会被用来统称整个江南地区的菜肴。也有人把江南菜称为"上海菜"，还有"苏浙菜"或"江浙菜"。另外，近年来，很多厨师和美食家逐渐开始捍卫自己所在省份或城市独特的烹饪风格。在各种争议之中，我选择讲述广义上的"江南菜"，包括浙江省、江苏省、安徽省南部和上海市的传统菜肴。"江南菜"串起了这个丰富多元地区的地理和美食，也让人心中发思古之幽情，联想到古代的江南，这里有秀美的风光，而且是中国文化和美食的中心之一。

我希望这本书能让你领略江南地区及其菜肴的特色。我会请你尝一尝泛着油光、色香味俱全的红烧菜，品一口文火慢炖出来的芳醇汤羹与烧菜，夹一筷子清新爽口的炒菜，再感受一下美味而精巧的佛家素食。我会带你一窥波光粼粼的杭州西湖、静谧端庄的苏州园林、扬州盐商的大宅以及绍兴的古运河沿岸。我也希望能向你展示这个地区令人目不暇接的风景，那连绵起伏的丘陵，摇曳成荫的竹林，还有池塘、溪流与肥沃的梯田，早春时节大水漫过，闪着银光，之后就是稻谷新发，绿涛阵阵。

从某种程度上来说，这将是一场探寻中国旧时光的旅程，是对那些古老的故事与传统菜肴怀旧的回望，但我希望，这也将在某些方面成为一场通向中国未来的探索。从前的战争与革命，以及全世界最迅速的工业革命，对中国传统文化造成了很大破坏，很多中国人对自己的传统文化也信心不足。至少 1 个世纪以来，很多中国人都崇尚西方的现代化，忽略了对本国丰富文化遗产的保护和利用。

最怪异的现象是，承袭了高度发达的饮食文化、对食物的营养与烹饪方法颇有研究的中国人，竟然会请西方人来给出"科学饮食"的建议；很多人没有意识到，他们其实就能给世界其他国家的人们提供很好的饮食范例。谢天谢地，中国经济的发展，让人们对这个国家丰富的文化遗产又重拾信心，特别是在繁荣富饶的江南地区。从戴建军等当地美食先锋的努力成果中，我看到了希望，这仿佛一股泉源，能够重振中国饮食文化，让其在现代和传统之间找到完美平衡。

这是丰饶多样的江南，光凭一本书，远远不可能淋漓尽致地展现这里的美食。然而，我希望自己搜集和写下的这些菜谱和故事，至少能为你打开这个非凡美食之地的一扇门。

THE HISTORY OF JIANGNAN CUISINE

江南菜小史

长江奔涌，横跨中国。长江起源于青藏高原，流经中部省份，从长江三角洲汇入东海。从古时起，这条江下游以南的地区就被称作“江南”。作为中国最为富庶的农业区之一，“鱼米之乡”的美誉也是源远流长。至少从宋朝开始，那里的美食便逐渐名扬天下。数个世纪以来，中国的文人墨客为赞颂那里的丰饶物产与精美吃食而写下的诗篇，不胜枚举。

江南地区从新石器时代起即有水稻种植，活动于今宁波附近的河姆渡人已经掌握了种植水稻的方法，这是世界上最早的水稻种植活动之一。两千多年以前，中国历史学家司马迁就写道，这个地区“无冻饿之人”“饭稻羹鱼”（吃米饭，喝鱼羹）。不过，到西方的中世纪时期，中国的政治中心都一直在黄河流域的北方地区。然而，就算是在中国封建王朝早期，皇室朝廷也都渴望着富饶江南的物产，长江下游地区的部落虽被称为“南蛮”，每年却会进贡一船船的鱼虾水产。

从公元 6 世纪起，由于大运河的修建，江南与北部皇都通了水路，江南地区有了新的身份，成为贸易中心之一，无数的美食和税款从这里上达朝廷。扬州城就位于大运河与长江的交汇点，成为一个重要的运输集散地，也是南中国强劲跳动的经济心脏。源源不断的税款，以米和海盐的形式，以扬州为中转地，被输送到宫廷；随船还会呈上一些稀罕贡品，比如小银鱼、糟腌的糖蟹和甜姜等等。唐朝时期（公元 618 年—907 年），来自阿拉伯等地区的外国商人纷纷在扬州定居，这里当时是中国最富裕的城市。唐朝诗人王建曾写过扬州热闹的夜市，“千灯照碧云”的盛景之下，客人熙来攘往，络绎不绝。[1]

---

1 原诗是《夜看扬州市》：“夜市千灯照碧云，高楼红袖客纷纷。如今不似时平日，犹自笙歌彻晓闻。”——译者注（本书注释若无特殊说明，均为译者注）

江苏扬州，卢宅（卢氏盐商住宅）内部，初建宅主是盐商卢绍绪。

江苏省，一位农民正在采集水下的芡实，这是一种淀粉含量很高的果实，苏州人称之为“鸡头米”。

而在中国北方，一直以来作为王朝中心的黄河流域越来越多地遭遇干旱和北方草原游牧民族的袭击劫掠。与此同时，南方的经济实力和综合力量持续增强，肥沃丰饶的土地、温和湿润的气候与远离外族侵扰的环境都是强劲助力。江南地区的富庶离不开稻米，五花八门的新品种产量更大，人口也因此大增。在沿海城市宁波与温州，海上对外贸易十分兴盛。

南宋时期（公元1127年—1279年），江南的富庶与政治影响力达到了新的巅峰。1127年，金军占领了北宋都城开封，王朝遗民南下逃至杭州，于是，这里成为中国实质上的政治和文化中心，也成为当时世界上最大且最富有的城市。那时的杭州就如今天一样坐落于风景迷人的西湖之东，西湖湖面如镜，青山环绕，岸边点缀着亭台楼阁。城墙之内有多层楼房和干净整洁的石板路，路上车水马龙，轿子与骡车交错而过。

当时的文学作品，对杭州的美食生活有大量描写。城中各处都是专卖某种食材的市场和食品店，光是贩售咸鱼的店铺就有近200家。从破晓到上午时分，会有小贩在路边摊售卖美味小吃，过往行人见之无不食指大动。酒肆之中，酒客端着银杯，啜饮美味的米酒。餐馆茶社应有尽有，每一种口味与癖好都能得到满足：有的专供某个地区的特色菜品，有的只做佛家素食，有的则专卖放在冰上保鲜的冷食。当时的一份文献列举了234种当地名菜，包括百味羹、炒蟹、葱泼兔等。有些人会驾乘水上游船或包下豪华宅邸办筵席，这时候就轮到专门的外包饮食服务者"茶酒厨子"出场了，他们负责一切筵席合用之物：餐食、餐具和装饰。在那个歌舞升平的黄金年代，中国城市居民普遍被认为是全世界有史以来餐食最讲究的大众群体。

筵席散尽，南宋都城最终也在另一次外族入侵中陷落，这次的外族是蒙古部落，他们在1271年建立元朝。元朝定都大都（今北京），但江南文化依然繁盛发展。在宋朝灭亡之后不久，马可·波罗对杭州进行了一番描述，在他笔下这座城市的光彩似乎丝毫未减。他写道，杭州"毫无疑问是世界上最美丽华贵之天城"，市场上各种"生活所望之物，应有尽有"：有鹿肉、兔肉、雉鸡和鹧鸪等野味，"鸭和鹅更是不可胜数"，无数的蔬菜、水果，从江河湖海中捕来的大量鱼虾，"无数人完全习惯美味环绕的生活，餐餐鱼肉并食"。

江南城市的富庶丰饶和高度成熟，再加上大量的物产，促进了美食文化的蓬勃发展。这里的秀美风景和精致生活扬名全中国，人人称颂"上有天堂，下有苏杭"。在饮食方面，宋朝时期的江南催生了举世公认的最早"菜系"，其复杂精细的饮食文化，不仅是煮熟食材满足口腹之欲，还要对食物进行详细阐述、讨论和记录，打下了现今“中餐”这个概念的基础。

明（公元1368年—1644年）清（公元1636年—1911年）时期，除了改朝换代的动荡暴乱和民间冲突，江南地区繁荣不改。清朝的扬州成为获利颇丰的全国盐业中心，一度贡献了整个中国四分之一的税收，令人咋舌。盐业兴旺，扬州的盐商中也出了许多富贾。他们大兴土木，修宅邸，建园林；也和古往今来的中国富人一样，雇私厨豪宴宾朋。当地文献有记载：“宴会嬉游，殆无虚日。”

末代王朝清朝的康熙和乾隆皇帝，对于江南那无法抗拒的痴迷是出了名的。18世纪乾隆皇帝下扬州，当地官员争相用豪华筵席和奢靡的歌舞娱乐讨好谄媚，可谓挥金如土。当时的戏曲作家李斗列出了一次豪宴上的菜品，包括燕窝鸡丝汤、鱼翅螃蟹羹、鲫鱼舌烩熊掌等等。传说中与乾隆下江南有关的菜品，数量惊人。这位皇帝本人也极爱江南菜，执意收了些苏州厨子，到北方的紫禁城做御厨。

19世纪中叶后，随着铁路的修建，上海迅速崛起，扬州的经济重镇地位不保。新兴的“暴发户”上海不仅抢了扬州的风头，也遮蔽了江南地区其他曾作为文化与美食中心的古都之光彩。上海逐渐发展为一个国际化大都市，成为江南地区对外开放的门面。上海本地菜充分吸收了整个江南地区及海外美食的风味和手法，西式餐厅应运而生，中国地方菜系也在此融合，形成“杂交”品种，例如“海派川菜”。

20世纪早期，皇朝终结，江南菜却依旧是中国美食登峰造极的明珠，这一局面部分要归因于国民政府中的一些重要人物来自江南，例如蒋介石。不过到后来，和大部分中国文化一样，江南的美食文化也被战争与革命的烽火彻底震动。到20世纪90年代，中国已开始改革开放，广东成为新的富人聚集地，粤菜趁势崛起，抢占了江南菜原有的地位。后来的世纪之交，川菜又突然掀起风潮，更是让江南菜相形见绌。不过，如今的中国正在应对经济迅速发展带来的负面后果，很多人又开始更深入地找寻自身与传统文化的关联。热爱江南菜的美食家们常常表示，希望这个拥有悠久美食烹饪历史的地区，能用清淡可口的风味，给美食界提供新的灵感。

江南食材

江南之地遍布着大江与运河、湖泊与池塘、山峦与田野、泥地与石滩，这些地形地貌给予厨房无限丰饶的馈赠。和中国大部分地区一样，这里最常吃的肉类是猪肉，这也是很多令人最无法抗拒的菜品中的主要食材。新鲜的、腌过的、烧制的、炒制的、高汤炖的、炼成猪油的，各色各样的猪肉是江南美食中不可或缺的角色；而牛肉和羊肉则是餐桌上偶尔的访客。江南人从前会把鸟类称为“羽族”，其中鸡为首位，不仅单吃起来美味，也能熬制成高汤，用来丰富各种菜品的味道，成为一道菜隐而不现的灵魂。（18 世纪的美食家袁枚曾写道：“鸡功最巨，诸菜赖之。如善人积阴德而人不知。”）鸭肉做菜也很常见，最出名的要数南京。“庄严宝相”的大白鹅也是颇受欢迎的食材，扬州尤甚，古城中常有专做盐水鹅的货郎，挑着担子叫卖。鹧鸪、野鸭、雉鸡和松鸡等野禽也是传统珍馐，但如今已是鲜见。

江南民众既然居于“鱼米之乡”，自然会吃种类惊人的鱼、海鲜和甲壳类动物。宁波的市场上，长长的带鱼泛着银光，旁边是鳞片闪着迷人光彩的刀鱼。滑溜溜的鱿鱼、章鱼和墨鱼也很常见，风干的墨鱼子是备受推崇的美味。贝类也不计其数，最不同寻常的恐怕要数宁波的泥螺，冰鲜泥螺用酒腌制，制成“醉螺”，吃时螺肉嫩而肥美，螺壳薄脆爽口，此味只应天上有。海蟹生腌之后切块，带壳盛盘，顶上点缀海蜇头，这就是宁波的另一道特色菜，海味浓郁，口感黏滑。宁波海产质量上乘又十分新鲜，通常简单蒸一蒸或在盐水里氽一下即可。宁波与舟山的海岸边总有很多赶海之人，采集紫菜、海带之类美味又营养的海草。

除了海鲜，中国人将淡水中出产的鲜货称为“河鲜”，也就是各种各样的淡水鱼、淡水贝等等，这些在江南菜系中也占有同样重要的地位。鳝鱼、青虾和各种各样的淡水蟹都

江苏扬州，古城里挂着风干的咸鱼。

浙江省，农民在收毛豆。

能入菜，还有贻贝和小龙虾。这个区域的江湖溪流中游弋着种类数不清的鱼，其中有种泛着银光的小鲫鱼，可以做成奶白奶白的美味鱼汤；而大一点的鲤鱼刺相对少些，就用来吃肉，没什么腥味。当地最受推崇的莫过于闪着微光的鲥鱼，这种鱼每年春天都会从海洋洄游到长江和钱塘江产卵。淡水水域给江南的另一项美味馈赠是鳜鱼，这种鱼样子看着有些凶猛，其实肉质软嫩可口，简单清蒸一下，就很完美。

历代江南文人从不吝于称颂这里的河鲜与海鲜。宋朝文豪苏东坡曾写过："今日骆驼桥下泊，恣看修网出银刀。"不过，对江南水域的物产最着迷沉醉的，还要数17世纪的剧作家李渔，他写道："独于蟹螯一物，心能嗜之，口能甘之，无论终身一日，皆不能忘之，至其可嗜可甘与不可忘之故，则绝口不能形容之……自初出之日始，至告竣之日止，未尝虚负一夕，缺陷一时……蟹乎！蟹乎！汝于吾之一生，殆相终始者乎！"

从13世纪开始，风干的咸鱼和腌制海鲜就是江南人橱柜中食材的主力。海鱼常常会经过盐腌发酵，再风干，做成鲞，风味独特，很是刺激，尤其受浙江人的青睐。鲞味道很重，常用来给新鲜猪肉或蔬菜等味道比较清淡温和的食材提味。盐腌后风干的海鳗经过蒸制，就是一道开胃小菜；海米（虾米）则几乎在江南菜中无处不在。喜欢寻求刺激和新奇的人可以尝尝黄山附近屯溪著名的臭鳜鱼，那叫一个臭不可闻，十分刺鼻，味道快赶上臭奶酪了。据说，曾有鱼贩从长江返回安徽南部，鳜鱼在桶里和盐"亲密接触"了一个星期，回到家味道已经变得很怪，尝一尝风味实在特别，就这样机缘巧合地有了臭鳜鱼。

江南蔬菜的种类同样数不胜数，每个地方在每个季节都有各自的特产，有野菜，也有种植的农家菜；有新鲜水灵的菜，也有腌菜咸菜。芸薹属的蔬菜地位很高：小白菜和大白菜都是江南人的最爱；还有腌制的雪菜，有个很好听的名字"雪里蕻"。江南人还异常偏爱荠菜，它算是芥属蔬菜的近亲，有小小的叶子，多为野生，常常用来做汤、清炒或剁成馅儿包馄饨和饺子。竹笋也有各种做法，或用咸笋，或用笋干，也有腌制的，成为不同季节的风味。葫芦科也是"瓜丁兴旺"，包括西葫芦、丝瓜、冬瓜等等。根菜之中吃得比较多的是芋头、白萝卜和甜薯。

江南有些最奇妙最独特的蔬菜是水生水养的。有野生的茭白，柔嫩如拔节竹笋；有脆生生的马蹄（荸荠）；还有菱角，样子奇特，像顶了两只牛角。江南把莲这种植物的很多部分入菜，比如莲叶、莲子和长在水下的胖藕。还有些地方特色菜，比如南京人爱吃的水生植物芦蒿，还有遥远的古代引起张翰浓浓乡愁的嫩滑莼菜。最迷人的水生食材恐怕是芡实，珍珠大小的圆形颗粒，口感黏糯，淀粉含量高，可入补汤，或做成筵席上的佳肴。芡实多长在池塘，大大的圆叶如茶盘般飘在水面，果实长在水里，形似石榴，要剥出来得费好大一番工夫。每颗果实都有鸟嘴一样的尖头，所以芡实在苏州又被称为“鸡头米”。（有时候英语将其翻译为 Suzhou chickpeas，即“苏州鹰嘴豆”。）

江南文化中素来有喜爱和欣赏蔬菜的传统。13 世纪的作家林洪在饮食札记《山家清供》中赞颂了吃蔬菜的诸多益处，并收录了各种菜谱，其中有的食材需要费心寻觅，有的则是自家种植，很多菜品都有非常悦耳的名字，比如“山家三脆”（凉菜，嫩笋、小蕈、枸杞头拌食）。17 世纪诗人及剧作家李渔是江苏人，他十分欣赏蔬菜之中的自然之美：“吾谓饮食之道，脍不如肉，肉不如蔬，亦以其渐近自然也。”现代江南的人们特别讲究吃当季鲜蔬，餐馆也会随着四季变化而更换菜品。

独具慧眼的老饕们热衷于需要寻觅的野菜：一直以来都备受欢迎的有马兰头、样子有些“张牙舞爪”的芝麻菜等等。很多农家的餐桌上，会出现那些通常不会当菜卖的部分，比如南瓜花、苕尖等等。如今很多常见的蔬菜都已经在江南人的餐桌上活跃千年了，比如竹笋、荠菜、莲藕，还有现在已经比较少入菜的葵和藿。还有些蔬菜就是年代更近的舶来品了，比如西红柿，通常是上海和宁波这种与外通衢的地方做菜用得多些。你看这种蔬菜的名字里还带着外国的意思呢：“西”红柿，“番”茄。

浙江绍兴，运河边的生活场景。

浙江杭州，对外出售的金华火腿。

FLAVOURS OF JIANGNAN CUISINE

江南菜的调味

江南烹饪的核心是对食材深层次的尊重。通常，江南厨子们都偏爱突出食材的本味，他们选择当季菜蔬肉食，并采用最能烘托其美味的烹调方法。加调味品的目的并非刺激人的味觉感官，而是突出表现食材本身的内涵之美。所以江南厨子总是不厌其烦地寻找最应季最上乘的食材，比如春天最新发的嫩笋，秋天最肥美的螃蟹，或冬日霜降后最甜美的绿叶蔬菜。18 世纪的美食家袁枚，江南烹饪艺术最伟大的推崇者，就曾写道，一场成功的筵席，烹饪占六成，买菜的人占四成（“大抵一席佳肴，司厨之功居其六，买办之功居其四”），在今天仍可奉为厨房箴言。

江南厨师特别擅长对食材取长补短，使其瑕疵不见。烹饪第一步通常是去除鱼、肉和禽类的自然之味中不太受中国人待见的腥味，可以用于去腥的方法有：添加调味料，如料酒（绍兴酒）；在腌制或烹煮食物时加入葱、姜；也可将生肉或禽类在开水中氽一下，之后将水倒掉。对于鳝鱼之类本身味道比较重的肉类，可以用姜、香菜和各种香料来烹调去腥。如果是中国饮食文化的“槛外人”，可能会对这些技巧感到难以理解，但它们在给肉食去腥提味方面确实是百试百灵。有些蔬菜在进入正式烹饪程序之前也要经过一些处理，例如白萝卜焯水去除辛辣味，竹笋焯水则是为了去除天然的苦味和毒素。

放调味品不是为了掩盖食材本身的味道，而是为了提鲜或达到“和味”的境界。比如，一条新鲜的鱼，可以用葱姜腌制一下，去除腥味，然后和火腿薄片一起蒸制，最大限度地引出其中的鲜味。新鲜蔬菜通常会用少量的猪油来快炒，或者加高汤调出丰富的味道和口感，同时又不会掩盖其自然的清爽。咸味菜里加一点糖，即能“和味”。好的食材，不加一点额外调味而加以烹调，比如农家土鸡熬鸡汤等等，成菜会得到“原汁原味”的赞誉。

江南厨师经常使用的重要调料并不多。其一是酱油（老抽），取其咸味和浓郁的颜色，在红烧菜中不可或缺；调料之外，也可作为单独的蘸料。当地传统的酱油不但咸味很足，颜色也很深，最好的品种是绍兴出产的，被称为“母子酱油”，有种令人愉悦的泥煤味，很是深邃。豆瓣酱和甜面酱也会用到，两者颜色都比较深，是发酵调料，风味比酱油更粗犷，多了些泥土之气。酱油本身其实就是黄豆发酵后提炼的液体，相对于那些从孔夫子时期的发酵鱼酱与肉酱演化而来的古代调味料，还算年轻的“新贵”；最早提到酱油的书面材料出现在13世纪，来自江南的作家林洪撰写的食谱（《山家清供》）。

江南的人们尤其青睐食醋，醋也是日常生活“开门七件事”（柴米油盐酱醋茶）之一。米醋不仅是糖醋菜品中的关键调味品，也是餐桌上必备的调味品。当地人用醋来给鱼虾螃蟹去腥，所以常会附上一小碟醋做蘸料。醋还有暖胃、开胃和给食物去油的作用。古时候用作长江码头和渡口的镇江出产的醋闻名全国，主料是糯米，颜色深幽，味道丰厚悠远。浙江菜中还经常使用玫瑰米醋。纵览整个江南，餐桌上通常只有一样单独摆放的调味料，那就是醋。

两千多年来，浙江省绍兴市一直是产酒重地，那里著名的“黄酒”因为琥珀般的颜色得名，它既是饮用的酒，也是一种重要的调味料。在各种“醉”菜中，黄酒是关键调料，也可用来给肉、鱼和禽类去腥。江南菜偶尔也会用到度数更高、和伏特加比较像的酒，比如经典上海菜炒草头（苜蓿芽）。绍兴制酒业还有个特别棒的副产品——酒糟（出了江南就很少见了，真是遗憾），是用酿酒后剩余的残渣做成的。酒糟是棕黄棕黄的酱状物体，香味特别迷人，里面有隐隐的烟熏味、果味、土香和花香，在烹饪中有很多用处。酒糟可以做成糟卤，用来卤毛豆或虾，这些菜都被称为“糟”。也可以搅动酒糟使其呈泥糊状，用来封酒坛子或包裹“叫花鸡”。要么将酒糟和鱼干一起，一层层叠放在陶罐中，鱼干也会散发沁人心脾的香味。

糖也是非常关键的调味料。在江南地区，苏州人和无锡人在做菜时放糖比较大胆，两个地方的甜味菜肴也更为出名。大部分甜味菜肴都可以用甘蔗或甜菜做的普通白糖来做，但带水果的菜肴或甜汤如果加冰糖，味道会更好。有时候也会用黄糖或红糖，取其色泽与多层风味。在传统烹饪手法中，人们会用“糖色”来为烧菜炖菜增添色泽，但近几年来，大家觉得糖色可能有致癌风险，已经不爱用这种手法了。如今，大部分的厨师都用酱油（老抽）来实现增色的目的。

姜和葱可谓餐餐必备，每菜必加，腌肉熬汤不可或缺（用于去腥），也是一些菜中最重

江苏镇江，铸锅匠。

点突出的调味料，比如某些要用到葱油的开胃小菜。大体来说，江南厨师们不大使用蒜、辣椒和胡椒，当然也有少数例外：在乡村地区特别是山区，人们有时候会在菜里加辣椒开胃；还有些经典菜中的灵魂调味料就是大蒜和胡椒，比如响油鳝糊，当然两者的主要作用也是去腥。各种干香料的名字散见于多个菜谱，出现最多的是八角和桂皮，当然也有草果、干草和山柰（砂姜）。在江南传统的烹饪理念中，要提鲜就找高汤、猪油和鸡油，不过如今很多餐厅的厨师都用味精了。做素食可以用干菇、生抽、芝麻油、豆芽、竹笋等美味来提鲜。

除了这些基础调味品，盐渍、腌制和熏制的食材，也能为各色菜肴增鲜提味。浙江南部出产的金华火腿名声在外，通常用来搭配竹笋、豆腐等味道清淡的食材，提升咸鲜之味；也会加入汤菜和高汤中，最大限度地释放和强调鲜味。江苏如皋出产的火腿也闻名于世。和火腿相比价格更便宜、口感更软嫩、在家制作比较容易的咸（猪）肉，用途也类似，可以再加些海米和咸鱼。传说中金华火腿的历史要追溯到北宋。当地一群民众一路北上进皇都，为一位被诽谤中伤的爱国将领辩护。因为路途遥远，他们把携带的猪肉用盐腌起来，便于保存。等到了目的地，猪肉经过一路的风吹日晒，味道极美。将领被勾起怀旧思乡之情，将其命名为“家乡肉”。如今，金华人偶尔还会用这个名字来称呼当地的咸肉。而将领的下属们，惊叹于乡亲带来的猪后腿那红亮之色，将其称为“火腿”。这就是有关“火腿”一词来源的传说之一。

江南烹饪之中，用途最广泛的腌菜大概就是雪菜了。雪菜的原料是雪里蕻，芸薹属植物，叶片边缘参差不齐，尝起来有强烈的芥味。雪菜和鱼、贝类、豆子、汤都是天作之合，能赋予菜品一种清爽的酸味。绍兴人则爱用霉干菜给主材作配，那是一种颜色很深、香味扑鼻的干菜，将芥菜腌制后再晒干做成的，很受当地民众和厨师的青睐。腌菜和酱菜是常用的配料，其中很多也会作为开胃小菜，用来下饭。

甜味菜品中，最有特色的风味莫过于桂花香。黄色的小小桂花先用盐水浸泡，然后做成糖桂花，加入甜汤、点心、包子、粽子之类的菜品中。秋天的夜晚，江南各城街道与园林的空气中弥漫着小小桂花让人迷醉的香气。江南菜中还有一种配料，叫作红曲米，虽然严格来说算不上调料，但也很有趣。做法是将稻米和红曲霉放在容器中，稻米会被染上深紫红色。做好的红曲米经过碾磨或水浸之后，可用作天然食用色素来装饰甜味糕点或包子，也能给猪肉和禽肉增添红色。

CULINARY THEMES

江南菜的烹饪之道

“红烧”，是用酱油、酒和糖烧煮食材，这种烹饪方法在全中国都很常见；但江南的厨子，是真正的红烧大师，他们用红烧之法，让猪五花肉柔嫩弹牙，为鱼尾施展美味魔法，让蔬菜（如竹笋）口感丰富浓郁。红烧这个主题可以有无数的“美味变奏”，从上海特色的甜蜜红烧肉，到杭州散发着香气的东坡肉。“红烧”这个名字，正是指酱油所赋予菜品的深红色（有些菜品不加酱油，就是“白味”）。

江南菜最突出的特点，就是会把新鲜与腌制的食材放在一起烹制，当地厨师称之为“鲜咸合一”。这其实体现了节俭的传统，因为一点点味道重的盐腌食材入菜，即可让豆腐和蔬菜等便宜而味淡的食材风味更为突出，更为美味可口。无数的菜肴都凸显了这个主题，比如宁波著名的雪菜黄鱼汤、绍兴的咸鱼蒸鸡和上海的腌笃鲜。

在江南的大部分地区，甜味菜肴都并非主角，但苏州人和无锡人却尤其偏爱甜食，上海也算得上是嗜甜之城。苏州有几道名菜，比如“松鼠鳜鱼”，用非常艺术化的刀工将鳜鱼切出花，浇上浓郁红亮的糖醋酱；还有餐前凉菜，细切的火腿拌上炸松子，加砂糖调味。要是运气特别好，你还能吃到最稀罕也最豪华的筵席佳肴之一——蜜汁火方（火腿和莲子一起蒸）。上海的红烧肉，酱汁浓稠似糖浆，光亮如釉。不过，江南的美食家总会郑重地指出，就算是在这些地方，甜口的菜也应该和其他“平淡口味”菜肴一起出现，比如炒素菜，或是爽口清淡的汤品。

江南菜品，总体上都是有意讲究可口的清淡与恬和，但有个叫人着迷不已的旁支——“臭霉”风味，其实就相当于霉奶酪和悬挂很久来增添强烈风味的野味。50米开外臭味便能迎面熏人的臭豆腐，在江南随处可见。不过臭霉美食的灵魂之乡是绍兴，那里的

江苏省，渔民在自己的住家船上。

人们不但发酵酒，也发酵食物，这几乎成了他们习以为常的生活方式。绍兴人通常会用发霉发臭的苋菜梗做成卤水，来腌卤豆腐、竹笋、瓜类和嫩油菜芽；霉臭发黑的料汁仿佛给这些食材施了咒语，让它们都有了一种怪异而美好的风味。据说，这些不同寻常的食物是过去苦日子的产物，那时候当地穷人买不起肉，买不起鱼，只好调动所有的智慧，创造出这种可口的美味。

杭州烹饪界有个颇有趣的流派，即所谓的“南料北烹”，似乎是宋朝时期朝廷南迁的产物。朝廷南迁掀起了移民潮，其中有官员和富商，也有普通做工人家，比如厨子。那时候还名为临安的杭州，成为南北烹饪方法的熔炉。当时有人撰文狠狠批判了烹饪风格融合杂交的情况，认为过于混乱。在如今的杭州，厨师和美食家们会指出一些与当地菜常见风格区别较大的菜肴（例如西湖醋鱼、宋嫂鱼羹等），是北方菜“移民”到南方的产物。

南北烹饪风格融合带来的影响，还体现在杭州风味小吃“猫耳朵”中，这种小吃会让人想起北方古城西安的面食“麻食”。整个江南地区还常见表面洒满芝麻的点心，倒是挺像古代丝绸之路上卖的胡饼，只是到了南方样子更为精致讲究了些。就连如今作为上海特色小吃十分有名的小笼包，在江南都还按从前北方的习惯，被称为馒头，和曾为古都的开封卖的蒸包子也特别像。

从宋朝开始，江南人就喜欢吃仿制菜。通过充满智慧的食材运用和烹饪手法制作出来的食物，可以迷惑人的嘴巴舌头。在宋朝时的杭州，食客们可以在餐馆里吃到“假河豚”和“假鹿肉”。今天的人们只要去素食馆，都会被那里的“假烤鸭”和“假螃蟹”所震惊，这些菜品色香味都足以以假乱真，却完全是用素菜做出来的。除了佛家素食，江南的美食家们还喜欢那种完全看不出主食材的菜，比如不厌其烦地将猪蹄去骨，进行熬炖，做成让人食指大动的佳肴“赛熊掌”。

在最高等级的江南筵席中，美食家们会寻觅到只有行家才能领略其妙处的罕见珍馐。有的菜肴含有极具异域风情的食材桃胶；还有些菜肴只取动植物身上很少用的部分，比如鱼脸肉、竹笋最嫩的小尖或小白菜最内部的菜心。从古至今都有道德捍卫者们痛心疾首地谴责这种癖好，认为太过奢靡腐化。但很多情况下其实并不存在什么浪费：鱼和竹笋的其他部分，还有外面的菜叶，都用在其他菜肴中了。只要烹饪技术高超，即使是用便宜的食材，也能让食客吃得津津有味，这样的菜品就是“粗菜细做”。

也许现代人最熟悉的江南菜高超烹饪技法，就是“素菜荤做”：在蔬菜中加一点点猪肉、

浙江遂昌，戴建军的有机农场。

禽肉或鱼肉，进行调味，使其风味更为浓郁。烹饪筵席菜时，可能会加入高汤、猪油、鸡油、干海鲜或火腿，为蔬菜调味，在不掩盖其自然本味的前提下，使其更为可口，色泽更好看。日常来说，大部分城镇居民都会吃多种多样的健康蔬菜，加一点点猪油、猪肉或家常咸肉，就风味十足了。如果你既想饱口福，又想减少肉食摄入，那么江南美食的这个方面的确值得借鉴。

江南地区的美食家和全中国的饕客一样，对一桌好菜的要求是要满足感官的多重需要，不仅要好吃，还要“色、香、味、形”俱佳，甚至进餐的食器也得漂亮。认真的江南厨师特别注意成菜的卖相，比如他们会一丝不苟地进行配色。精心策划的一顿好菜，会包含各种赏心悦目的食材和多样的烹饪方法，在色彩搭配上也应该平衡和谐：深玫瑰粉的火腿可以和翠绿的豌豆或象牙白的芋头组成一道菜；就整体效果而言，闪着油光的红烧肉旁边可以摆一盘生机勃勃的绿叶菜，发白的汤菜和蜜糖色的酱鸭刚好相得益彰。

精湛的刀工是江南美食的基础之一。当地的厨师对菜刀的运用，那是出了名的纯熟灵巧。扬州厨师的刀工美名尤甚，这个城市的特色之一就是“三把刀”：厨刀、理发刀和修脚刀（修脚也是这座城市的特色享乐活动之一）。那里的厨师接受的基础训练就包括将一块豆腐切成头发一样的梦幻细丝，把鱼肉切成一朵菊花，把拙朴的块状鸡胗切出优雅的花纹。一位扬州大厨告诉我，他和同事们个个都能将一块豆腐切成5000条丝。现在也许比较少见了，但过去有很多厨师会将刀工艺术做到叫人啧啧称奇的极致。宾客赴宴，也许能见识到很厉害的工艺菜，比如大浅盘中摆着数十种材料组成的菜肴，切得一丝不苟，组装成羽毛五颜六色的小公鸡，或一幅松间白鹤亮翅的水墨画；也有用掏空的西瓜呈上来的汤，瓜皮上刻着繁复的花纹。

与大部分国家的民众相比，中国人特别重视口感上的愉悦，食物带来的某些触觉尤其受追捧。比如新鲜芹菜或爆炒鸡胗一咬即断的脆，黏米柔软缠绵的糯，淡水虾用油溜过再稍微炒一炒的滑嫩。很多西方人并不喜欢软骨和有嚼劲的食材，中国人则对有点弹性和拉力的肉菜十分喜爱。比起鸡胸，他们更爱鸡翅和鸡腿，因为这两个部位含有经常活动和使用的肌肉，有力量，有韧劲，吃起来有嚼劲，不是软绵绵的。在中国菜中，口感与色和味同样重要。

对口感讲究至此，就意味着厨师要会掌握火候，这在江南烹饪中是重中之重。有经验的厨师会培养起对锅中油温的第六感：油温低得合适，蛋白入锅就如云朵一般轻盈柔软；油温加热到一定的高温，炒起菜来便如有神助。据说，宁波最好的厨师都会经过良好的火候训练，他们做的锅烧河鳗，皮不破，肉却酥软到在旁边奏乐就散开了！

一席江南家宴，不仅是感官的享受，更能带来心灵的愉悦。除了色、香、味、形、器和舌尖与味蕾的多重感官快乐，对食物进行进一步的思考，也是怡人的。想想桌上那盘炒菜尖儿是在蔬菜生长到最完美的状态时采摘的，是今早才新摘的；再看看那盘鱼，是某个名湖或某条名河的出产，岂不美哉？还有用厚切冬瓜做成的以假乱真的素东坡肉，脆嫩的“鳗鱼”竟然全部以蘑菇为原料，这也让人惊叹。有的菜名悦耳动听；有的菜有传奇般的来历；有的菜是对中国古代某一本经典小说的致敬，叫人嘴角浮现一丝会心的微笑。在中国，美食方面的享乐并不低级，因为这不但是对口腹之欲的满足，更是一种全身心的滋养。美食就是文化的一部分，好的食物能够撼动心神，不仅能让亲朋好友欢聚，也能让我们更了解自己的历史与文化遗产，感受大自然的神韵和精髓。

A CULTURE OF GASTRONOMY

江南美食文化

从古至今，江南地区受过良好教育的人们，最懂得在品尝美食的同时，又写诗赋文，记录菜谱，来记录赞颂这些撼动心神的佳肴。所以，江南菜也经常被称为“文人菜”。中国最为著名的美食文人，大多在江南生活或旅居过，比如宋朝大诗人苏东坡，就曾做过杭州太守；陆游也在绍兴盘桓多年。两位文豪都写过很多关于江南菜的诗文，可谓饱含深情。

14 世纪著名山水画家倪瓒是土生土长的无锡人，他自己创作了一本“手绘”食谱，名为《云林堂饮食制度集》。而苏州出身的官员韩奕，据说是一本江南菜谱集[1]的作者。清朝的一部食谱大观《调鼎集》，据说编撰者是扬州盐商童岳荐。最著名的文人美食家自然是 18 世纪的袁枚，他出色的食谱以自己在南京的庄园命名，名为《随园食单》。在中国文人眼里，吃食上的好品味是自我修养的一个方面。美食既能带来味觉感官的愉悦，也能让人灵感大发，文思泉涌。

很多著名的美食家都表示不喜铺张奢侈的吃食，他们认为真正的美食品鉴能力应该体现在质朴低调的食物上。袁枚就不太瞧得起那些讲究食材贵重，却不懂豆腐做得好也能远超燕窝或海参的“庸陋之人”。很多学者文人都拒绝暴食浪费，渴望山居乡野的简朴清欢。苏东坡在偏远之地流放多年，怡然自乐，躬耕陇亩，为自己的妻妾下厨；而《浮生六记》的作者，“穷酸文人”沈复，也赞颂过省吃俭用的美德，并在书中描述自己与心爱的妻子共享粗茶淡饭的幸福快乐。

东晋诗人陶渊明曾写过“桃花源”的故事，充分展现了中国文人对理想生活的向往。这个故事讲述渔人误入一个被外界遗忘、遵循古法的世外桃源，那里的人们过着和谐的田

---

1 书名是《易牙遗意》，说是来自齐桓公时的名厨易牙，实际上是仿古代食经的作品。

园生活，远离人类社会的腐败阴暗。这个乌托邦的故事给世世代代的人们带去了美好的理想，古有文人官员辞官寄情乡野，亲自耕田采摘，洗手下厨；今有农民致力于有机耕种，也有坚决维护饮食文化传统的卫士。对于中国的理想主义者来说，简单、平衡、应季的食物不仅有饮食上的重大意义，也是一种态度，他们借此明志，拒绝物质上的诱惑，渴望与自然界建立更为和谐的关系。

中国文人坚守的一些价值观，和现代“土食者”（热衷食用本地食材的人）及环保主义者惊人地一致。比如坚持吃应季的物产，其种植和采集，也要按照农历的节气来进行；还有坚持“天人合一”的思想。和现代的同好们一样，宋朝时期杭州的美食家也很看重食材产地，享受寻觅食物的乐趣。13世纪林洪在《山家清供》中就写到很多野味和野菜，其中很多富含音韵之美和异国风情的菜名，放在今天任何一家风味餐厅的菜单上也毫不违和，比如松黄饼、雪霞羹、山海羹和冰壶珍。

很多传统的江南菜有着充满智慧和诗意的菜名，一直保留至今。有的菜里包含两种看似风马牛不相及的食材，比如茭白炒青菜或鲜鱼与咸鱼一起蒸，这些可叫作“文武菜”，以烹饪来比喻中国传统治理手段中相辅相成的互补之处。柔嫩的蛋清加上其他食材，就有了“芙蓉”的美称。还有更为精致的菜肴，比如宁波传统美食的明珠“独占鳌头”，是将甲鱼和冰糖慢火熬炖，这道菜之所以有这么个吉利又神气的名字，是因为曾有一个才华横溢的年轻文人在进京赶考的路上吃了这道菜。这菜名描述的便是每年高中状元的人，会在皇宫殿前的阶梯上，站在大理石的乌龟雕像旁边接受天家钦点封赏。从江南菜肴的名字和与之相关的传奇，能一窥该地区的文化传统：对文人文事由来已久的尊重；对乾隆皇帝下江南那些故事的痴迷幻想；从中国语言文字中衍生出的智韵之美；对乡野自然的热爱；老百姓在贪污腐败横行的乱世所感到的无助，对清正廉洁、奉公守法的官员的拥戴；而最重要的是，全中国人民在饮食中获得的欢欣愉悦。

对江南美食进行文字记述的多是男性，但女子在该地区的饮食界也占了一席之地。宋代的杭州就有女性“食神”，虽人数不多，也值得一提。著名的“宋嫂鱼羹”，菜名就来源于当时一位专业女性厨师；而同时代一位女性撰写的食谱《吴氏中馈录》，是现存中国菜谱中最早列出食材准确用量的文献。还有传说中的美丽女性董小宛，是明代末年一位有才文人的爱妾，她温婉细腻，做的菜也如其人，精妙高雅。有些民间传说中的传奇女子则与具体的菜肴相关，比如一位叫培红的女子，发明了在绍兴相当受欢迎的一种腌菜，被称为“培红菜”；史上第一道“西湖醋鱼”，也是位能干的无名女性做出来的。

一些最为美名远扬的江南菜做法繁复得令人难以置信，需要很多难得的食材配料，要花上数天时间，还得有高超考究的刀工。不过，尽管江南的富庶成熟和精于享乐的城市精英促进了高级饮食的发展，当地朴素的民间传统美食也同样诱人。在绍兴关于美食起源的传说中，常常出现被欺压的仆人用妙计战胜吝啬的主人，或者贫穷的书生和乞丐在饥饿和绝望中发现美味的故事。江南的街头小吃与家常腌菜之诱人，也不让筵席上的珍馐佳肴。农民、小吃摊主和寻常百姓、家常“厨神”做的美食，也在话本传奇中频频现身，遍布江南。在中国，热爱美食并不是富贵人士的特权，而是渗透在整个社会的血脉之中。宫殿豪宅，农舍街巷，无一例外，美食飘香。

APPETISERS

开胃菜

在江南，略微正式的一餐饭，都要先上几道开胃菜，为食客提一提兴致，开一开胃口。有的是凉拌素菜或腌菜，有的是“醉”肉，还有炸得脆脆的、淋上糖色的熏鱼，咸、酸、甜、鲜，味味俱全。在家招待客人的话，凉菜是最方便做饭的人准备的，因为可以提前做好；客人到了以后再看着灶做热菜即可。在不那么正式的场合，也总会上一些“小菜”，比如腌制的咸味冷荤菜、炸花生等等，都是休闲谈笑的夜晚最好的下酒菜。曾经，整个江南地区的酒肆之中，都有小菜佐酒。很多江南人都从熟食店和专做某种吃食的街头小贩那里买小吃和凉菜，特别是盐水鸭、盐水鹅，以及桂花糖藕和四喜烤麸等做起来很花时间的美味。

有一次，我去苏州的时候，受邀进了当地烹饪协会办公室的后厨，两位大厨正在为当地美食界代表准备晚饭。炉子上咕嘟咕嘟地炖着一大锅老汤，散发出叫人赞叹不已的香味；巨大的砂锅里有一只整鸡、一只鸭子和一只鸽子，还有一只猪肘和一块火腿。料理台上已经摆了一排准备就绪的凉菜，随时可以上桌。最引人注目的是淋上糖色和酒的油爆虾，摆在最中心的位置，旁边围了8个小盘子，有玫瑰酱鸭、咸鸡、凉拌牛肉和酒香肚条，还有与之“荤素搭配”的桂花糖藕、凉拌黄瓜、加了一点点辣椒的凉拌白菜和凉拌海蜇丝。从这里就可以一窥江南开胃菜的精致讲究和丰富多样。

菜名里带了个“醉”字的菜，是把生的或提前煮熟的食材（通常是禽类或海鲜）浸泡在绍兴好酒中制成的。这类菜在江南地区很常见，绍兴人尤其偏爱，当地有许多相关的特色菜。

而在江南之外名声没那么显赫的，是名字里带了“糟”字的菜，其风味全靠酒糟，即酿造绍兴酒之后所剩的谷物残渣。酒糟完全干燥之后，看上去仿佛堆肥，但那香味真是叫人神魂颠倒。在绍兴，人们会把鱼干或煮熟的鸡放进陶罐里，一层层地码好酒糟，再倒入高度米酒，然后静置，一直到鱼或鸡也浸染浓浓的酒香。酒糟还可以与水、盐、酒和香料的混合物一起熬炖，过滤之后制成味道极好的液体，被称为“糟卤”，可用来浸泡食材，做成糟卤毛豆、糟卤鸡、糟卤虾和糟卤猪肚，这些食材全部会浸染上独特而诱人的风味。一些鱼和海鲜做成的热菜也会用酒糟当佐料，相当美味，令人愉悦。在江南之外我还没见过卖酒糟的，唯一一次在外发现糟卤，是在纽约的中国城，它有了个“洋名”：**superior pickle sauce**（高级腌料）。不过，如果你在江南之外做“醉”菜倒是要容易些，具体可参考第 **69** 页的醉鸡。

有些开胃菜需要在做大菜之前不久去完成；而诸如素烧鹅或四喜烤麸之类的菜，可以提前一两天就做好，放冰箱冷藏即可。如果要准备一桌中餐，计划开胃菜时，最好要搭配不同的食材、颜色、味道和口感，如果不是全素宴，一定要注意荤素搭配。当然，江南开胃菜放在非中餐中也毫不违和，全凭你的心意。中国的糖醋酱菜与欧洲的冷切肉禽是绝配；而吃剩的盐水鸭或镇江肴肉之类的，做成三明治，又是一顿美餐。《常备配料》那一章中的酱萝卜（见第 **326** 页）也可作为开胃菜上桌。

苔菜花生米

Crisp Seaweed with Peanuts

这道美味凉菜是沿海城市宁波的特色。炸过之后变得酥脆的苔菜条和香脆的红皮花生组合在一起，撒一点糖，更显苔菜的咸鲜味，这是传统的做法。苔菜长在宁波近海沿线，如同有人在海面上用打结的绿色头发铺了张毯子，香气和风味都让人沉醉。苔菜又叫“苔条”，甜点与咸味菜肴均可用。我在中国之外从未发现有苔条出售，但一次在英国南部的海滩漫步时，我在海风中闻到了苔菜的气味，绝不会错。我摘了一袋子海藻回到伦敦，晾干后做了好几道宁波菜。

苔菜长得很像一绺绺绿色的头发，很好认，如果你能找到野生又干净的，那就最好，可以晾干后用在下面的菜谱中。找不到的话，给你提供一个英国中餐馆惯用的“冒充伎俩”：他们的“脆苔条”，其实是把甘蓝切丝后炸过制成的，竟然能达到以假乱真的地步，真是惊人。

右页图：苔菜花生米，上图加了干苔菜，下图加了甘蓝。

干苔菜 25 克（或 5 片甘蓝菜叶，取外部深绿色那种；或 100 克绿 / 紫羽衣甘蓝）
红皮花生 150 克
食用油 300 毫升
白砂糖 3 小匙
盐

如果是用甘蓝，要将每片叶子中间的硬茎切掉，将叶子重叠摆放，卷起来之后尽量细切，要切成宽 1~2 毫米的细丝。如果是用羽衣甘蓝（卷心菜），则将叶子剥下，撕成小块。如果是用干苔条，就把一把“绿头发”分散开，然后切成长度 5 毫米左右的小段。

花生放入炒锅，再放油，小火加热到 130~140℃，到花生周围微微冒泡（最好是能有油温计）。保持这个温度炸 15~20 分钟，直到花生表面充满光泽，吃起来香脆可口（夹一个尝尝即可，花生炸好之后没有那种生花生的感觉）。用漏勺捞出，放在厨房纸上吸油。

将油加热到 180℃。分两到三次加入甘蓝丝，炸两三分钟（炸脆即可）。用漏勺捞出，放在厨房纸上吸油。如果是用苔菜，就将油加热到 150~160℃，迅速炸脆，用漏勺捞出，放在厨房纸上吸油。

将花生和菜拌在一起，加盐调味，然后加糖，盛盘上桌。注意，如果你用的是正宗苔条，是不需要加盐的。

凉拌黄瓜

Quick Cucumber Salad

上海以前的法租界，街道上绿树成荫，街边有座不起眼的联排小别墅，晚饭时间，门口的人行道上有一群人在徘徊，他们就是翘首以盼的等位食客，原来这里是上海最受欢迎的本帮菜馆之一。20 多年来，“老吉士”餐厅的大厨们奉献了高超的厨艺，从雪菜毛豆到八珍猪蹄，他们捧出一道道叫人垂涎的本帮佳肴。这道凉拌黄瓜就来源于他们最简单的一道开胃凉菜，酸甜中带着蒜香，是一道方便的快手菜，又十分清爽，可以搭配味道比较重的主菜。“老吉士”用的是香醇的陈醋，如果你找不到，用意大利黑醋代替也不错。

浙江有个传统，就是过端午要吃“五黄”，黄瓜便是其中之一。（另外四样是黄鳝、黄鱼、咸鸭蛋黄和绍兴雄黄酒。）

右页图：凉拌黄瓜（上）；糖醋小萝卜（下）。

黄瓜 1 根（约 375 克）
盐 ½ 小匙
绵白糖 1½ 大匙
蒜末 2 大匙
镇江醋 1 大匙
生抽 1 小匙

将黄瓜两头切掉，横放在案板上。用菜刀刀面或擀面杖轻轻拍几次黄瓜，每次都要翻一下，将黄瓜拍松拍裂，但不能拍碎。

将黄瓜纵向切成两半，每半再切成 2~3 段长条，将瓜条平行放置，切成容易入口的小块。加盐充分调味，放在滤水篮中静置至少 10 分钟，沥干水分。

这个过程中黄瓜会出水，尽量沥干。加糖后静置 1~2 分钟，待糖溶化，然后再加入其他配料，充分搅拌后盛盘上桌。

美味变奏

滑溜凉拌黄瓜

教我做这道菜的是苏州厨师孙福根。将黄瓜切成薄片，用盐腌几个小时，然后尽量把水分挤干。按照口味加入适量绵白糖、适量蒜末和少许泡椒片。因为用盐腌的时间比较长，黄瓜的口感非常特别，又松软又脆嫩。

甜面酱配黄瓜

将黄瓜切条，配一碟甜面酱（见第 331 页）上桌。在杭州的龙井草堂，他们会端上整根的嫩小黄瓜配甜面酱，黄瓜特别脆嫩可口，是当天采摘的。

糖醋小萝卜

Sweet-and-sour Radishes

中国人很爱吃的那种大白萝卜，在英国叫作 **daikon**（这是白萝卜的日本名字，也有人用南亚的名字 **mooli**）。但他们偶尔也吃这种粉色小萝卜。一个秋日，我在朋友何玉秀位于上海的公寓中享用了一顿令人满足的午饭，其中就有这道菜，另外还有一堆如消防车一般火红的蒸大闸蟹，一盘懒洋洋纠缠在一起的鳝鱼和野生茭白，还有一道爽口多汁的草头。

小萝卜 2 把（去头去尾之后约 400 克）
盐 2 小匙
绵白糖 3 大匙
镇江醋 1½ 大匙
芝麻油 ¾ 小匙

小萝卜去头去尾，用干净的茶巾包裹起来，隔着茶巾轻轻拍打，使其表面平整。用刀面或擀面杖将小萝卜全部拍裂，但不要拍碎。放入碗中，加盐充分拌匀。静置至少两小时。

淘洗萝卜，然后尽量挤干水分，可以放在滤水篮中按压，也可以用干净的茶巾包裹起来挤压。将萝卜放进碗中，加糖充分搅拌。静置几分钟，待糖溶化，然后加醋搅拌。上桌前淋上芝麻油搅拌均匀。

葱油海蜇皮

Slivered White Asian Radish and Jellyfish Salad

江南人民对海蜇（水母）有种特别的偏爱，常吃海蜇做成的开胃小菜。海蜇光滑的伞体被称为“海蜇皮”，而多褶皱的触须部分则俗称“海蜇头”，这些都没什么香气风味，专为享用口感。海蜇皮滑溜爽嫩，而琥珀色的海蜇头一口咬下去脆生生的，令唇齿为之一振。

上海人做海蜇头，喜欢放葱油或老陈醋；杭州人则会配上一碟酱油、醋和蒜末调和的蘸碟。海蜇皮则是大家更喜闻乐见的入菜部位，通常像这样搭配：让这透明的丝带状食材和脆嫩的萝卜混合交融。

中国人常吃的海蜇有3种。外国人可能会对食用海蜇大惊小怪，但依我的经验来看，只要亲口吃一吃，就不会那么抗拒了。要了解中国人对口感的追求，从这道菜入门是最好不过的。现在很多中国商店里都有开袋即食的海蜇售卖，你要是被海蜇蜇过，就吃了它们来报仇吧！

白萝卜 400 克
盐 ¾ 小匙
开袋即食的海蜇 1 包（约 170 克）
小葱 3 根
食用油 2 大匙
绵白糖 ¾ 小匙

白萝卜去皮，切掉头尾，切成薄片后再切细丝。放在碗中，加盐抓拌均匀。在滤水篮中静置半小时左右，让其出水。

尽量挤压萝卜丝，挤干水分。如果买到的海蜇皮是大块的，就切成宽5毫米左右的细丝。小葱的葱白和葱绿分开。用刀面或擀面杖干脆地拍松葱白。葱绿切成细葱丝，放在耐热小碗中。

锅中放油，中火加热。加入葱白翻炒至其变成深棕色，散发香味。将葱段捞出，油要尽量沥干留在锅中。将热油倒在葱丝上，要发出猛烈的“滋滋”声。连油带葱加入萝卜丝中，再加糖。用筷子充分拌匀，静置放凉，之后拌入海蜇。倒在盘中上桌。

宁波㸆菜

Ningbo Soy Sauce Greens

初看上去，这菜虽然摆得整整齐齐，但黑乎乎的，和那些卖相极佳的江浙特色菜比起来，可能叫你不屑一顾。但它真的特别美味，喷香多汁。新鲜的绿叶菜焯过水，迅速过油炒一下，然后放在酱油、酒和糖的混合物中小火炖煮，直到汁液变成有美丽光泽、如烘烤过一般的深色酱料。㸆菜通常是放至常温上桌，有种淡然慵懒的苦甜风味，类似于烤菊苣和意大利的慢烤菜。

这道菜是宁波特色，选用的主材是当地的甜菜心。但我一般是遵照宁波附近上海的做法，用上海青来做。如果你方便寻觅的话，最好选择那种小头的菜心，茎要饱满，深绿色的叶子占的比例要大一些。我用同样的做法烹制过羽衣甘蓝，味道很美，卖相就没那么好了。有些人会把竹笋切片氽水后加进去，与菜心混合。我学习这道菜的地点是宁波的状元楼，特别感谢那里的大厨陈效良。

干香菇 1 朵
小葱 4 根（只要葱白）
中等个头的上海青 8 个（长度最好在 15 厘米左右，一共 1 千克）
食用油 3 大匙
料酒 2 大匙
生抽 2 大匙
老抽 1 大匙
绵白糖 2 小匙
芝麻油 1 小匙

干香菇至少提前半小时用开水浸泡，泡软后去掉香菇柄。用刀面或擀面杖轻轻拍松葱白。将上海青洗净，摘掉黄叶。

烧一大锅开水。如果上海青长于 15 厘米，要竖剖成两段或四段，如果比较小，就整头保留。迅速焯一下水，让叶片软掉。甩干水分。

锅中放油，大火加热。加入葱白炒香。加入上海青翻炒 1~2 分钟，使其挂油，然后加入整朵香菇、料酒、生抽、老抽和糖，翻炒均匀。烧开后盖上锅盖，转为中火。保持微沸状态煮 20~30 分钟，偶尔开盖搅拌一下。你会发现上海青出了很多水。到这种状态的时候，揭盖帮助水分蒸发。要时时留意，不要烧干了。

等到上海青煮出深浓的光泽，体积大大缩小，锅中只剩下一点浓稠的酱汁，即可关火，加入芝麻油搅拌。用筷子将菜夹出，均匀地摆放在盘中，把香菇放在正中央的顶上。放凉至常温再上桌。

松仁蒿菜

Chrysanthemum Leaves with Pine Nuts

茼蒿的绿叶吃起来像牧草，又有淡淡的草药味，非常清新。高档的中国超市通常有售，名称就是“茼蒿”或“蒿菜”（有两个比较常见的种类，叶片形状不同，但风味类似）。有的做法是将菜叶汆水，用猪油、蒜和盐翻炒；但更多时候是凉拌，通常会加入松仁或豆腐碎。我的朋友罗丝说这样的菜是中国版的“塔博勒沙拉”。

这个菜谱“偷师”自杭州的龙井草堂。不要因为茼蒿的英文名字中带了**chrysanthemum**（菊），就随意去花园中找菊花叶子来代替，因为很多都是不可食用的。还可以用同样的做法来处理卷心菜，非常美味。江南还有一道类似的凉菜，是用柔软的春季植物马兰头来做的，那是一种草本植物，开的花像雏菊，有黄色的花心和紫色的花瓣。

松仁 1 小把
茼蒿 500 克
豆腐干 50 克
芝麻油 2 小匙
盐

烤箱预热到 120℃，将松仁铺在烤盘上烘烤 5~10 分钟，到颜色金黄。松仁很容易烤煳，所以要盯住。到时间迅速倒在盘上晾凉。

清洗茼蒿，把比较硬的茎挑出来扔掉。烧开一锅水，加入菜叶，焯 10~20 分钟至软。倒入滤水篮中，立刻用冷水清洗到完全冷却。尽量将水分挤干，然后切碎。豆腐干切细碎。

将叶子和豆腐干混合在一个碗中，加入芝麻油和适量的盐，充分拌匀。盛盘，或者放在一个杯子里压紧后成形，倒扣在盘中。撒上松仁装饰。

美味变奏

千张茼蒿卷

将约 200 克千张（豆腐皮）在开水中焯熟，然后用凉水冷却，充分甩掉水分后摊平晾干。按照如上做法对茼蒿进行汆水、切碎和调味。将千张放在料理台上，在一端放上菜叶碎，垒起来约 1.5 厘米高。将千张卷起 2~3 层，将剩余的千张切掉。把千张卷切成 6 厘米长的段。剩下的千张如法炮制，然后将千张卷堆在盘中。

辣白菜

Spicy Chinese Cabbage

这是本帮菜中一道美味的开胃凉菜，可以提前很久准备。在长时间盐腌出水后，白菜很软了，但还保持着一点咬劲儿，并完全浸染了煳辣的味道，特别刺激唇舌。经过盐腌，白菜缩小得厉害，所以最后菜量会减少很多；如果是很多人吃，就把用量加倍，也很容易。

辣椒在江南菜中地位比较边缘，这样一道本帮菜显然是受了川菜的影响，倒是十分诱人，体现了上海长期以来融合整个中国乃至全世界文化和烹饪方法的历史。上海甚至有自成一体的“海派川菜”，比正宗川菜清淡一些。

白菜 1 棵（约 600 克）
盐 2½ 小匙
花椒 ¾ 小匙
干辣椒 3 个
食用油 2 大匙

清洗整棵白菜，放在案板上，顺着纹理切成宽 5 毫米左右的条，放在碗中。加入盐和花椒，用手抓拌碾压，使其略微变软。将小盘子倒压在白菜上（直接接触），在上面放重物压住（我用的是那种老式的砝码，装在塑料保鲜袋中；用比较重的石头也行）。在冰箱或阴凉处放置几小时，或过夜。

将重物和盘子拿开，尽量挤干白菜的水分。尽量把里面的花椒全部挑出来。将干辣椒切成 2 厘米长的段，清理掉辣椒籽。

锅中放油，加热到冒烟。关火后立刻加入干辣椒，翻炒几秒钟到香味四溢，颜色变深，但不要炒煳。迅速加入挤干水分的白菜，翻炒到白菜被炒香的油包裹。盛盘放至常温后上桌。

美味变奏

酸辣白菜

其他做法同上，多加 1½ 小匙镇江醋和 ¾ 小匙芝麻油即可。

葱油莴笋

Celtuce Salad with Spring Onion Oil

莴笋又名青笋，在中国之外很难找到，但味道极好，可入百菜，所以这本书里有若干相关的菜谱。如果你能在中国超市或农贸市场上找到这种蔬菜，那马上下手抢购！莴笋的嫩叶用油炒一炒，加盐调味即可成一道佳肴；但必须趁新鲜烹制，因为很容易就放蔫儿了。

而莴笋身上真正的宝贝是它的茎。把布满纤维的外皮削掉，就露出脆嫩可口、莹绿如玉的内部，有微妙的果仁风味。我一个朋友说味道有点像黄油爆米花。莴笋茎经常被用来生食，这个菜谱就是一例。但也可以翻炒或加入慢火烧菜中。那碧玉一般的颜色、清淡的风味和爽脆的口感，与肉类搭配，实在是相得益彰，令人愉悦。

这道凉菜做法简单，配上一碗面或馄饨、饺子，就是可口的午饭；也可作为开胃菜，与其他菜肴一起上桌。

莴笋茎 2 根（约 700 克）
葱花 4 大匙（只要葱绿）
食用油 2 大匙
绵白糖 1 小匙
盐

削掉莴笋外皮，茎切薄片，然后切成细丝。将莴笋丝放入碗中，加入 1 小匙的盐，充分抓匀。放在滤水篮中静置半小时左右。

莴笋丝会出水，尽量挤干水分。将葱花放入耐热小碗。

锅中放油，加热到锅边冒烟。把热油浇在葱花上，会发出猛烈的“滋滋”声。连葱带油倒在莴笋丝上，加糖和盐调味，拌匀。装盘上桌。

美味变奏

葱油萝卜丝

白萝卜切丝后可以用一模一样的做法来处理。

金陵素什锦

Nanjing New Year's Salad

在江苏省会南京，这种色彩缤纷的凉菜是除夕夜团圆饭桌上不可或缺的部分，和年节常吃的大鱼大肉搭配在一起，格外清爽。通常，素什锦一做就是一大堆，过年的前几天人通常容易犯懒，从冰箱里取出来就吃。做素什锦至少要用 10 种不同的蔬菜；有的餐馆会用 18 种蔬菜，所以这道菜还有个别名叫“十八鲜”。

有的蔬菜自古以来就有吉祥的寓意，比如黄花菜代表“金”，竹笋代表“银”，豆芽和古代的珍贵宝器玉如意外形相似。上海菜馆通常会在这道菜中加入红色和黄色的灯笼椒，还有黄瓜。常加的美味食材还包括莴笋、藕、慈姑、冬笋、千张、豌豆和新鲜的菌菇。

我在南京和上海吃过很多不同的素什锦，这个菜谱是属于我自己的版本。你也可以随心所欲地修改增删，用不同的蔬菜谱写一首色香味的交响曲。颜色搭配要悦目，所有的配料要切得规整；幽微的甜味和腌菜的辛辣刺激在唇舌之上穿插游走，再来点芝麻油增加果仁风味。如果放假犯懒，就一次做多点，随拿随吃。

干木耳少许
干香菇 3 朵
黄花菜 1 把（约 35 克，可不加）
芹菜茎 2 根（约 150 克）
胡萝卜 100 克
菠菜 1 把
红色灯笼椒 ¼ 个
生姜 40 克
黄豆芽或绿豆芽 100 克
雪菜碎或酱黄瓜 100 克
绵白糖 1 大匙
芝麻油 ½ 大匙
食用油和盐

将干木耳、干香菇和黄花菜放在碗中，倒入大量开水，浸泡至少半小时。

浸泡的时候将芹菜洗净择好，切成长度 7 厘米左右的段，再切成 3~4 毫米宽的细条。胡萝卜削皮去头尾，切成片后再切细条。灯笼椒也如此处理。菠菜洗净择好，切成 7 厘米长的段。生姜去皮后切成细丝。

木耳和香菇完全泡发后，去掉香菇柄和木耳发硬的部分，细切成片。将泡好的黄花菜沥干水。

大火把锅烧热，加入 ½ 大匙食用油，倒入姜丝翻炒出香味，加入香菇和黄花菜，翻炒到热气腾腾，香气四溢，加盐调味。出锅放置一旁备用。

继续大火热锅，再倒入 ½ 大匙食用油，倒入芹菜茎翻炒至刚刚断生。加盐调味，出锅放置一边备用。

其他所有蔬菜配料如法炮制，每样都单独炒，每次都要加少量的油，并且稍微放点盐。等炒的菜放凉之后，在大碗中全部混合均匀，加入糖和芝麻油，充分搅拌后盛盘上桌。

百合拌西芹

Lily Bulb and Celery Salad

上海城郊周日会有集市，去赶集就像打一场英式橄榄球。我们要硬推硬挤，才能在拥挤的人潮中拼出一条路；要高声喊叫，才能盖过那里的分贝。道路两旁，一边是生机勃勃的螃蟹，闪着青铜一样的光，八条腿伸长了横行霸道；另一边有褐灰色的鳝鱼，在装了水的大盆中盘踞着。有的小摊是卖蔬菜的，堆满了应季的产出：小小的三叶草形状的草头；削了皮堆成象牙塔的茭白；修长纤细的韭黄；还有表面脏兮兮的百合，清洗剥开之后，一瓣瓣竟如水晶般透明。

何女士勇往直前，一路用上海话跟邻里街坊打着招呼。她称了些鳝鱼，让卖家剖好；又挑拣出好的百合、腌制食材、1根冬笋和1把小黄鱼。回到家后，她做了一桌菜，其中之一就是翠绿的西芹拌珍珠白的百合瓣，又粉又脆又微甜。这是极简烹饪的精致表达，调味料只有几滴芝麻油和极少的一点盐。

左页图：百合拌西芹（上）；卤味小香菇（下）。

芹菜4根（约200克）
鲜百合1大个（约100克）
食用油½大匙
芝麻油1小匙
盐

西芹择好，撕去表面比较粗的纤维，切成容易入口的菱形小块。将百合剥成单瓣。用小刀削去底部及任何不好或变色的部分，只留下纯白的部分。

烧开一小锅水，加入食用油。将芹菜倒入，汆水30~60秒；加入百合，汆水30秒左右：两种蔬菜都是刚好断生即可，要保持爽脆。将菜倒入滤水篮，用冷水冲洗。甩干水分后放入碗中，加入芝麻油搅拌均匀，再加盐调味，盛盘上桌。

卤味小香菇

Juicy Shiitake Mushrooms

这是一道美味可口的开胃小菜，整个江南地区有不少版本。肥嫩多汁的香菇看上去平平无奇，但一吃之下竟然风味十足，能充分烘托香菇气之香，味之美。这是一道简易版的功夫菜，“功夫”都隐含在成菜中，表面看不出来，就等着你去品尝感受。这个菜谱中的香菇是用高汤炖煮后再加芝麻油调味而成的，所以吃起来味道甚是神奇，是香菇的本味，但又放大到了极致。在素食版的“美味变奏”中，我稍微加了一点香料，这样香菇在多汁鲜嫩之外又多了一些香味的层次。有的人在做这道菜时会在料汁中加入干虾籽，有的则会稍微撒点白果或松仁。如果吃不完，可以切碎后加入粥中，或者用来炒饭、下面条。

条件允许的话，尽量挑个头小、味道美的干香菇来做这道菜。成菜能冷藏储存两三天。

干香菇 40 克（泡发后约 200 克）
小葱 1 根（只要葱白）
食用油 1 大匙
生姜 10 克（去皮切片）
上好的鸡汤 500 毫升
料酒 1 大匙
盐 ½ 小匙
绵白糖 2 小匙
芝麻油 1 小匙
烤熟松仁少许（可不加）

将干香菇放入碗中，倒入大量开水浸泡至少半小时，至泡软泡发。完全泡发后将香菇柄切掉，然后挤干水分。

用刀面或擀面杖轻轻拍松葱白。锅中放入食用油，大火加热。

加入姜和葱白，迅速炒香。加入挤干水分的香菇，继续翻炒 1 分钟左右，炒出香味。

加入鸡汤、料酒、盐和糖。烧开后关小火，炖煮至少 40 分钟。

开大火收汁，等到汤汁差不多蒸发完变得十分浓稠后关火，加入芝麻油搅拌均匀。盛盘放凉，可以加适量烤熟松仁装饰。

美味变奏

素食卤味小香菇

其他用料步骤如上，但要保留泡香菇的水，取 500 毫升来代替菜谱中的鸡汤。另外往水中多加 1 小匙绵白糖、1 大匙生抽和 ¼ 小匙的老抽，再加半个八角和 1 小块桂皮。素食版的也非常美味。

手撕菌菇

Hand-torn Mushrooms

上海有个餐馆叫“福 1088”，那里有道非同一般的美味凉菜叫手撕菌菇：菌菇炸得金黄，堆成一堆，加葱油调味，吃起来有微妙的甜味。我这个菜谱就是试图对其进行复刻。餐馆的一位服务员说，他们做这道菜用的是比较少见的蘑菇品种，比如猴头菇、茶树菇和猪肚菇。我在家则选用了更容易买到的平菇和杏鲍菇。一开始你可能觉得蘑菇量太多了，但油炸过后蘑菇的体积会大大减小。

杏鲍菇 250 克
平菇 250 克
葱花 6 大匙（只要葱绿）
绵白糖 ½ 小匙
食用油 4 大匙（另外准备油炸用量）
盐 ½ 小匙

将两种蘑菇纵向切成宽度约 5 毫米的条。锅中倒入油炸用油，烧热到 190℃。分批油炸蘑菇条，使其体积缩小一半，表面金黄。用漏勺捞出，放在厨房纸上沥油。

再次将油加热到 190℃，分批复炸蘑菇条，直到变成深棕色。捞出沥油。

将葱花放入耐热碗中。将 4 大勺新鲜食用油倒入锅中，大火加热到锅边微微冒烟。将热油倒在葱花上。油一定要充分烧热，倒在葱上要发出猛烈的滋滋声，这样才能充分激发出葱香。所以最好是先测试一下油温，可以先倒几滴在葱花上，如果有剧烈反应，再倒入剩下的油。加入盐和糖充分拌匀，再将混合物与油炸蘑菇条拌匀，根据自己的口味还可以再加一点盐，盛盘上桌。

桂花糖藕

Lotus Root Stuffed with Glutinous Rice

在绍兴运河边的一条老街巷里，我遇到一个男人，推着板车在卖桂花糖藕。板车上有个巨大的罐子，里面装满了糖藕；锅旁边摆了个小铁盆，放了几片样品，上面的糖浆闪着光泽。整个江浙沪一带都能看到这种黏糯甜香的美味在售卖，要么做开胃菜，要么做小吃，通常会配上甜味菜肴。据说最好的桂花糖藕，取材是浙江北部湖州白胖的雪藕，藕节中大约有 9 个洞。过去会用焚烧谷壳后剩下的烟灰熬了碱水来煮藕，使其软嫩，并浸染一种独特的碱味。

有些厨师做好桂花糖藕之后，简单撒点白糖就上桌了，但我喜欢奢侈地加点闪着光泽的糖浆。如果你能找到上好的桂花糖浆，就加一点，真可谓甜香四溢；糯米的话，尽量找短短的粳糯米（即圆糯米，日本商店里称之为“甜米”）。

右页图：桂花糖藕（上）；四喜烤麸（下）。

圆糯米 50 克
藕节 2 段（约 425 克）
冰糖或绵白糖 100 克
糖桂花 1 大匙（可不加）

将糯米淘洗干净，然后在凉水中浸泡至少 2 个小时，也可过夜。泡后充分沥干。

处理藕节，两边都留下一点相连的部分。削皮后将每一节都切下 1 厘米左右，当成盖子备用。用筷子插入藕眼，确保顺畅没有阻碍。将沥干的糯米塞进洞眼中，借助筷子塞满每个洞（这一步稍微费点力）。将“藕盖”盖回去，用竹签固定好。将粘在外部的糯米洗掉。

将藕节放在锅中，倒入大量的水没过。大火烧开后半盖锅盖，炖煮 2 小时，水减少后要及时加热水（还可以倒水没过之后用高压锅烹制 30 分钟，然后留出自然放气的时间）。在炖煮过程中，莲藕和水会逐渐变成深玫瑰色。莲藕煮软后，从锅中捞出放凉。

放凉后将藕盖和竹签扔掉。切成 1 厘米厚的藕片。在小锅中放 100 毫升玫瑰色的煮藕水，然后放糖，小火加热并搅拌到糖溶化。开大火烧开，继续煮 1 分钟，或者收汁到变成糖浆。加入糖桂花，充分搅拌，淋在藕片上。放至室温后上桌。

四喜烤麸

Spiced Wheat Gluten with Four Delights

金棕色的烤麸块，散发着香料的芬芳，看上去像一块块棕色的面包，外面缠着一缕缕黄花菜，配上几块香菇。这道菜美味多汁，略带甜味，是上海最独特的开胃小菜之一。西方人对它几乎一无所知，但来我家吃饭的朋友，但凡吃过这道菜，没一个不是“一吃钟情”的。这道菜的主要原料就是烤麸：用面筋发酵蒸煮后制成，有海绵一般的弹性，也有一定的韧劲儿。在上海的集市上你可以买到新鲜的烤麸；如果是别的地方，应该就是包装好、已经切成小块的干烤麸。据说这道菜之前有个更为简单的版本，曾经是宁波附近天童寺（中国禅学中心之一）的斋菜。上海素食餐馆的厨师将这道菜做得更为精致考究，借鉴了苏州和扬州烹饪的技法，加入干香菇和黄花菜，增添幽微的甜味。

这道菜要分几个阶段去做，所以稍微有点麻烦。但我觉得一切辛苦都是值得的。成菜冷藏可以保存较长时间，冷藏两天之后风味最佳。风味的关键在于甜度：愿意的话你可以多加点糖。

干烤麸 125 克（或新鲜烤麸 275 克）
黄花菜 1 小把
干木耳少许
干香菇 3 朵
生花生 40 克（带皮）
食用油 400 毫升（另外准备一些用来煎烤麸）
生姜 10 克（稍微拍裂）
生抽 2½ 大匙
老抽 ½ 大匙
料酒 1½ 大匙
绵白糖 2½ 大匙
八角 1 个
芝麻油 1 小匙

如果是用干烤麸，就用凉水浸泡 3 小时或过夜。如果是用新鲜烤麸，就烧开水后焯一下，然后沥干水分，切成 3 厘米见方的小块。分别用不同的碗，倒开水浸泡黄花菜、木耳、香菇和花生，至少半小时。趁花生还温热时，用指尖揉搓去皮，之后用冷水冲洗，花生皮就会浮在水面上，这样去皮比较容易。干烤麸浸泡完成后轻轻挤掉多余的水分。烧开一大锅水，加入烤麸，汆水 1~2 分钟，再在冷水中清洗，然后尽量把水分挤出来，但动作要轻柔。

锅中倒油，加热到 180~200℃；放一个烤麸进去试一试，发出猛烈的滋滋声即可。将烤麸分批油煎至金黄酥脆，然后捞出，放在厨房纸上沥油。将香菇沥干水分，保留泡香菇的水。将香菇柄去掉，然后切成两到三块。黄花菜和木耳也要轻轻挤干水分，去掉比较硬的部分，然后撕成适合入口的小块。烧一壶开水。

把锅刷干净，再倒 1 大匙食用油烧热。加入生姜和香菇，快速翻炒出香味。加入浸泡香菇的水，再加一些热水，一共的用量是 750 毫升。加入烤麸和花生，再加生抽、老抽、料酒、糖和八角。大火烧开后转小火，盖上锅盖炖煮 20 分钟，偶尔搅拌一下。加入木耳和黄花菜，转大火。边煮边搅，直到汁水浓缩成充满风味的酱料。关火放凉。上桌前淋少许芝麻油，轻轻搅拌一下。

素烧鹅

Hangzhou Buddhist 'Roast Goose'

很多素食菜肴会对肉类的外观、口感和味道进行巧妙的模仿；而江南又是全中国素食文化从佛寺进入主流饮食文化程度最高的地区。素火腿、素螃蟹和素烧鹅、素烧鸭，已经是当地很多餐馆的菜单上颇受食客青睐的特色菜。这种独具匠心的仿荤菜，其起源要追溯到数百年以前：在13世纪的杭州，一个佛家素食餐馆为了讨食客欢心，就用面条做了"膳丝"，还做了假的烤鸭和驴下水。如今的城里人喜欢吃加了酱油、姜、料酒和糖的千张做成的素烧鹅。而在上海比较受欢迎的则是塞了菌菇、竹笋或胡萝卜的素鸭（见本菜单的"美味变奏"）。不管是素鹅还是素鸭，都有着光滑如烤制过的外皮，足可以假乱真，叫人脸上浮现会心的微笑。

你需要一个直径至少25厘米的蒸笼；如果没有，就在炒锅内放一个炉架（或者洗干净一个小小的空罐头，去掉两头），上面放个大盘子，盖上锅盖进行蒸制。你还需要准备一些竹签来固定千张卷。

下页图：上海素鸭（上）；素烧鹅（下）。

干千张6张（直径约60厘米）
食用油（油炸用量）
芝麻油1~2小匙

料汁：
冰糖50克（或绵白糖）
生姜15克（去皮切片）
料酒3大匙
生抽2大匙
盐½小匙
素高汤或水400毫升

如果是用冰糖，要用杵臼捣成小小的碎块。将做料汁用的所有配料放在锅中，倒入高汤或水。慢慢烧开，搅拌到糖完全溶化，放在一旁备用。

拿剪刀把千张周边修剪一下，比较硬的边角要予以保留。将千张剪成半圆。找个干净的台面，将一张完好的半圆形千张铺开，直边离自己最近。用甜品刷将料汁刷在表面上，尽量多刷一些，你会发现千张表面的褶皱能够吸纳的液体量惊人。

覆盖另一张完好的千张，这次圆边朝着自己。把料汁充分刷在表面，剩下的千张如法炮制，以相反的方向两两叠放（铺到上层就不用担心小的裂缝和洞眼了）。修剪下来的边角料放入剩下的料汁中浸泡一下，然后沿着离你最近的千张边把边角料铺开。把离你最近的边折起来，再把左边和右边都折起来，这样就得到一个三角。

将折好后离你最近的那边折起三分之一（像折酥皮那样折）。然后把远端的那边不整齐的地方整理一下，再折起三分之一，这样就形成一个长方形。将长方形左右对折，"鹅"包就完成了。

用 3 根竹签把包裹开口的 3 面都固定好。将包裹开口向下放在蒸笼中，大火蒸 7 分钟；不要蒸过头了，不然就没有这道菜关键的层次感了。从锅中捞出，静置，彻底放凉。

放凉之后，将锅中倒满油炸用量的油，大约 400 毫升，加热到 180℃。注意，锅一定要保持平衡稳定，然后把“鹅”轻轻滑入热油中。炸的过程中翻一次面，到表面金黄起皱。注意，上色会很快。小心翼翼地将“鹅”从油锅里捞出来，放在深盘中。把剩下的料汁倒在上面，放凉。

放凉后把“鹅”从料汁中拿出，撤掉竹签。在表面刷上芝麻油，然后横向切成 1~2 厘米厚的片。整齐地摆盘后上桌。冷藏能保存几天，但开吃前最好放至常温。

美味变奏

上海素鸭

上述基本操作不变，但你只需要 5 张千张，还需要下列食材填馅儿：开水泡发 4 朵干香菇，至少浸泡半小时，然后去掉香菇柄，切成薄片，泡香菇的水要予以保存；将 75 克胡萝卜切成薄片。大火加热 1 大匙食用油，加入 1 小匙姜末炒香，再加入香菇和胡萝卜，翻炒到胡萝卜变软，加入 1 大匙料酒搅匀，加入 1 小匙生抽和 1 小匙糖翻炒均匀，起锅放凉。

按照上述方法叠放千张，刷料汁。将馅料和边角料一起堆在长方形的较短边，从那条边开始卷起，边卷边把所有馅料包起来。用竹签固定住，蒸制之后油炸，如上所述。切开上桌前也要刷芝麻油。

凉拌茄子

Cool Steamed Aubergine with a Garlicky Dressing

这道本帮开胃菜简单到令人难以置信，吃起来又是如此令人满足。茄子一般是用来煎炒或烤，而这道菜用了蒸制的方法，让这种蔬菜显露出不常见的温柔一面。虽然做法简单，但加了调味料之后，味道好到上天。可以用圆茄子来做，但最好能找到长条的茄子。告诉我这个菜谱的是上海朋友李建勋。

豆瓣酥（见下页）；凉拌茄子。

茄子 500 克
生抽 2 大匙
镇江醋 1 小匙
糖 ¼ 小匙
蒜末 1 大匙
姜末 1 大匙
葱花 1½ 大匙（只要葱绿）
食用油 2 大匙

将茄子纵向切成 1 厘米厚的片，再切成 1 厘米宽的条，然后改刀成适合入口的长度，堆在能放进蒸笼的碗中。将碗放进蒸笼，大火蒸 20 分钟到茄子变软。在小碗中混合生抽、醋和糖，制成调料。

上桌之前，将蒸好的茄子堆在盘中，撒上蒜末、姜末和葱花。锅中放油，大火加热到滚烫，小心地舀起 1 勺热油，淋在蒜末、姜末和葱花上，会发出非常夸张的滋滋声。将混合好的调料倒在茄子上，轻轻搅拌均匀后上桌。

豆瓣酥

Mashed Broad Beans with Snow Vegetable

我的第一顿江南宴，是在香港的宁波同乡会会所餐厅。这个隐蔽的地方位于岛上娱乐区中心地带，仿佛大都会里属于传统宁波菜的一块飞地。朋友罗丝会说一口流利的宁波方言，她是我的美食向导，带着我尝到了人生第一盘酒醉黄泥螺、花雕蛋白蒸蛤蜊、烟熏溏心蛋，以及这道美妙开胃的豆瓣酥。那之后我又吃过很多不同做法的豆瓣酥，这是宁波和上海人民特别喜欢的一道菜。

我建议用新鲜的蚕豆，但找不到的话，也可以到中东商店买那种已经剥过皮的干豆瓣（浸泡过夜，煮软后再按照菜谱，加入炒过的雪菜）。蚕豆也可以不捣碎，直接用完整剥皮的豆子，煮过之后和雪菜一起翻炒，放至常温再上桌。有些中国超市会卖去皮的冷冻蚕豆瓣，能节省很多时间。

（见上页图）

去皮蚕豆 300 克（带皮 1 千克左右）
食用油 3 大匙
雪菜末 3 大匙
盐

锅中倒水，放入少许盐，烧开。加入蚕豆，煮到完全变软，捞出后浸入凉水或放在自来水下冲洗，迅速降温，然后把豆瓣从壳中挤出。（如果蚕豆比较小又很软，可以不剥皮，可能捣碎的时候会大块一点，不介意就好。）将豆子粗粗捣碎，可以用做土豆泥的工具，或者用菜刀。烧开一壶水。

中火热锅，倒入油，再加入雪菜末，迅速翻炒出香味。加入豆碎，继续翻炒到热气腾腾，必要的话加入一点热水，防止结块。加盐调味。静置放凉，然后取一个碗，薄薄地涂上一层油，把豆碎和雪菜末压进去，倒扣在盘子上，摆盘上桌。

老上海熏鱼

Shanghai 'Smoked' Fish

熏鱼是上海颇受欢迎的一道开胃菜。奇怪的是，名字里虽然有“熏”，做法却根本不包含“熏”这个步骤。可能是因为成品颜色深如焦糖，风味也类似烟熏的浓郁味道，和烟熏的鱼肉实在太像，所以得名。这道菜的实际做法是将去骨的鱼块腌制之后油炸，然后浸泡在加了酱油且散发着香料芬芳、还带着一丝微甜的深色料汁中。这个菜谱是特别按照本帮菜中的特色熏鱼来写的，但整个江南地区的不同地方都有不同版本的熏鱼。比如绍兴的厨师喜欢把料汁收汁到浓稠有光泽，从前绍兴人觉得这是道大菜，只能在年节时候享用。

这道菜通常的主料是草鱼的中段，那里有肥嫩无骨的鱼块。没有草鱼的话，也可用鲻鱼：一条重 1.5 千克的鲻鱼能取出 750 克的完整鱼块。当然也可以用海鲈鱼，从脊骨开始，斜切成厚片。

草鱼 / 青鱼 / 鲻鱼 750 克
食用油 400 毫升
芝麻油 2 小匙（上桌前加）

腌鱼：
生姜 20 克（不去皮）
小葱 2 根（只要葱白）
料酒 1½ 大匙
生抽 2 小匙
老抽 2 小匙

料汁：
生姜 20 克（不去皮）
小葱 2 根（只要葱白）
八角 1 个
桂皮 1 片
五香粉 ¼ 小匙，再多留一点上桌前加（可不加）
白胡椒粉
老抽 1½ 大匙
生抽 4 大匙
绵白糖 9 大匙
料酒 1 大匙

将鱼刺鱼骨全部去掉。把鱼片上黑色的部分全部去掉。充分清洗后用厨房纸吸干水分。将厚鱼片一片片放在案板上，片去比较薄的部分。菜刀和案板成一定角度，将较厚的部分切成 1 厘米厚的鱼片，先从鱼尾部开始。接着，将菜刀垂直于案板，把较薄的那部分切成差不多大小的小片。用刀面或擀面杖轻轻拍松姜和葱白，把所有的腌鱼料都加入鱼片中，搅拌均匀后冷藏放置约 1 小时。

冷藏的时候我们来做料汁。和之前一样把生姜和葱白轻轻拍松。放入锅中，再放 500 毫升水，将料汁用料全部放进去。慢火烧开，加以搅拌，帮助糖溶化。炖煮 5 分钟后静置备用。鱼腌好之后，把腌料里的姜和小葱捞出，将鱼片放在厨房纸上吸干水分。烧开料汁，静置备用。锅中热油至 180℃。将鱼片分批炸至金黄酥脆。用筷子夹出后放入烧热的料汁，浸泡 2~3 分钟。夹出后静置放凉。剩下的鱼片如法炮制，然后整齐地堆放在盘子里，倒 2 小匙芝麻油，一点五香粉，放至常温后上桌。

烟熏溏心蛋

Smoked Duck Eggs

油亮的蛋黄如同流动的岩浆，微妙的烟熏味更是锦上添花，烟熏溏心蛋真可谓一道令人难以抗拒的开胃菜。我的第一颗烟熏溏心蛋是在香港宁波同乡会会所餐厅吃到的，那之后我每次造访自己在上海最爱的餐厅之一“福 1088”时，都会点这道菜来吃。“福 1088”会在每个蛋上面放 1 小片香菜和半小匙的鱼子酱，卖相很好，味道也美妙。还可以搭配椒盐蘸料，甚至是风味芹菜盐，但后者就没那么正宗啦。

鸭蛋 6 个
冰水
老抽 3 大匙
生抽 1 大匙
红茶叶 4 大匙
绵白糖 5 大匙
小葱 1 把
香菜几根（装饰用，可不加）
盐或椒盐（见第 331 页），上桌前加

将鸭蛋放入锅中，倒入大量的凉水覆盖。烧开后用长柄勺轻轻搅拌（搅拌能帮助蛋黄保持在鸭蛋的中心位置）。保持微沸的状态再煮 1 分钟，然后关火，盖上盖子，静置 3 分钟。把鸭蛋从锅中捞出，浸入冰水，把壳整个敲碎，放凉后小心剥壳。

将生抽和老抽放在碗中，加 3 大匙凉水。分批将鸭蛋放入这碗深色料汁中滚约 1 分钟，要不停翻滚，均匀上色，然后放在厨房纸上沥水。

小葱洗净择好，用刀面或擀面杖轻轻拍松，垫在蒸笼中，把鸭蛋放在上面。

将红茶叶放在碗中，倒入刚好没过茶叶的热水，浸泡 1 分钟后沥干水分，等温度降到不烫手，挤干茶叶中的水分。在炒锅中铺两层锡纸，把糖铺撒在上面，然后铺上湿润的茶叶。大火热锅，直到茶叶冒出浓烟。将装着鸭蛋的蒸笼放入锅中，盖上锅盖，关火，静置烟熏 3 分钟。

上桌前将鸭蛋一切两半，摆盘。每块蛋上可以放 1 片香菜叶。撒上盐或椒盐。

盐水鸭

Nanjing Saltwater Duck

早在南宋时期，南京肥美多汁的鸭子就早已名扬四海，被誉为“天下第一鸭”。明朝末期，有两道和鸭子相关的菜声名鹊起：据说是北京烤鸭鼻祖的金陵烤鸭，以及这道盐水鸭。如果两道菜同时参加“选美”，那自然是烤鸭光亮的外皮更胜一筹，盐水鸭永远赢不了。盐水鸭外表虽然灰扑扑的很不起眼，可别被骗了，尝一尝你就会被其美味震惊：软嫩，可口，五香俱全。

在中国，盐水鸭是十分著名的南京特色菜，火车停靠南京站，广播里都要将这道菜称颂一番。可能坐在火车座位上，你都能随手买到一只。这道菜可作为餐前开胃菜，更可下酒；充满风韵的明朝小说《金瓶梅》中，会有人在偷腥的间隙还不忘派仆人出去买只盐水鸭回来下酒。

盐水鸭全年皆可做，但最好的“桂花鸭”是秋季才有，那时候桂花飘香，秋风习习，令人从闷湿的暑热中解脱出来，无比惬意。

盐水鸭不一定只能做中国菜，做成三明治或沙拉也是极美味的，还可配上其他冷盘。卤水因为有了鸭肉的加持，层次更加丰富，可以冷冻起来，后面再用。骨头也要留下，可以熬成很好的高汤，用来做汤羹。

（见 66 页图）

鸭胸 2 块（约 350 克）
鸭腿 2 根（约 500 克）

搓盐：
盐 2½ 大匙
花椒 1 大匙

卤水：
八角 2 个
香叶 2 片
桂皮 1 块（约 6×2 厘米）
草果 1 个（拍裂）
丁香 2 个（粉状的顶要掐下来扔掉）
小葱 3 根（只要葱白）
生姜 20 克（不去皮）
盐 2 大匙

先做搓盐。将盐放在干燥的锅里，中火加热翻炒。盐炒热之后加入花椒，继续翻炒到花椒出香味，盐略微变黄。离火降温到不烫手的地步，抓起来搓遍鸭肉表面。把鸭肉盖起来，在冰箱冷藏 4~5 小时。

冷藏腌制的时候来做卤水。把所有的香料（八角、香叶、桂皮、草果、丁香，可以放在厨用棉布上，扎成一小包）放进大锅中，加 2 升水。用刀面或擀面杖轻轻拍松葱白和姜，加入锅中，再加 2 大匙盐，大火烧开后小火炖煮 20 分钟。静置备用。

盐腌鸭子的步骤完成后，冲洗干净，用厨房纸吸水，再次烧开卤水。把鸭胸和鸭腿放进卤水中，上面压一个盘子，使其完全浸润。大火烧开，盖锅盖，关火。静置卤腌 20 分钟。再次将卤水烧开，盖锅盖，关火后再卤腌 15 分钟。

将鸭肉从卤水中捞出，完全放凉，卤水保留。上桌前将鸭肉切成片。中国厨师通常会带骨切，你也可以把腿骨卸掉再切。鸭肉上淋一两勺卤水，使其更为多汁。

杭州卤鸭

Hangzhou Spiced Soy-sauce Duck

数个世纪以来，中国人都爱买外带食物。宋朝杭州的街巷边遍布各种小吃店，卖热包子、热馒头、烧鹅、猪肉熟食和果脯甜品。今天的南京城仍然有很多熟食店，卖做好的猪肉、鱼、禽类和凉拌菜，可以带回去和其他在家做的菜一起吃。苏州人会排队去买一种甜甜的酱汁肉，这种肉用了红曲米，让猪肉变成艳丽的红色；而上海人常常争相抢购糖醋小排、熏鱼和油亮的猪肘。

这道杭州凉菜吃起来简直上瘾：放凉切片的鸭子浸润在奢华的深色酱汁中，香辛料的刺激与暗流涌动的甜味是天作之合。按照传统，人们会在大暑那天吃这道菜。

酱汁会剩下一些，可以用来做别的菜。加少许高汤或水稀释，可用于红烧炸豆腐或面筋，也可以直接红烧白豆腐，以及冬瓜、芋头或萝卜等蔬菜。简单加热一下用来拌饭或拌粥也是极美味的。鸭子本身可以冷藏保存好几天。还可以用同样的办法来卤乳鸽。

（见 67 页图）

小葱 1 根（只要葱白）
生姜 15 克（不去皮）
鸭胸肉 2 块、鸭腿 2 根（共约 850 克）
生抽 100 毫升
老抽 2½ 大匙
绵白糖 75 克
八角 ½ 个
桂皮 1 片

用刀面或擀面杖轻轻拍松葱白和姜。准备一个卤煮鸭肉大小适宜的锅。加入生抽、老抽、糖、葱白、姜、八角和桂皮，倒入 700 毫升水，烧开。

加入鸭肉，要完全浸润在液体中。中火烧开后撇去浮沫，然后关小火，炖煮 20 分钟，锅中应该咕嘟咕嘟冒着小泡泡。

下一步是收汁：我发现最容易的做法是把所有的东西都换到炒锅中，这样蒸发面更大，收汁要快很多。开大火，让汁水减少三分之二左右，不时用时勺子舀起汁水浇在鸭肉上。尽量把表面的浮油和杂质撇干净，在此过程中也将八角、桂皮、姜和葱白捞出来扔掉。最后的酱汁成色很深，像糖浆一样亮晶晶的。

将鸭肉从酱汁中捞出，静置到彻底变凉。酱汁留作他用。上桌前把鸭肉切成适合入口的小块，摆盘。把部分酱汁重新加热后淋在鸭肉上。

美味变奏

黑叉烧

上海餐厅“苏浙汇”有道色香味俱佳的招牌菜“黑叉烧”，做法类似：去皮五花肉，略带一点恰到好处的肥肉，煮至半熟后用加了酱油的甜汁炖煮，和这个菜谱差不多。肉放凉后切片，会配上深色的酱汁。我很喜欢这道菜。

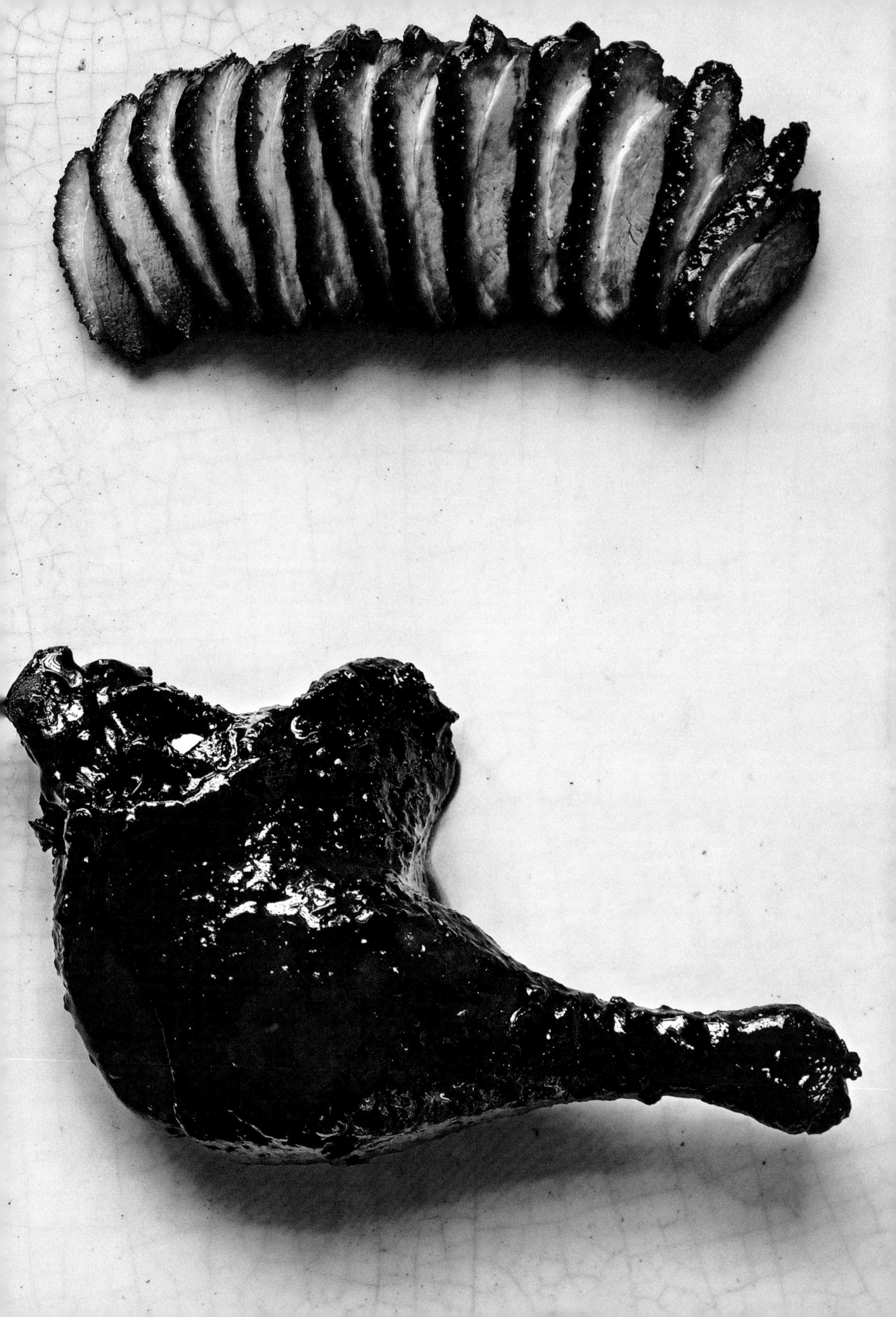

白斩鸡

White Chopped Chicken with Soy Sauce

白斩鸡是江南地区常见的开胃菜，和其在南粤的地位差不多。这是中餐里用到鸡做主料的最简单的菜，关键不仅在于对火候的小心掌握，也要看鸡本身的好坏。特别爱吃白斩鸡的上海人喜欢用当地的三黄鸡做原料，“三黄”指的是这种鸡的外表，黄羽、黄喙、黄脚。做这道菜一定要用上好的土鸡，最好是鸡皮金黄的那种。鸡泡在滚烫的水中，捞出后又用冰水迅速降温，肉质鲜嫩，又有一丝紧致。就连用其他做法做出来通常很绵散的鸡胸，都能多汁弹牙，美味可口。

中国的白斩鸡的做法是带骨斩成适合入口的鸡块，但你可以按照喜好直接去骨。最简单的做法是配一碟浓郁美味的酱油。我在家通常会使用有机日本酱油，深蜜糖色很好看，又能尝到中国老式酱油的咸香。你也可以用葱和姜做一碟稍复杂些的美味蘸料（见“美味变奏”）。

按照这种做法做出来的鸡，连骨部分的肉可能会还有点粉红，如果你很介意这个，就烧开第 3 次，再浸 5 分钟。如果要确保鸡的熟度符合国际标准，可以插一个肉类温度计到最中心部位，达到 74℃即可。

土鸡 1 只（约 1.8 千克）
冰水（用于浸泡）
芝麻油（按照自己口味加）
风味浓郁的酱油（做蘸碟）

大汤锅里放 4.5 升水，烧开。将整鸡小心地浸入开水中，鸡胸朝下，然后再拎出来，让水从鸡肚子中流出。再次将鸡浸入开水中（这样能让鸡体内和体外的水温度平衡，有些菜谱还推荐多重复这一步骤几次）。把水再次烧开，烧开后立即关小火，保持最小火煮 8 分钟。离火，用锅盖盖紧，静置 20 分钟。

开大火，把水再度加热到微微沸腾的状态。离火后再次盖紧锅盖，浸泡 15 分钟。再取一个大锅，倒上冰水。鸡肉浸好之后，小心地从锅中捞出，让热水从鸡肚子中流出。放入冰水中浸 15 分钟。

从冰水中捞出，沥干水，并用厨房纸吸干水。在表面涂抹一点芝麻油，增加香味和光泽。静置，彻底放凉。上桌前将鸡肉切成适合入口的鸡块（留不留骨随意）。煮鸡的汁水可以作为高汤，用来熬鸡粥（见第 237 页）应该很美味。配上酱油做蘸料。

美味变奏

葱姜碟

这个蘸料美味到不可思议，可以和酱油蘸料一起上桌。将 2 大匙很细的姜末和 1 大匙切得很细的葱白放在小碟子里。将 1½ 大匙食用油加热到滚烫，然后淋在葱姜上，会发出猛烈的滋滋声。倒入 1 大匙切得很细的绿葱花、1 小匙盐和 ½ 小匙糖，搅拌均匀。

醉鸡

Drunken Chicken

绍兴自古以来便盛产美酒，这里的“醉”菜也是独占一个大类。有些“醉”菜里的配料，是真的“醉”到你不敢想象：活虾活蟹被浸入酒液中，醉死成菜。这些烂醉的海生动物就这样冷冰冰地上桌，有种凉爽黏滑的口感和十分特别的香味。最美味的醉菜要数母河蟹，装饰一点红光闪闪的蟹黄。我第一次吃这样的醉蟹是在上海，入口实在太过愉悦和惊艳，我竟连话都说不出来。

我要很高兴地告诉大家，绍兴的特色菜醉鸡不是把鸡活活醉死的，只是把鸡肉煮过之后放在调味的酒液当中。传统做法是把鸡放到冰凉，直接用绍兴酒坛子端上桌；鸡肉的口感应该略微紧实且爽脆。在冰箱发明之前，醉菜是冷天才有的佳肴，扬州有元宵后不吃醉蟹的说法。

在这样的菜肴中酒是最重要的调味料，用的酒也必须是能喝得下去的好酒，不要用做菜的料酒。

想要确保鸡肉的熟度达到国际标准，可用肉类温度计插到最深处，达到74℃即可。

生姜 20 克（不去皮）
小葱 2 根（只要葱白）
鸡胸 2 块（约 300 克）
鸡腿 2 根（大腿和琵琶腿分开，约 500~600 克）
冰水（用于浸泡）
盐 1 大匙
上好的绍兴花雕酒 225 毫升
高度白酒 ½ 大匙（可不加）

用刀面或擀面杖轻轻拍松葱白。在大锅中倒入 1.5 升水，烧开，加入鸡肉、姜和葱白，烧开。用极小的火煮 3 分钟，然后关火，盖上锅盖，静置 25 分钟。

另取一个大锅装满冰水。鸡肉在热水中泡够时间后，捞出，放在冰水中浸泡 10 分钟。捞出沥干水，静置放凉。

将 275 毫升煮鸡的汁水过滤到罐子中，加入盐搅拌到溶化，然后加入绍兴花雕酒，需要的话再加入高度白酒。静置到彻底放凉。

将鸡腿上的骨头去掉。鸡肉横切成 1~ 2 厘米宽的带皮肉块。将放凉的鸡块放入刚刚能装下的坛中，倒入放凉的混合料汁。盖上坛盖，放入冰箱冷藏至少 24 小时（冷藏能保存好几天）。作为冷盘上桌。

葱油鸡

Cold Chicken with Spring Onion Oil

这道清淡爽口的菜在上海很受欢迎，当地人选用的食材通常是小个子的三黄鸡，整鸡下锅煮，放在案板上剁成块后加入香喷喷的葱油。我的建议是用无骨鸡腿，但如果你想用鸡胸或整鸡，完全可以随意。和所有做法非常简单的菜一样，成功与否，关键在食材的质量。所以一定要选一只好的散养土鸡，准备浓郁的高汤。

中餐厨师喜欢把鸡煮到刚刚熟的程度，连骨部分的肉还带着一点粉红。想要确保鸡肉的熟度达到国际标准，可用肉类温度计插到最深处，达到74℃即可。

生姜20克（整块）和姜末2小匙
小葱2根（只要葱白）
八角2个
桂皮1小块
料酒1大匙
去骨鸡腿2根（带骨约675克，去骨约500克）
小葱4根（只要葱绿，切成葱花约6大匙）
芝麻油½小匙
食用油3大匙
鸡高汤100毫升
盐和白胡椒粉

大锅中加入1.5升水烧开。用刀面或擀面杖轻轻拍松整块生姜和葱白。把鸡肉放入锅中，再次烧开，撇去浮沫。加入生姜、葱白、八角、桂皮和料酒。用极小的火煮3分钟，然后关火，盖上锅盖，静置25分钟。

另取一个大锅装满冰水。鸡肉在热水中泡够时间后，捞出，放在冰水中浸泡10分钟。捞出充分沥水。用厨房纸吸干表面水分，在表面刷上芝麻油，静置放凉。

将鸡肉切成适合入口的鸡块，整齐地摆盘。上桌前，将油倒入锅中，大火加热到表面起泡。关火后加入葱花、姜末，迅速翻炒出香味（注意保持葱花的翠绿）。加入高汤烧开，加盐和白胡椒粉调味，制成酱汁：酱汁要比较咸，保证鸡肉味足。将酱汁淋在鸡肉上，上桌。

镇江水晶肴肉

Zhenjiang Crystal Pork Terrine

中国长江边的古城镇江，不仅有著名的香醋，更有这道美名远扬的肴肉，是宴春酒楼的招牌特色菜。肴肉选用的是猪前肘的肉，传统做法是用硝水腌制后再水煮，然后压制。肴肉的颜色很好看，粉白粉白的，上面顶着个“帽子”，是水晶一般透明的肉冻。这道菜通常是作为开胃凉菜上桌，配一碟醋姜蘸料。1949 年，为庆祝中华人民共和国成立举行的开国大宴上就有这道菜，镇江水晶肴肉从此名满中华。传说道家的一位神仙，八仙之一的张果老曾经倒骑着自己那头白驴，从镇江上空的天界经过，一阵风吹过，他闻到了肴肉妙不可言的香味。他当时是去参加王母娘娘蟠桃会的，但这香味叫他欲罢不能，他完全把重要的宴会忘在脑后，飞快地从天上下凡，要一尝这人间美味。这个菜谱参考的是扬州大学商学院烹饪系陈忠明执笔的教材。肉要提前 4~5 天腌制。你需要两个长方形容器，深约 5 厘米；一个用来装肉，一个放在上面压肉。你还需要腌制盐，我用的腌制盐含有 99.6% 的盐和 0.4% 的亚硝酸钠。菜谱中用到的明矾粉可以帮助肉冻变得澄澈晶莹，印度商店或网上商城均有售。买肉的时候，让卖肉的人先帮你把肘子的骨头去掉，回家处理时就可直接平放了。

猪前肘 2 块（去骨后 1.7 千克）
腌制盐 50 克
小葱 2 根
生姜 40 克（不去皮）
花椒 1 小匙
八角 ½ 个
盐 80 克
料酒 1 大匙
明矾粉 ¼ 小匙
镇江醋 3 大匙（蘸碟用）
生姜 20 克（切丝，蘸碟用）

将一只去骨猪肘放在案板上，带皮的那面朝下。用竹签给肉戳上密密麻麻的小洞。带皮面朝下，放在不会和化学物质起反应的容器中。将一半的腌制盐撒在表面上，用双手使劲揉搓。另一只猪肘如法炮制。盖上容器，冷藏 3~4 天，每天都要给猪肘翻面。腌制完成后，将猪肘冲洗一下。在冷水中泡 2 小时左右，中途换 2~3 次水。用刀面或擀面杖轻轻拍松葱。姜切片。将葱、姜、花椒和八角放在厨用棉布上，扎成一包香料包。

将猪肘从水中拿出，把猪皮表面刮干净。用镊子把猪毛拔干净。在温水中清洗猪肘，然后沥干水。将猪肘带皮的那面朝上，放在锅里，装上 1.2 升的水。烧开后撇清浮沫，加入香料包、盐和料酒。再次烧开后小火慢炖 3 小时到猪肘变软嫩，中途要看情况添加热水。煮好之后，扔掉香料包。轻轻把两个猪肘带皮那一面朝下，并排摆放在 5 厘米深的长方形容器里。在上面放一个同样大小的容器，在这个容器里放一些重的东西，将肉压 20 分钟。小心地将煮肉的水过滤回锅中，再次烧开。加入明矾粉，然后过滤 500 毫升汁水注入到猪肘上，用筷子戳一下，确保每个气孔都填上了。放凉后冷藏过夜，到液体凝固。把肴肉从容器中脱模，切成厚度 1 厘米的肉片，整齐摆盘。蘸碟中放镇江醋，加入姜丝，和肴肉一起上桌。

八宝辣酱

Eight-treasure Spicy Relish

这是一道令人开胃开心的菜，质朴的发酵风味和幽微的辣味，很有上海和苏州烹饪的特色。里面到底要放什么，没有不可违逆的铁律。一般情况下，应该要混合各种口感的肉和菜，使其和谐相映。上海某集市的一位摊贩曾经告诉我，这菜就是“大杂烩”，用手边的任何边角料都能做，可能相当于英国卖的广东杂碎。有些厨师会加入白果、栗子或芝麻；有的则加火腿或千张；很多人喜欢加脆韧的鸡胗。本帮菜餐厅通常会在最后加上滑溜粉白的虾仁和翠绿的豌豆。做好之后可以直接上桌作为开胃菜，也可以加入炒饭，或者直接拌饭拌面。很多江南人会把这个辣酱作为旅途必备，因为保质期比较长，打包也很容易，适合路上吃。这道菜在各个餐馆走红是在20世纪初期，但很多人认为其历史更为悠久，可以追溯到18世纪小说《红楼梦》中著名的茄鲞：茄子切成小丁，炸过之后配上鸡丁、菌菇、竹笋、豆腐干、果干和坚果等等，想来应该是至上美味。

有些菜单中会混合使用甜面酱和味道更为质朴的上海豆瓣酱，但我简化了一下，只用甜面酱。如果是特别固守传统的人，会坚持将每块丁都单独煎过之后，再进行混合。

干香菇 6 朵
海米 25 克
料酒约 3 大匙
生花生 100 克
鸡胸肉或无骨鸡腿肉 100 克
生粉 2 小匙（即土豆淀粉，下同）
猪里脊肉 100 克
竹笋 125 克
豆腐干 100 克
去壳毛豆 100 克
甜面酱 75 克
蒜蓉辣酱 1½ 大匙
高汤 100 毫升
绵白糖 1 大匙
老抽 ½ 大匙
食用油约 4 大匙
盐

香菇用开水泡至少半小时到泡软泡发。将海米放在小碗中，倒入 1 大匙料酒，再倒上没过食材的热水。烧开一锅盐水，加入花生，小火煮 20 分钟（愿意的话出锅可用冷水冲洗，把皮揉搓掉）。捞出充分沥干。把鸡肉切成 1 厘米见方的鸡丁。加入 ⅛ 小匙的盐、½ 小匙的生粉和 1 小匙料酒，搅拌均匀。猪肉也如法炮制。竹笋和豆腐干切成 1 厘米见方的丁。泡发的香菇沥干水后去掉香菇柄，切成 1 厘米见方的丁。海米沥干水。烧开一锅水，将豆腐干、毛豆和竹笋汆水约 1 分钟，然后充分沥干水。锅中放 1 大匙油烧热，加入猪肉丁和鸡丁翻炒到全熟，起锅备用。再将少量油加热，加入香菇和海米，炒香，加入笋丁、毛豆和豆腐干，翻炒到热气腾腾。起锅备用。

再加 2 大匙油入锅，中火加热。加甜面酱和蒜蓉辣酱炒香。加入剩下的料酒和所有之前炒好的配料。加入高汤、糖和老抽，开大火。翻炒到锅中热气腾腾，汤汁收了一半左右。如果希望汤汁更浓稠些，就用 1 小匙生粉和 2 小匙水混合，分次加入锅中，进行勾芡，直到汤汁变得浓稠有光泽，能够包裹在食材上。冷热上桌均可，看个人喜好。

MEAT

肉菜

金色的底座托着一块猪肉，看上去十分软嫩，仿佛被自己的肥厚多汁所“拖累”，在蜜糖色的肉皮下耷拉着；看着这块肉，你仿佛就能感受到酒的香醇，肉的入口即化，肥而不腻，还有那一丝诱人的甜味……不过，这块“肉”其实是硬邦邦的玛瑙，经过伟大匠人精心的雕刻和上色，奇迹般地显现出这样的面貌。这就是著名的“肉形石”，是紫禁城的珍宝之一，在解放战争末期被国民党偷偷带出了中国大陆，如今是台北故宫博物院的展品。

在我眼中，这件珍宝一直象征着中国人对猪肉的热爱；实在难以想象，在其他任何的文化中，会有人发挥所有的技艺，投入大量的心血，用永久性的方式来呈现和保留一块猪肉引起的感官愉悦。

在中国的大部分地区，猪肉都是颇受喜爱的食材。但最了解烹饪猪肉奥妙的，还是江南人。他们有著名的火腿和咸肉，还对料酒、酱油和糖加以巧妙利用，将猪肉这种最为普通的肉类，升华成人间至味。猪肉就是有着这种看似自相矛盾的特性：既平平无奇，又能无与伦比。普通的猪肉，切成肉片、肉丝，和蔬菜一起炒，这就是日常的菜肴；而乡村地区的庆祝和宴请，往往会把猪肉切成大块，做成分量很大的乡村菜。有些喜欢装腔作势的所谓“美食家”，可能会瞧不起猪肉，因为比起燕窝、甲鱼之类，猪肉是那么廉价，一点没有珍馐佳肴的“范儿”；但懂行的美食家都清楚，比起这些珍稀食材，猪肉往往更为美味。11 世纪的诗人苏东坡曾有诗作《食猪肉》，充分表达了这种理念：

黄州好猪肉，价贱如泥土。
贵者不肯吃，贫者不解煮。
早晨起来打两碗，饱得自家君莫管。

中国人最爱吃的猪肉部位，就是猪腹部的“五花肉”，这个诨名来自其肥瘦相间的外观。五花肉也是江南地区很多名菜的主角。除了五花肉，江南的厨师还匠心独运，对一头猪的里里外外、寸肉寸皮都进行了充分利用：瘦肉用来炒；肥瘦相间的肉剁碎来包包子、馄饨、饺子；肥肉炼成猪油；猪皮炖煮融化再变成肉冻（肉冻加热之后融化，就是小笼包里那美妙的汤汁）；猪皮还可以小火慢炸，变得金黄蓬脆，就是油渣。一个热心的中国奶奶，可能会建议你多吃猪蹄和肘子，因为它们富含胶原蛋白，吃了可以美容；猪骨可用来熬高汤，或直接加入普通的汤菜。内脏当然也不能放过，猪心切片煮熟，蘸着酱油吃就已经非常美味；猪耳朵则能做成多层的美味卤菜。猪肝可以和韭黄一起炒；猪肚与猪舌切块，用芬芳的卤水泡过，美味极了。在盐商曾经为乾隆皇帝提供美食美酒的扬州，其美食文化有着铺张华丽的一面，比如著名的"三头宴"，而这"三头"之中最重要的就是慢火熬煮的整猪头，和暄腾的白馒头与糖醋蒜一起上桌；另外"两头"分别是鱼头和狮子头。盐腌的咸肉在江南烹饪中有着非常重要的地位，到现在很多人还会自己做咸肉。冬天，古城扬州寻常人家的院子里，还会挂满大块的咸肉，上面点缀着花椒。咸肉有时候就是切片、蒸熟，当成一道单独的菜上桌，旁边可能会配上荷叶饼。更多的时候，人们会用少量的咸肉，来为蔬菜提鲜。

浙江南部的金华，有着全国闻名的特产金华火腿：外表敦实，呈现出深粉色，其风味之浓郁，不输给著名的西班牙和意大利的火腿。但和这两者不同的是，金华火腿不是生吃的，它既可用来增鲜提味，也可用来装饰菜肴；大片大块的火腿放入高汤或其他汤菜中，立刻"鲜掉眉毛"。上海和杭州专门出售火腿的店铺可以为你如数家珍地道来，哪个部位和多少年份的火腿可以用于哪个经典名菜（18 世纪美食家袁枚说，"同为火腿，其优劣有天渊之别"）。苏州的筵席佳肴中有一道名菜，和莲子一起蒸煮的"蜜汁火方"，其关键食材，就是一块上好的火腿。

在江南烹饪中，猪肉自然是当之无愧的明星，牛肉和羊肉就没那么受青睐，只有在清真餐馆比较多见。

上海红烧肉

Shanghai Red-braised Pork with Eggs

红烧肉，一块块的五花肉和酱油、料酒、糖一起炖煮，是全中国人民都喜闻乐见的美食，每个地区都有自己的“红烧肉”。江南地区，特别是上海，喜欢把五花肉做得浓油赤酱，深色中透着光泽，甜味诱人。猪肉的炖煮时间一共只有大约 1 小时，所以瘦肉和肥肉都还有点紧绷弹牙。通常还会加入一种辅助配料，比如竹笋、油豆腐、墨鱼、咸鱼，或者像这个菜谱一样加入水煮蛋。这道菜和白米饭是绝配；当然我也强烈建议你再配上其他比较清淡爽口的菜，比如炒绿叶菜。

杭州的龙井草堂把红烧肉叫作“慈母菜”，这个名字来源于当地一个古老的故事。故事里说很久以前有位母亲，她的儿子进京参加科举考试。她急切地盼望儿子归来，做了他最爱吃的慢炖猪肉配鸡蛋。但路途遥远，状况不断，儿子没能在预想的归期出现；于是她把锅从炉灶上拿下，回房睡了。第二天，她又把菜重新热过，继续等儿子归来，但儿子依然没出现。等到了第三天，儿子终于到家了，菜已经被热了三次，里面的肉变得不可思议的软嫩油滑，酱汁呈现亮闪闪的深色，且回味悠远。

鸡蛋 6 个（最好用小个头的）
生姜 20 克（不去皮）
小葱 1 根（只要葱白）
五花肉 750 克（不去皮）
食用油 1 大匙
八角 1 个
桂皮 1 小块
料酒 3 大匙
高汤或热水 700 毫升
生抽 2 大匙
老抽 1½ 大匙加 1 小匙
绵白糖 3 大匙或冰糖 40 克

准备一锅水，烧开后煮鸡蛋，放凉后剥壳。每个鸡蛋竖着划上 6~8 刀，让炖肉的风味渗透进去。用刀面或擀面杖轻轻拍松姜和葱白。

将五花肉放在锅中，到冷水没过，大火烧开后继续煮 5 分钟，沥水后用自来水冲洗。等肉降温到不烫手的时候，带皮切成 2~3 厘米见方的肉块（如果你这块五花肉比较厚，那最好再把每块改个刀，切得稍微方正一点）。

锅中放油，大火加热，再加入生姜、葱白、八角和桂皮，迅速翻炒出香味。加入猪肉再翻炒 1~2 分钟，直到猪肉表面略微金黄，肥肉开始出油。沿着锅边淋入料酒。加入鸡蛋、高汤（或热水），再加生抽、糖和 1½ 大匙的老抽。大火烧开后盖上锅盖，转小火炖煮 45 分钟，偶尔揭开盖搅拌一下。

将锅中的东西倒入另外的容器中，放凉后冷藏过夜。早上将表面凝结的白色油脂去掉。将肉和凝固的肉冻全部倒回锅中，小火加热融化后开大火收汁，不停搅拌。把姜、葱白、八角和桂皮挑出来扔掉。10~15 分钟后，汁水收了约一半，加入剩下的老抽搅拌均匀。

▸

要上桌前，大火煮开，再度收汁，使其呈现浓稠的深色光泽。装盘。然后去欢迎你进京赶考回来的儿子吧！

如果吃不完（我的经验是很少有人吃不完），你可以稍微加点水，或者加一些笋干、冬瓜、千张结、油豆腐、萝卜什么的一起加热。你可能会和我的一些中国朋友一样，把边边角角的肥猪肉红烧之后用来配素菜，因为这样太美味了。

美味变奏

上海红烧肉（不加蛋）

去掉鸡蛋，五花肉的量增加到 1 千克。只用 1½ 大匙生抽，1½ 大匙加 1 小匙老抽，2½ 大匙的糖和 500 毫升热水。

板栗红烧肉

加一些去皮煮好的板栗，量大概和你重新加热收汁时猪肉的量差不多。这是浙江厨师朱引锋的“美味变奏”，特别好吃。

宁波咸鱼红烧肉

去掉原菜谱中的鸡蛋，只用 1 大匙生抽、1 大匙糖和 500 毫升高汤或水。将一些小黄鱼干在冷水中浸泡软，然后切成适合入口的小块。对肉进行加热收汁时将鱼加入。上桌前加一点葱绿段来装饰。

苔菜小方㸆

Ningbo Pork with Fermented Tofu Juices

宁波厨师们最美名在外的，就是能把鱼和海鲜做得精细可口；但同样值得这座城市引以为豪的还有一些风味浓郁的烧菜，比如将冰糖和甲鱼慢火熬炖，成菜黏滑缠绵，给人以飘飘欲仙的感官享受。新鲜的野生甲鱼在中国已是难买，在西方更是罕见，但希望这道文火慢炖、香气四溢的猪肉能满足你。这也是一道经典的宁波烧菜，宁波人的规矩是要在炖好的猪肉上装饰一把炸苔菜，这是宁波沿海的特产，不过光吃肉也很美味了。如果想达到和苔菜类似的风味和口感，我建议用白菜叶切丝油炸，听起来似乎不太靠谱，但效果好得惊人（见第 **34** 页）。如果你能找到开袋即用的海苔，完整的也好，碎的也好，入菜会达到画龙点睛的神奇效果。这道菜的版本众多，都是让猪肉浸润在红腐乳那粉红的汁水中文火慢炖；苏州和无锡常用的则是红曲米、酒和糖。

五花肉 900 克（整块，带皮）
小葱 2 根（只要葱白）
食用油 2 大匙
生姜 15~20g 克（略微拍裂）
料酒 3 大匙
红腐乳的汁水 3½ 大匙
绵白糖 4 小匙
生抽 1 大匙
老抽 1 小匙
清汤或水约 500 毫升
炸青菜叶丝或炸苔条 1 大把，或海苔碎1大匙（可不加，见第 34 页）
白砂糖几撮（作为海苔的装饰）

如果想用烤箱烤制的方式，就先把烤箱预热到 120℃。我通常会在预热阶段就把我那个小小的砂锅放进烤箱，也跟着预热一下。

烧开一锅水，加入五花肉煮 15 分钟到半熟。沥水后冲洗五花肉，然后切成 2 厘米见方的肉块。葱白洗净择好，用刀面或擀面杖轻轻拍松。锅中放油，大火加热。加入葱白和姜翻炒出香味，然后加入猪肉、料酒、红腐乳的汁水、绵白糖、生抽和半小匙老抽，再加刚好覆盖肉的高汤或水。大火烧开后加盖，文火慢炖 1 小时（或放入烤箱烤 1 小时），到猪肉软烂。偶尔开盖把汁水舀起浇到猪肉上。

猪肉炖好之后，转大火，去掉锅盖，保持剧烈沸腾的状态，将汁水舀起来浇在肉上，收汁到浓稠如糖浆的状态。在收汁过程中加入剩下的老抽。如果你要用炸青菜叶丝或苔菜，先把猪肉块摆盘，倒一点酱料在上面，然后把菜丝堆在盘子的另一边，稍微撒一点白砂糖。如果是用海苔碎，就撒到摆好盘的猪肉上即可。上桌开吃。

无锡肉骨头

Wuxi Meaty Pork Ribs

无锡是有运河流过的古城，这道菜是古城的特色菜。一块块的肉骨头被包裹在芬芳美味的肉汁中，透着一丝无锡菜著名的甜味。当地人都说，这道菜起源于南禅寺，相传南宋时期，济公和尚游历至无锡，给当地一个熟肉店老板传授了一些炖肉的无价要诀（听着还蛮奇怪的，因为中国的和尚基本上都是吃素的）。济公会用南禅寺的香炉煨肉，一煨就是一夜，叫年轻的和尚们“垂涎不已”，那个肉店老板也有样学样，按照他的方法来煨肉。

江南的传奇故事中有很多吃肉的和尚，这只是其中之一。我不清楚这些传说究竟意味着佛家可以宽容少数吃荤行为，还是凡夫俗子们喜欢揣测编造故事，抑或只是为了表现中国人对猪肉的迷恋。毕竟，猪肉太美味了，有时就连严格吃素的人也不能抗拒品尝它的欢愉。

做这道菜你需要一大块带肉的猪肋排。有人教过我按照无锡传统的方法来切，但你当然也可以用自己比较舒服的切法。红曲米会让酱汁变成很漂亮的粉红色，但在风味上是没什么必要的。注意，在开火之前，肋排必须盐腌过夜。

带肉排骨 850 克（整块）
盐 1 大匙
红曲米 2 大匙（可不加）
生姜 20 克（不去皮）
小葱 2 根（只要葱白）
料酒 2 大匙
八角 1 个
桂皮 1 小块
生抽 2 大匙
老抽 ½ 小匙
绵白糖 3 大匙
高汤或水 600 毫升
生粉 1 小匙和凉水 2 小匙混合

买肉的时候让店家帮你把选好的排骨斜砍成 2~3 块，宽度大概在 5~6 厘米。回家之后沿着肉的部分，改刀成肉块，每个肉块都是两根骨头，肉也比较多。将骨头放入腌肉的容器中，加盐抓拌均匀，冷藏过夜。

如果要用红曲米，就把材料放入碗或臼中，倒入刚好覆盖红曲米的热水，浸泡至少半小时，然后用捣杵捣碎。将腌好的肋排放入锅中，倒凉水覆盖，大火烧开后继续煮 1~2 分钟，撇去表面浮沫，倒入滤水篮中沥水，冲洗。用刀面或擀面杖将生姜和葱白拍松。

将排骨放入干净的锅或砂锅中，加入生姜、葱白、料酒、八角、桂皮、生抽、老抽、糖、高汤（或水）。如果要用红曲米，就用茶滤将捣好的米糊过滤到锅中。想达到最好的效果，最好挤一挤剩下的红曲米，尽量把液体都挤入锅中，颜色会比较鲜艳。过滤剩下的残渣丢掉。锅放架上，大火烧开，加盖，中火炖 1 小时。揭盖，把生姜、葱白、八角、桂皮捞出来扔掉，开大火，收汁到约 2 厘米深，要勤搅拌，多把汁水舀起来浇到肉上。将生粉和凉水搅拌均匀，适量加入，使汤汁浓稠，装盘上桌。

清炖狮子头

Clear-simmered Lion's Head Meatballs

狮子头在江南菜中占据着极高的地位，可谓美名在外。一颗猪肉丸子，竟能柔嫩轻盈得如云一般，用勺子一舀便散。这是扬州著名“三头宴”中的“一头”，最充分地体现了“肥而不腻”这个词。传说这道菜最开始叫“葵花斩肉”，是隋朝时期扬州一位厨师为隋炀帝做的，灵感来自当地景点葵花岗[1]。

到了唐朝，当地一位贵族的家厨重现了这道菜，用以宴客。客人觉得这大肉丸子很像雄狮的头，当场为其改名“狮子头”。我个人倒是从来没觉得像，但我很喜欢这道菜。就连浸润狮子头的肉汁，浇在白米饭上，也特别美味。

烹调这道菜的关键是手工剁肉，如果用机器作弊，肉丸的口感会比较粉糯，丧失那种肥嫩和“肉感”（用手工剁肉做成的正宗狮子头，外表往往有些粗糙厚实）。我建议提前 1 小时左右将肉放进冰箱略微冷冻一下，不然真的很难剁。用全瘦肉？千万想都不要想。传授我这个方子

白菜叶 8 片
生姜 10 克（不去皮）
小葱 1 根（只要葱白）
鸡汤或鸡肉、猪肉一起熬成的高汤 500 毫升
料酒 1 大匙
盐 ½ 小匙
生粉（3 大匙）和凉水（3 大匙）混合搅匀

肉丸子：
无骨去皮五花肉 500 克
姜末 2 小匙
葱花 2 小匙（只要葱白）
料酒 1½ 大匙
盐 1½ 小匙
冷高汤或冷水 75 毫升
鸡蛋清 1 个
生粉（1½ 大匙）和凉水（1 大匙）混合搅匀

将五花肉冷冻到略微变硬但未冻透的程度，1~2 小时差不多了。烧开一锅水，将白菜叶子放进去焯软，再过一下凉水，沥干后备用。

把肉从冰箱中拿出，再用锋利的刀切成 4~5 毫米厚的肉片。将肉片放在案板上，切成 4~5 毫米厚的肉条，再切成石榴籽一样大的肉丁（传统做法是将瘦一些的肉切得更小，大约 3~4 毫米见方的细丁）。

开始做肉丸。将肉丁放在一个大碗中。把姜末、葱花、料酒和盐加入，朝一个方向用力搅拌上劲，手工搅拌是最容易的。（中餐厨师坚持一个方向搅拌，这样肉的纤维会融合到一起，口感会非常顺滑。）抓一把肉起来，朝着碗底摔打，持续几分钟，

1　传说当时厨师为隋炀帝备宴，以扬州万松山、金钱墩、象牙林、葵花岗为主题做成了松鼠鳜鱼、金钱虾饼、象牙鸡条和葵花斩肉 4 道名菜，令满座宾客叹服。

的扬州厨师张皓有说法：“好的狮子头必须入口即化，要软嫩如豆腐。肉太瘦，吃起来就跟皮一样硬了，像牛排似的。”（听听这话，你大概就知道很多中国人是怎么看所谓的“西餐”了！）

扬州的餐馆通常会将狮子头从原汁中捞出，单独放入清汤上桌，其配料会随着季节改变：冬天是焯过水的上海青或小白菜；春天是竹笋；夏天是淡水贝类；秋季则通常在猪肉中加一点蟹粉增添风味，还会在肉丸上加1小匙蟹黄，仿佛皇冠加了明珠，更显华贵。狮子头也可以先炸再红烧。有些人喜欢拌一点粗切的马蹄到肉馅儿中，在软嫩中添一点脆爽。

直到肉变得很有弹性，质地也黏稠起来。继续往一个方向搅拌，慢慢加水或高汤。最后加入蛋清、生粉和凉水，继续往一个方向搅拌到均匀融合。

将砂锅倒满热水，然后把水倒出来，此举的目的是热锅。用刀面或擀面杖轻轻拍松姜和葱白。拿一半的白菜叶在锅底铺一层。加入高汤和250毫升的水，中火烧开。加入料酒和盐以及拍松的姜和葱白。关小火炖煮。

将生粉和凉水混合搅匀，制成水淀粉。将肉馅儿分成4份，然后用双手将每份团成1个大肉丸。搅一下水淀粉，用手在每个肉丸表面糊上一层，这样肉丸表面会有淡淡的光泽。轻轻将肉丸滑入微沸的高汤。4个都放进去后，把剩下的白菜叶拿来盖上一层。必要的话，再加一点热高汤或热水，要刚刚没过全部的肉丸。把火开大，直到周边开始冒泡。盖锅盖，关小火，焖煮2小时。揭去表面上那层白菜叶，捞出摆盘上桌。

美味变奏

蟹粉狮子头

将100克蟹粉混入猪肉馅儿中，再加一点白胡椒粉，做肉丸的时候在表面按压出1个小坑，舀上1小匙蟹黄。我用海蟹做过这道菜，好吃是好吃的，但味道不大一样。

红烧狮子头

这个版本在上海颇为常见。狮子头的大小和小蜜橘差不多，油炸到金黄，然后按照红烧肉（见第78页）的做法红烧肉丸。最后要把汁水收到浓稠。食器中垫一层焯过水的上海青，将狮子头摆放上去，再淋上浓稠的酱汁。

糖醋里脊

Hangzhou Sweet-and-sour Pork

这是糖醋菜里相当美味的一种，比起粤菜馆夸张华丽的糖醋菜，要朴实低调一些，杭州普通人家的晚餐桌上也会有这道菜。教我做这道菜的是杭州酒家的名厨胡忠英。

猪里脊肉 275 克
盐 ¾ 小匙
料酒 2 小匙
生粉 2 大匙
面粉 4 大匙
芝麻油 1 小匙（可不加）
小葱 1 小把（只要葱绿），切成 5 厘米长的葱段
食用油（油炸用量）

糖醋汁:
绵白糖 3 大匙
镇江醋 2 大匙
料酒 1 大匙
生抽 2 小匙
生粉（1 小匙）和凉水（2 小匙）混合

将猪肉切成适合入口的肉片，大约 1 厘米厚。加入盐和料酒，混合均匀。将生粉和面粉用大约 5 大匙水调成稠厚的面糊，加入肉片中，搅拌均匀，让所有的肉片都挂上浆。把制作糖醋汁用到的所有配料加到一个碗里。

锅中放入油炸用量的油，加热到 150℃。用筷子夹起肉块滑入油中，分批油炸。每批大约炸 3 分钟，到肉块酥脆，刚好全熟，捞出沥油备用。全部炸完后，再把油加热到 190~200℃。将肉块放回锅中复炸到表面金黄酥脆，捞出备用。将油倒入一个耐热容器中。

准备一个干燥的锅，大火加热，放入肉块。将糖醋汁迅速搅拌一下，贴着锅底倒入。酱汁烧开并开始收汁时，快速翻搅，让肉块包裹上已经迅速变得浓稠的酱汁。加入葱绿段，翻炒几次稍微断生。离火后加入芝麻油拌匀，上桌开吃。

干菜焖肉

Shaoxing Slow-cooked Pork with Dried fermented Greens

江南地区很多运河流过的小城可能都饱受过度开发之苦，但小巧的绍兴仍然有着古色古香的魅力。在绍兴仓桥直街周围的小巷里，人们就着运河边的石台，悠闲地打牌喝茶。小银鱼儿一条条地摊在竹篾子上，在阳光下晒干。普通人家的门口展现着当地生活的图景：方桌上摆着一碗碗菜肴，一家人手拿筷子围坐着大快朵颐；绿苔攀缘的古老石桥附近有个茶馆，老人们在里面闲话家常，其乐融融。

天气暖和的日子里，城里的老街巷四处飘散着霉干菜的气味。这是绍兴城最著名的腌菜，用晾晒并盐腌的芥菜做成。一开始，霉干菜是穷人吃的，加入便宜的菜蔬中，能增添咸鲜风味。不过，到了今天，霉干菜最著名的用法，已经是配焖肉了。传说史上第一道霉干菜焖肉产生于明朝，做菜人是绍兴的贫穷画家徐渭（徐文长）。有人给了他一点肉，但他没钱买任何调味料，家里只有一罐霉干菜，于是他就加了点一起煮肉，结果竟然出奇地香，引得左邻右舍都来打听他在吃什么。

绍兴的餐馆通常会把煮熟的肉和霉干菜一起放进碗中压紧，上桌前蒸过，倒扣在盘上，形成一个半圆球。但你也可以简单焖过了事。

绍兴霉干菜 3 大把（约 75 克）
五花肉 550 克（带皮）
小葱 1 根（只要葱白）
食用油 1 大匙
去皮生姜几片
高汤或水 600 毫升
生抽 ½ 大匙
老抽 ½ 大匙
绵白糖 2 小匙
料酒 3 大匙
八角 ½ 个
桂皮 1 小块
盐
荷叶饼，和菜一起上桌（可不加，见第287页）

将霉干菜放入碗中，倒凉水没过。用双手尽量挤压掉多余的盐分。放在滤水篮中用自来水冲洗，然后挤干。

烧开一锅水，加入猪肉煮 5 分钟。沥干水后用凉水冲洗，然后切成 2~3 厘米的带皮肉块。用刀面或擀面杖轻轻拍松葱白。

锅中放油，高火加热。加入姜和葱白，迅速翻炒出香味。加入肉块翻炒几分钟，到肉香四溢，表面变得略微金黄。加入高汤或水，以及霉干菜、生抽、老抽、糖、料酒、八角和桂皮。大火烧开，加锅盖，保持最小火煮 2 小时。大火收汁，需要的话加盐调味（一般不用加盐）。上桌前把姜和葱白捞出扔掉。

最后的步骤可以改一改，用筷子将肉块夹出来，皮朝下铺在碗底（碗要能放进蒸笼），其余地方铺上霉干菜，大火蒸约 20 分钟热透，然后倒扣在盘上，揭开碗，上桌。

鲞蒸肉饼

Steamed Chopped Pork with Salted Fish

浙江和南粤地区的人们爱吃腌制的海鱼，将其称为“鲞”。这道菜就是“鲞字辈”中的一道，和其他“兄弟姐妹”一样，有种野性刺激的气味，没吃惯的人可能一开始会望而生畏。其实，从某种意义上说，这道菜和西方人比较熟悉的地中海羊腿没什么不同：羊腿和鳀鱼、大蒜一起烤，后两者会逐渐融化到羊肉中，刺激大胆的味道在热气的催化下，变得香甜可口。

在浙江，这道菜比较受老一辈的欢迎。他们还记得过去的苦日子，那时一顿饭的配菜可能只有一小片臭臭的咸鱼，人们只能用这个下饭。鲞蒸肉饼又名“懒惰饼”，因为肉是随意摊在盘中的，并没有像肉丸子那样细致地捏成圆饼[1]。做好之后配上一碗白米饭，一盘简单的炒蔬菜，就是一顿快手而令人满足的晚饭。一定要把美味的肉汁浇在米饭上。肉最好手工剁，这样口感更好，我强烈推荐。

1　另一种说法是“懒惰饼”谐音“烂剁饼”，就是用刀把肉剁碎做成的饼子。

去皮去骨的五花肉（或肥肉稍多一些的粗绞碎肉）300 克
浙江鲞 60 克（盐腌鲭鱼 45 克或小黄鱼干 60 克）
干香菇 2 朵
料酒 1 大匙
姜末 2 小匙
生抽 1½ 小匙
生粉 1 大匙
高汤 3 大匙
葱花 1 大匙（只要葱绿）

有条件的话，先把肉冰冻 1~2 个小时，这样切肉剁肉难度要小很多。如果是用完全风干的小黄鱼，要先在凉水中浸泡至少 1 小时，然后切开、去骨、细切。如果是用比较湿润的盐腌鲭鱼，直接切成小块，去骨即可。干香菇用开水浸泡至少半小时，然后去掉香菇柄，细切。将猪肉切成 5 毫米厚的肉片，改刀成肉条，再切成小丁，最后剁成粗些的碎肉即可。肉碎放入大碗中，把咸鱼和葱花之外的所有配料全部加入，搅拌均匀。加入咸鱼搅拌均匀（如果是盐腌鲭鱼，要等后面再加）。迅速用力地将肉馅儿搅拌上劲，直到肉馅儿产生黏性。取一个能放入蒸笼的浅盘，将肉馅儿放入盘中铺成圆圈，肉饼的厚度大概在 2~3 厘米。如果是用盐腌鲭鱼，就在这一步切成片，放在猪肉上面。用另一个盘子或锡纸盖住盘子，放在蒸笼中，大火蒸约 25 分钟，直到全熟。撒葱花上桌。

美味变奏

咸鸭蛋蒸肉饼

这是做法类似的“美味变奏”。用 2 个咸鸭蛋代替咸鱼。将咸蛋剥壳后，分开蛋黄和蛋白，将蛋白搅碎加入肉馅儿中，原配方中的生抽不用加，因为咸鸭蛋本身已经很咸了。蛋黄切片后放在肉饼上，再上锅蒸。

荷叶粉蒸肉

Steamed Pork in Lotus Leaves

夏日时分，整个江南波光粼粼的湖塘之上，都铺满了懒洋洋的荷叶。这道菜里，腌过的肉裹上一层米做的蒸肉粉，再用荷叶包起来蒸，蒸过之后，荷叶里的肉和粉变得柔软黏糯，对唇齿与心灵都是很好的抚慰，有点像咸味版的英式蜜糖海绵布丁。你应该可以想象，这猪肉是何等的软嫩，香气叫人久久难以忘怀。如果你要用传统的蒸笼做这道菜，一定要看着水，因为蒸制时间很长，要防止烧干了。还可以用高压锅蒸半小时。根据我的经验，用高压锅效果更好。

有的中国超市会卖现成的蒸肉粉。你也可以自己做：将200克泰国香米、1个八角和2片桂皮放入干燥的炒锅中，中火翻炒10~15分钟，直到米变得脆黄，飘散香味。自然放凉后把八角和桂皮捞出扔掉。用料理机将米研磨到粗麦粉的质地。如果你恰巧能买到新鲜荷叶，用之前先在开水里焯一下。

五花肉600克（去骨不去皮）
干荷叶1片
蒸肉粉100克（见菜谱介绍）
芝麻油2小匙

腌料：
甜面酱3大匙
生抽3大匙
老抽1小匙
料酒2½大匙
绵白糖2大匙
姜末2大匙
葱花2大匙

将五花肉切成1厘米厚的带皮肉片，再把每片一切为二，最后切成适合入口的肉片，长约6~8厘米，宽约1厘米，保留肉块本来的厚度。切好后放入碗中，加入腌料，混合均匀。加盖，冷藏或在凉爽的地方，腌制至少1小时。

将荷叶放在开水中浸几分钟泡软。可能需要在热水中翻几次，直到荷叶软到可以放入碗中。

正式开始做菜。将蒸肉粉倒入肉片中，混合均匀，让每一片肉都包裹上蒸肉粉。将荷叶反面朝上，铺在耐热浅碗中（碗的大小要选好，能装得下肉片，也能放入蒸笼，荷叶要折成一团，表面要平）。荷叶要超出碗沿，将肉片皮向上整齐地摆在碗中。把荷叶折过来，微微盖住猪肉，然后用剪刀去掉多余的荷叶边。把碗放在蒸笼中，大火蒸2小时。如果有高压锅，就高压蒸30分钟，留出时间让压力自然释放。上桌前将叶子顶部揭开，淋上芝麻油。

冰糖元蹄

Slow-cooked Pork Hock with Rock Sugar

文火慢炖的猪蹄，是家宴时体面又美味的主菜，照这个菜谱做出来的猪蹄有冰糖赋予的光泽，卖相尤其好。柔软的猪皮和肥肉撩拨着唇齿，瘦肉嫩得一碰就从骨头上散了下来。这道菜可以提前做好，上桌前重新加热收汁即可。你可以想象这道菜的野性与浓郁，配白米饭或荷叶饼极妙。

传授我这个菜谱要点的是两位住在乡村的女士，她们在安徽南部的“猪栏酒吧乡村客栈”做事，客栈所在的建筑位于一座大宅之中，这座大宅曾经是一位徽商的家产。和该地区其他的大型老建筑一样，客栈有着白色的高墙，门楼装饰着华丽的灰白石雕。走进宅门，有几重院落，有美丽的园林和装了木板门的房间。我是在11月去的，前院一棵树光秃秃的深棕色树枝上挂着火红的柿子，看着就像一个个小灯笼。

猪蹄1块（约950克）
生姜30克（不去皮）
小葱1根（只要葱白）
上好的绍兴酒100毫升
红米醋3大匙
老抽½大匙
生抽3½大匙
八角1个
桂皮1块
冰糖100克
上海青8小头（装饰用，可不加）

猪蹄放在案板上，直一点的那边朝上，往最厚的地方切1个深口子，顺着骨头直接切下去。把切口周围的肉皮稍微掰开一些，然后在骨头两头肉厚处平行地切2刀。这样两端肉厚处可以略微掰开，猪蹄可以直立。拿厨用剪刀或刀子把边缘的皮修整一圈。

用刀面或擀面杖轻轻拍松姜和葱白。烧开一锅水，加入猪蹄，再次烧开后继续煮2分钟。把猪蹄从锅中捞出，用自来水冲洗。放凉到不烫手的程度，用镊子把猪毛夹干净。将猪蹄放在锅（或砂锅）中，加入上海青之外的所有配料，倒入水没过食材（约1.5升）。烧开后盖上盖，小火焖3小时，直到猪蹄完全软烂。注意：猪蹄要保持形状，但肉要很烂，一碰就脱骨。偶尔要开盖翻转一下，防止粘锅。

要装饰的话，锅中放水，水中放一点盐，再加一点食用油，烧开后把上海青放进去汆水，再过凉水。用之前充分沥干。

将焖煮猪蹄的酱汁放入锅中，开大火，搅拌收汁。等到酱汁开始变得黏稠，加入猪蹄（生姜、葱白、八角和桂皮都捞出来扔掉），舀起酱汁浇在猪蹄上。酱汁应该浓稠光滑，赋予猪蹄美妙的光泽。把上海青围着猪蹄摆一圈。

绍兴小炒

Shaoxing 'Small Stir-fry'

一次，我在绍兴多盘桓了些时日，跟着名厨茅天尧去著名的咸亨酒店吃了多次。我们会就着几盘佳肴小酌一两杯绍兴好酒，而大厨会滔滔不绝地给我讲绍兴美食，他对专业的热情和博学真是引人入胜。几顿饭之后，我意识到，我俩吃的菜不在菜单上，他单独给厨房打了招呼，让他们做一些当地人常吃的家常菜，简单、健康、可口。很多菜都是经典的绍兴菜式，将新鲜蔬菜和咸菜腌菜炒在一起，咸香与清爽并存。我吃得最开心的菜之一，就是用新鲜的苋菜和豆腐卤水腌过的嫩油菜尖儿炒制而成的。

我问茅师傅最喜欢哪道菜，他毫不犹豫地说是绍兴小炒，这道菜是将猪肉、榨菜丝、笋和韭黄炒在一起，有时还会加点老豆腐或蘑菇。他说，这道家常菜是绍兴人晚饭餐桌上最常出现的菜，地位可能相当于四川人的回锅肉。江南地区喜欢用“小炒”这个词来描述简单的炒菜，可以加入厨房里任何零碎的边角料，通常会有各种菜蔬和一点肉。这个菜谱来源于我和茅师傅那天晚上吃的绍兴小炒。

猪瘦肉 100 克
料酒 ½ 小匙
生抽 ½ 小匙
老抽 ½ 小匙
韭黄 125 克
竹笋 150 克
榨菜 75 克
食用油 2 大匙
高汤 3 大匙
米醋 ¾ 小匙（红米醋或镇江醋）
小葱几段（只要葱绿）
盐

猪肉切片，再切成肉丝，放在碗里，加入料酒、生抽、老抽，混合均匀。韭黄切成 6 厘米长的段。竹笋切丝，在开水中焯一下，充分沥干。榨菜清洗一下，切成丝。

锅中放油，大火加热，加入肉丝翻炒。肉丝炒开之后，加入榨菜丝和笋丝，继续翻炒到肉丝恰熟，锅中热气腾腾。倒入高汤翻炒到水分几乎蒸发。加入韭黄，继续翻炒到香气四溢、热气腾腾，然后再放盐调味。加入醋翻炒均匀后出锅盛盘，放上葱段。

韭菜花炒肉丝

Slivered Pork with Flowering Chives

如果到中国人家里去吃晚饭，你很可能吃到至少一道这样的菜：某种蔬菜炒肉丝。按照这种做法，一点点肉就可以很香，所以不仅健康美味，还很经济实惠。任何菜丝炒肉丝都可以按照这个菜谱来进行基本配比和操作。猪肉也可以换成牛肉、羊肉、鸡肉、鸽胸肉、火鸡肉……如果没有韭菜花，你也可以按自己的喜好用另一种蔬菜，甚至也可以用多种蔬菜，或老豆腐（豆腐干或白豆腐都行）。体积比较大或水分比较多的蔬菜，比如芹菜、藕、豌豆、胡萝卜等等，最好在炒之前焯一下水断生，这样可以缩短炒菜时间。肉先炒，成品会很嫩。韭菜花其实就是带花的嫩韭苔。

猪里脊 100 克
韭菜花 175 克
食用油 3 大匙
生姜（去皮，切成少量细丝）
红灯笼椒几个，切成细丝（可不加）
芝麻油 1 小匙
盐

腌料：
料酒 ½ 小匙
生抽 ½ 小匙
生粉 2 小匙
冷水或搅匀的蛋液 1 大匙

猪肉切成薄片，再改刀细丝。加入腌料混合均匀。韭菜花择去头上的花苞，切成 5~6 厘米的段。（花苞可以用于别的菜，比如煎蛋饼。）

锅中放 2 大匙油，大火加热，加入肉丝翻炒到刚刚变色，起锅备用。如有需要，把剩下的油加入锅中，大火加热，加入姜翻炒片刻出香味。再加入韭段和灯笼椒，翻炒到香气四溢，热气腾腾。肉丝倒回锅中，加盐调味。离火，淋芝麻油拌匀，上桌。

白汤羊肉

Goat and Radish Stew

我们坐在一间画室里，周围摆着一堆堆旧画和书法作品。大扇的落地窗一打开，窗外就是一片果园和长满青草与野花的草地，绿的、红的、粉的、白的，煞是好看。画室里摆了一张茶桌，一个巨大的木台面上散乱地放着茶壶和茶碗——看得出来这位学者很爱喝茶。我们一边聊天，一边啜饮着浙江安吉出产的白茶，茶味清淡怡人，茶色近乎透明。

这里是江苏省南部的高淳，一个保存较为完好的古老城镇。我和朋友三三一起来探访另一位朋友。喝完茶已是黄昏时分，我们在街上散步，周围是上了土红色漆的木质店面和刷白的砖墙。我们那天的晚饭中有这样一道菜：羊肉加萝卜，成就了一道清新的汤菜。你看这一章的菜谱大部分都是用猪肉做主材，因为江南人最常吃的就是猪肉；但羊肉和牛肉也会偶尔亮个相。

过去两三年来，羊肉的购买渠道更多了，比如农贸市场、肉类专卖店和清真肉店。羊肉风味十足，比较重口，和白萝卜刚好互补，真是天作之合。我第一次在家做这道菜是为了庆祝羊年的到来。无论你是用山羊肉还是羔羊腿肉，都是一样的美味。

羊腿 775 克（整块带骨）
生姜 20 克（不去皮）
小葱 2 根（只要葱白）
桂皮 1 小块
八角 ½ 个
料酒 3 大匙
白萝卜 500 克
小葱几段（只要葱绿）
你喜欢的辣酱（做蘸料）
盐

烧开一大锅水。羊肉放进水中煮 5 分钟后捞出沥水，冲洗。将羊肉放入锅中，倒入凉水没过羊肉，撇去浮沫。

用刀面或擀面杖轻轻拍松生姜和葱白，和桂皮、八角、料酒一起加入锅中。大火烧开后半盖锅盖，中火炖煮 1¼ 个小时，视情况添加热水。关火后小心地把羊肉从锅中捞出，放凉到不烫手的程度后，将羊肉脱骨，切成适合入口的肉块，和骨头一起放回锅中。

白萝卜削皮，去掉头尾，滚刀（见第 346 页）切成适合入口的小块。烧开一锅水，加入白萝卜煮 3 分钟，去掉干涩味。捞出沥水，加入煮羊肉的锅。烧开后炖煮到白萝卜变软，约 20 分钟。

上桌前，把骨头捞出来扔掉，加盐调味，加葱段装饰。配一碟辣酱蘸肉。

POULTRY AND EGGS

禽蛋类

长江下游地区不仅是“鱼米”之乡，也是“羽族”之乡。江南的乡村地区处处跑着肥鸡，鸡头一伸一缩地啄着地上的米；鸭子摇摇摆摆地“扑通”一声跳进水里，游过一片布满池塘与水田的泽国。当今，人们在日常和大大小小的节日都会在餐桌上摆上用鸡肉做的佳肴；在不久的过去，市场上的禽类都还是活的，现卖现杀，不是现在超市里那种包装好的。中国人都知道散养的农家土鸡最好。（有个中国朋友非常贴心地用英语向我解释，这些鸡是 **freelance chickens**，自由活动的鸡！）

如果你能找到好的散养鸡，会发现其体腔内有大块大块金色的脂肪；把这些脂肪割下来，放在锅里大火加热到出油，过滤之后放凉冷藏，把油渣扔掉。这就是纯度高又味道美的“鸡油”，可在汤菜、炒菜或蒸鱼起锅时加入，提味提鲜。浓鸡汤（有时候会加猪肉和火腿）是很多经典江南菜隐秘的灵魂。

整个江南地区都会吃鸭子，但跟这种食材关系最紧密的还是南京，那里的特色菜“盐水鸭”驰名天下。总体上来说，中国人一般会在餐馆吃鸭子，或者从专做鸭肉的店铺那里购买。江南有的“鸭菜”奇特又复杂，需要高超的厨艺，比如上海的“八宝鸭”，处理好的鸭子塞上调好味的糯米，再进行蒸制；还有更难的版本，扬州的“八宝葫芦鸭”，要给鸭子去骨、填料、缝线、炸制，然后再蒸或炖煮（见第 114 页）。除了新鲜的鸡鸭，江南人民也嗜吃腌卤或干腌的禽类，可以简单蒸一蒸直接上桌做开胃小菜，或切成小片小块小条，加入其他菜肴中。

你想也想得到，江南厨师可以充满想象力地用尽鸡鸭身上几乎所有部位。当地人最爱吃的精选部位也有说法，就是所谓的“叫、跳、飞”，即脖子、脚爪和翅膀。在养殖场和冷冻肉时代来临之前，鸡爪和鸭掌是难得的奢侈享受：你想想，要多少只鸭子，才能做成一盘堆叠的鸭掌呢？

南京南部的高淳，有一道有趣的特色菜“掌中宝”，是很奇特的吃食：1 个鸭掌握着 2 个腌过的鸭心，然后用 1 截鸭肠紧紧地缠绕起来；被卤得油亮亮的，一串串挂在古城的店门外。取下来迅速蒸一下，就能香气四溢，吃起来有嚼劲又美味。

江南有很多菜谱的主材是不同鸟类的蛋，都非常好吃。鸡蛋可以炒、蒸或煎成蛋饼；带壳下锅煮过之后放入高汤、香料和茶叶混合的锅中一起炖煮，也是无比美味；当然也少不了剥了壳放进一锅红烧肉中同吃。杭州有个传统，会给贵客（比如未来女婿）奉上一碗热腾腾甜丝丝的糖水荷包蛋。杭州人还对母鸡生的第一个蛋——即“头蛋”——有种执着，他们认为这样的蛋特别有营养。

鸭蛋通常用盐腌制成咸鸭蛋，水煮后当送粥小吃。鹌鹑蛋和鸽子蛋不常出现在日常的餐桌上，筵席中更常见些；鸽子蛋在烹调之后仍然保持着那种半透明的水汪汪的样子，放入颜色清透的筵席汤菜中，更是锦上添花。

已经受精有小雏成形的蛋（活蛋），是江南禽蛋类食品中比较少见的吃食。南京的女士们特别爱吃“活珠子”：小鸡还在发育成形中的鸡蛋，水煮后配上椒盐蘸碟，据说能够养颜养生。我的南京朋友玲玲说那里的女人通常一次就吃四五个，不仅因为其味道好，更因其营养和滋补功效。绍兴人则比较喜欢水煮鹅活蛋，蘸酱油吃。

据说，扬州曾有一位巨富盐商黄至筠，他对鸡蛋的享用，奢华到有些荒唐。他是个园的主人，这处宅邸十分优雅，是一座很经典的园林，至今也是扬州古城园林中的明珠。根据公开材料上记载的故事，他早餐喜欢吃燕窝、人参和鸡蛋。但到后来，他发现自己吃的鸡蛋居然“每枚纹银一两”，富贾如他都觉得太昂贵了，就招来私厨，指责对方弄虚作假。厨师感觉自己被侮辱，请辞后扬长而去，并坚称自己做的蛋就是不同寻常。黄先生后来又雇了几个厨师，但每个人做的鸡蛋味道都大不如前。后来他又把原来的厨师找回来，发现下那些昂贵鸡蛋的母鸡所吃的饲料，都加了研磨成粉的名贵药材和食材，比如人参、红枣等等。这下他终于知道为什么以前的鸡蛋那么好吃了，于是接受了这个价格，继续如常享用美味的早餐了。

嫩姜炒仔鸡

Chicken with Young Ginger

中国古代先贤孟子有句名言，“君子远庖厨”；人们经常用这句话来解释为什么那些嗜吃美食的文人总是表达自己对下厨的不屑。就连18世纪经典饮食札记《随园食单》的作者袁枚，据说都从未染指过炒锅或案板，不过，他倒是十分尊重和喜爱自己的私厨。

我与杭州餐馆老板戴建军和他的私厨朱引锋在前者位于浙江郊外的宁静寓所共处时，总会想起袁枚和他的厨师。每天，将自己做的菜摆上桌之后，朱师傅就和戴建军一起坐在桌边，听他细致地点评自己的厨艺。

这道菜是用肥嫩多汁的鸡肉和脆脆的嫩姜一起炒，菜谱就来自朱引锋。最开始我学这道菜时，用的是我和朱师傅当天早上从桃林的土里拔出来的嫩姜。姜是一种看上去形态古老的优美植物，矛枪一样的叶片朝两边夸张地舒展着，让人想起卢梭[1]画作中的色彩与形状。埋首叶片之下挖一挖，你就会发现一串串黄色的根茎，粉色的头部仿佛在歌唱，诉说自己的新鲜和散发着嫩爽活泼的芬芳。

做这道菜要用饱满柔嫩、纤维不多的嫩姜，掰开的话要非常脆生干净，断口没有明显的纤维。

饱满的嫩姜 75 克
小葱 1 根（只要葱白）
去骨鸡大腿 350 克
食用油或猪油 2 大匙
料酒 1 大匙
生粉（¼ 小匙）和凉水（½ 小匙）混合搅匀
5 厘米长的葱段几段（只要葱绿）
芝麻油 1 小匙
白胡椒粉

腌料：
盐 ½ 小匙
料酒 ½ 大匙
生粉 2 小匙
凉水 2 小匙

酱料：
生抽 1 小匙
老抽 ½ 小匙
绵白糖 ½ 小匙
高汤或水 2 大匙

姜去皮后切成厚度大约 2 毫米的姜片。用刀面或擀面杖轻轻拍松葱白。将鸡切成 2 厘米见方的小丁，和腌料一起放进碗中，搅拌均匀。

将做酱料的配料放在小碗中混合。锅中放油，大火加热，加入姜和葱白，翻炒到香气四溢。加入鸡丁，继续大火翻炒，把鸡丁炒散。

鸡丁炒熟并开始变色后，淋入料酒，然后把碗中的酱料搅一搅，倒入锅中。迅速烧开后按照口味加 1~2 撮白胡椒粉。生粉和凉水搅一搅倒入锅中，继续翻炒搅拌，到汤汁浓稠有光泽。加入葱段略微断生。最后离火，淋上芝麻油，装盘上桌。

1 指亨利·卢梭，法国后期印象派画家。

叫花童鸡

Beggar's Chicken

一顿饭的硬菜如果是叫花童鸡，那是相当引人注目了：一只整鸡被荷叶包裹着，外面还有一层经过烤制的泥壳，得用木槌敲开。做叫花童鸡的办法，是中国古代的遗赠。传说当地有个叫花子，曾经偷了只鸡来吃。因为没有锅，他只好用泥巴把这只鸡包起来，丢进生火的余烬中去烤。烤好之后，他把土壳子敲开，拔掉鸡毛，去掉鸡皮，鸡肉喷香无比，叫人惊奇，周围的人闻着味儿，都跑来看他到底吃的是什么。后来，厨师们对这个原始菜谱进行了细化改良，使之成为杭州和常熟的特色菜，两个城市互相争执不下，都说自己是这个菜的起源地。

杭州的叫花鸡，外壳是做料酒之后留下的芳香酒糟。我在家用的是加盐的面皮，把整鸡包起来，效果不错，上桌后跟土壳子一样，也可以用木槌敲开。无论用哪种原料做壳，鸡肉都是鲜美多汁，又能吸收荷叶那沁人心脾的清香。用过的荷叶千万别扔，第二天蒸米饭或煮粥时再加进去，吃剩的鸡肉和汁水也可以加进去，会点石成金，非常鲜香的。

腌鸡的时候，会用到一种干姜叫山柰，又名砂姜。高档的中国超市有售，但不用也照样能做。

（见 108 ~ 109 页图）

鸡 1 只（1.5~1.7 千克）
椒盐，和菜一起上桌（见第 331 页）

腌料：
砂姜（山柰）1 小块
生姜 20 克（不去皮）
小葱 2 根（只要葱白）
生抽 2½ 大匙
老抽 ½ 小匙
料酒 3 大匙
绵白糖 1 小匙
盐 ½ 小匙

填料：
小葱 10 根（只要葱白）
或嫩韭菜 150 克（只要韭白）
去皮五花肉 100 克
猪油 2 大匙
料酒 1½ 大匙
生抽 1 大匙
盐 ¼ 小匙

咸面团：
面粉 500 克
细盐 500 克

包在外面：
整片干荷叶 2 张
猪油 75 克

烤箱预热至 220℃。用杵臼将砂姜捣成粗粗的粉末。

首先来处理鸡。把连接鸡身和鸡腿的鸡皮切开，但不要把腿割断了，稍微和鸡身分开即可。把每条腿中间的关节以及与鸡身连接的关节切断，使其松松地悬着。如果你用的鸡还有鸡爪，直接从鸡爪与鸡腿连接处砍掉不用。顺着琵琶腿竖切一道口子，要一直切到骨头，扭一扭，将骨头牵出来。用菜刀从尽量接近连接鸡爪的地方砍断骨头。用同样的办法去掉大腿处的骨头。在鸡翅与鸡身连接处轻轻切 1 刀，不要切断，然后把大骨头扭一扭牵出来（这个需要点技

▶

巧，稍嫌麻烦）。将菜刀翻转过来，用刀背在每个鸡翅尖各用力砍 5 刀左右：这样既不会砍断，又会使其松散。最后，用刀面用力拍打胸骨数次，让鸡身略微松垮，放入大碗中准备腌制。

用刀或擀面杖轻轻拍松生姜和葱白，然后放入鸡的体腔。取 1 个小碗，混合其他所有腌料，倒在鸡身表面和体内，用双手将腌料均匀涂抹到鸡的全身，将鸡放在一边腌制至少半小时，然后翻一下面。

现在来做填料。将葱白或韭白以及猪肉切成丝。锅中放猪油大火加热，加入葱白（韭白）翻炒几秒炒香，加入肉丝继续翻炒到变色。加入其他填料，翻炒均匀，起锅备用。

在大碗中混合面粉和盐，加入适量的水，揉成光滑的面团。盖上 1 块湿布备用。将荷叶放入宽口锅或深烤盘中，倒 1 壶开水浸泡 1~2 分钟，将荷叶泡软（荷叶很大，所以需要稍微挪一下，保证每个部位都充分浸泡到）。荷叶泡软沥水后，将其中 1 张正面朝下放在台面上，将略微呈圆锥形的中心部分稍微压平。盖上 2 张大约 60 厘米长的锡箔纸，四边都要超出荷叶边。放上另 1 片荷叶，正面朝下。将腌好的鸡拿起来，鸡胸朝上放在荷叶中间，葱姜取出扔掉。将填料和炒出来的汁水一起塞入鸡的体腔。将周围的鸡皮都折起来盖在鸡身上，如果还有鸡头，也要塞到鸡身里。把鸡腿折起来紧贴鸡身，鸡翅也一样。把猪油用力涂抹在鸡身上。把里层的荷叶、锡箔纸和外层荷叶分别紧紧包裹住鸡身，用厨用棉线紧紧裹成一包，然后再从两边的对角线绑起来，棉线呈米字型。

将面团擀成 1 个大的长方形，大约 4~5 厘米厚，宽度要能把鸡整个包裹起来。把鸡翻过来放在面皮上，紧紧包裹起来，边缘用水贴紧。再次翻转过来，放在铺了烤纸的烤盘中。先 220℃烤 40 分钟，再 150~160℃烤 2 小时。外壳会烤得很硬，呈现深棕色。上桌前出炉静置 20 分钟，然后放在木板上端上桌，配 1 根木槌，把外壳敲开。（不要放在瓷盘上上桌，因为瓷盘很有可能一起被敲碎！）做好心理准备，敲的时候，可能有硬壳碎片到处飞。把壳拿掉，用剪刀剪掉棉线，揭开荷叶和锡箔纸，你就会看到一只美丽、多汁、热气腾腾的叫花鸡，懒洋洋地蜷缩在荷叶芳香的怀抱中。

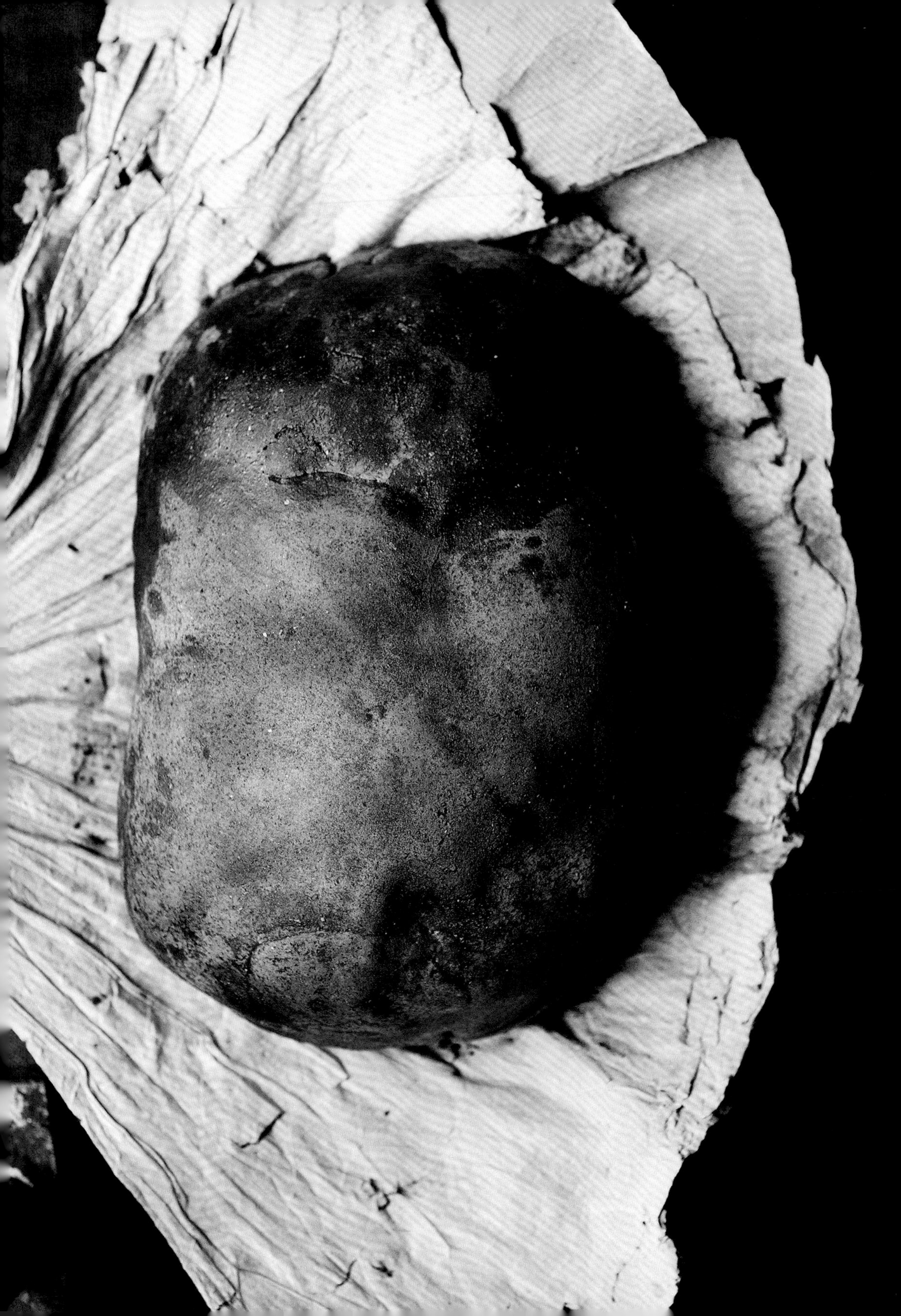

板栗烧鸡

Stewed Chicken with Chestnuts

9月，江南就能收板栗了，早栗新鲜柔嫩，又白又脆，很是喜人。等到深秋和冬天，早前没收的板栗长得更为饱满成熟，可以用来做果脯、汤或这样的烧菜。这道菜有很多版本，我这个版本来自苏州，脆爽的竹笋和多汁的蘑菇形成口感上的对比。在中国，板栗烧鸡里的鸡块通常都是直接带骨剁好的，然而去骨的鸡腿肉做出来也同样好吃。愿意的话，你可以在最后一步开大火收汁，或者加入生粉和凉水让汤汁浓稠。这个菜谱和袁枚在18世纪饮食札记中列出的食谱惊人地相似。

这道菜属于“黄焖”家族的一员，黄焖就是将食材放入锅中，盖上锅盖焖烧，通常会加酱油上色，但不要加太多让颜色变得像红烧菜一样深。我通常会用罐头装或真空包装的栗子，但如果你想买新鲜栗子自己煮后去壳去皮，就先在生栗子的底部割一道口子，放进开水中煮几分钟，然后沥水。将栗子放凉到不烫手的程度后剥壳，然后尽量干净地去皮。

干香菇6朵
去骨鸡腿肉400克
冬笋75克（可不加）
小葱2根（只要葱白）
生姜20克（不去皮）
猪油或食用油2大匙
去皮熟栗250克
料酒2大匙
鸡汤500毫升
生抽2大匙
老抽2小匙
绵白糖1大匙
盐½小匙
5厘米长的葱段几根（只要葱绿）
芝麻油1小匙

干香菇用开水浸泡至少半小时。将鸡肉切成大小均匀、适合入口的鸡块。泡好的香菇去柄切成四块。将冬笋切成5毫米厚、适合入口的笋片，放进开水中焯一下，捞出沥水。用刀面或擀面杖轻轻拍松葱白。姜切片。

锅中放油，大火加热，加入姜和葱白翻炒出香味，然后铲到锅边。加入鸡肉，铺成单层。除了翻面以外不要过度挪动，煎至微微变色。把除了葱绿段和芝麻油之外的配料全部加入。烧开后盖盖子焖煮15~20分钟（我通常会从炒锅换成炖锅或砂锅来焖烧，最后直接端锅子上桌）。

上桌前，开大火收汁，可以根据口味再加一点盐。加入葱绿段，盖上盖子再焖几秒钟，稍微断生。离火，淋芝麻油搅拌均匀，上桌。

鲞扣鸡

Bowl-steamed Chicken with Salted Fish

蒸，是中餐最古老也最有特色的烹饪方法，尽管很多人想起中餐，最先想到的都是“炒”。中国的很多新石器时代遗址（比如浙江的河姆渡遗址）中都出土了陶蒸器。直到今天，蒸仍然是保留食材本味的最佳烹调方法之一，因为不会在炒锅中将食材进行灼烧、上色或翻腾。过去，人们做蒸菜还有个原因，就是可以利用蒸饭的热气来加热另外的菜，这样算是节省了燃料。

下面这道菜是绍兴和杭州人民都喜闻乐见的佳肴，属于“扣菜”一类，就是把食材平整地铺压入碗，蒸制后倒扣在盘上，形成一个半球。这道菜是把半熟的鸡条和味道刺激的咸鱼片“扣”在一起。咸鱼是浙江人特别喜欢的食材，但如果不是从小到大吃习惯了，可能接受起来需要一定的过程。咸鱼味道臭中有香，层次丰富，有点像发酵成熟的洗浸奶酪，扣在柔嫩的鸡肉上，有点像“黑暗料理”，但其实非常美味。中国人不指望西方人能喜欢他们的咸鱼。我第一次给非中国人的朋友呈上这道菜时，就警告说他们可能会不喜欢。但他们非常爱吃，有个朋友还感叹说，这道菜令人“大开眼界”。

浙江鲞 65 克（盐腌鲭鱼 50 克或小黄鱼干 65 克）
去骨鸡腿 2 根（或只要鸡大腿）约 550 克
小葱 1 根
生姜 3 片（不去皮）
料酒 1 大匙
鸡汤或水 3 大匙
葱花 1 大匙（只要葱绿）

如果是用黄鱼干，就放在凉水中浸泡至少 1 小时。烧开一大锅水，加入鸡肉煮大约 5 分钟到半熟，捞出沥水后过凉水。把咸鱼的骨头和鱼刺尽量都挑干净，然后切成片。

将两根去骨鸡腿分别一分为二，分开大腿和琵琶腿。将每个部分带皮面朝上放在案板上，均匀地切成 2 厘米宽的鸡条，尽量维持原来的形状。用菜刀铲起每个部分，放进容量 500 毫升的耐热碗中，皮朝下铺在碗底。将咸鱼片塞入鸡条之间的空隙中。碗底铺满后，把剩下的鸡和咸鱼碎放入碗中填满。

用刀面或擀面杖轻轻拍松小葱，切成两半。将葱姜放在鸡肉上，加入料酒、鸡汤（或水）。用耐热盘或锡箔纸盖住碗，放进蒸笼中大火蒸 30 分钟。

上桌前，揭开盖盘或锡箔纸，将菜盘盖在碗上，迅速倒扣，就得到一个部分浸润在汁水中的半球。撒上葱花装饰。汁水刺激又美味，很是“上头”，一定要用来泡饭哦!

炒时件

Stir-fried Chicken Hotchpotch

这个菜谱来源于我在杭州龙井草堂吃到的一道佳肴。他们的炒时件所用食材为 4 种鸡下水：鸡肝、鸡心、鸡肠和鸡胗。鸡肠和鸡胗爽脆，鸡肝和鸡心柔嫩，口感上形成令唇齿愉悦的对比。也可以用同样的方法单做快炒鸡肝，有鸡心的话加进来即可。这道菜卖相并不是特别漂亮雅致，但十分美味。配上白米饭和一盘简单的蔬菜，两个人的晚饭能吃得很满足了。

鸡肝（或鸡肝和鸡心混合）175 克
蒜瓣 3 个
姜（与蒜瓣等量）
小葱 2 根（只要葱绿）
食用油或猪油 3 大匙
料酒 2 小匙
生抽 1 小匙
老抽 ¼ 小匙
绵白糖 1 撮
芝麻油 ½ 小匙

腌料：
盐 ¼ 小匙
料酒 1 小匙
生粉 2 小匙

鸡肝切成 5 毫米厚的片，放入碗中。加入腌料混合均匀。姜蒜去皮切片，葱绿切成 6 厘米长的葱段。

将 2 大匙食用油或猪油放入锅中大火加热，加入鸡肝迅速翻炒到片片分明。炒至半熟后起锅备用。往锅里加入剩下的猪油或食用油，再加姜蒜迅速翻炒出香味。鸡肝倒回锅中，翻炒到和油香融合。沿着锅边淋入料酒，加生抽、老抽和糖调味，倒入葱段，略微加热断生，最后离火，拌入芝麻油，盛盘上桌。鸡肝是刚刚炒熟的状态，柔嫩多汁。

美味变奏

韭菜炒鸡肝

按照上述方法对鸡肝进行切片、腌制和提前炒制。将 100 克韭菜切成 6 厘米长的段，代替姜蒜下锅炒至香气四溢，热气腾腾，愿意的话可以加点辣椒面。把鸡肝倒回锅中略炒，按照口味加入生抽，盛盘上桌。

八宝葫芦鸭

Eight-treasure Stuffed Calabash Duck

江南大厨们的筵席菜烹饪水平是排在中国第一梯队的，他们的"功夫菜"名扬海内外：一丝不苟，精心烹制，投入大量的时间、成本，需要精妙的烹饪技术，通常还得有那么一点儿"疯魔"劲儿。古时候，扬州的盐商和苏州的富贵人家宴请下江南的皇帝，会奉上各种各样的功夫佳肴。根据史料记载，一次豪宴中竟然有蒸驼峰和假豹胎这样令人匪夷所思的菜式！如今很少有餐馆能够做出传统的豪华筵席，但扬州卢氏古宅是个例外，他们在政府的鼓励下高举传统淮扬菜的大旗。我有幸在卢宅的后厨待过几天，偷师了"三头宴"的各种要诀，包括一些传奇菜肴的做法，比如扒烧整猪头和这道非凡的八宝葫芦鸭。整鸭去骨，塞上糯米，缝好，在腰上缠上棉线，形似有吉祥寓意的葫芦，油炸后炖煮，最后和浓汁一起上桌。

江南的功夫菜如此复杂、美味、不可思议，这道菜只是其中之一，也很可能是这本书中最有挑战性的一个菜谱，但在年节等重大场合端上这道菜，那是又体面又美味。做这道菜需要1把好的厨房剪刀，1把称手的菜刀，1根针和1卷结实的棉线，1条薄的带子或无色自然纤维做成的绳子，还需要一定量的耐心。做这道菜的确费时费力，但最后的成果实在太棒，一切努力都值得。

处理好的鸭子1只（约2千克）
老抽5小匙
生姜30克（不去皮）
小葱2根
八角1个
料酒4大匙
生抽2大匙
绵白糖2小匙
生粉（1大匙）和凉水（2大匙）混合
食用油（油炸用量）
盐
上海青几小头和红灯笼椒几条（装饰用，可不加）

填料：
糯米100克
干香菇2朵
笋50克
生鸡胸肉50克
西班牙火腿或中国火腿40克（略微蒸一下）
剥好的莲子50克
青豆50克
食用油1½大匙
姜末2小匙
葱花2小匙（只要葱白）
生抽4小匙
老抽½小匙
盐¼小匙

先来做填料。糯米用凉水浸泡至少4小时，最好过夜。干香菇用开水浸泡至少半小时。

泡发的香菇去柄，切成1厘米见方的小丁。将笋切成1厘米见方的笋丁，鸡胸肉也如法炮制。火腿切成再略微小一点的丁。烧开一大锅水，加入莲子、青豆和笋丁汆水30秒，起锅沥水。泡好的糯米沥水。

锅中放油，大火加热，加入葱姜短暂翻炒出香味。加入香菇、火腿炒香。加入鸡丁翻炒到刚熟，然后加入笋丁、莲

▶

子和青豆。锅中热气腾腾时，加入糯米、生抽、老抽和盐翻炒。静置放凉备用。

接下来给鸭子去骨：拧断鸭腿和鸭翅与鸭身连接处的关节，以及鸭腿和鸭翅内部的关节，注意不要弄破鸭皮。鸭胸朝下摆在案板上，用厨房剪刀沿着脖子中部的皮剪开，一直剪到躯干最高处，这个开口够大，足以去掉鸭架。小心地连皮带肉从骨头上剥除，沿着胸廓慢慢剪，使其骨肉分离，一定要注意，决不可破坏鸭皮。这一步千万别急，要有耐心，要细心。剪到拧断的肩关节时继续剪下去。到一定程度你会发现从尾部开始剪会容易些。继续剪，直到移除整个鸭架，鸭架可作他用（用来熬高汤很棒）。

从鸭身内部，沿着腿骨来进行脱骨，将鸭肉与鸭骨分离。到达第一个关节时，应该就可以一拧一拉，把骨头去掉了（骨头也可以用来熬汤）。继续剪到琵琶腿的部位，这时候可以用砍刀砍断骨头，让琵琶腿的软骨仍然与骨肉连接（软骨就不用切掉了，不然每条腿都会有个洞）。重复此步骤处理另一条腿，翅膀前半部分的骨头也这样去除。找准关节处剁掉翅尖。剪开鸭屁股，去掉那个小小的黄灰色肾脏状腺体。

烧开一大锅水。将脱骨的鸭子里外翻转，略微汆一下水，然后用自来水充分冲洗，再翻转回正面。用针和结实的棉线，将鸭皮上所有的洞都缝补好，然后把鸭臀上的洞也缝好。

把放凉的填料从颈部塞进鸭子体内，一直要塞到最深处。不要填得太满，不然烹制过程中可能会爆开。把颈部的洞缝好。用天然原料的绳带紧紧捆在鸭的中部，让它有个“腰”，整个形状如同葫芦。把鸭皮表面上粘的米粒或填料弄干净，然后用 2 小匙老抽涂抹鸭的全身。带皮姜切片，小葱切成 5 厘米长的葱段。烧一壶开水。

把锅架稳，倒入油炸用量的油，加热到 160℃。非常小心地将鸭子放入油锅，炸到表面变成金棕色，中间翻转一次，保证均匀上色。小心地从油锅中捞出，静置备用。

取一口足够让鸭子横躺的大锅，舀 2 大匙油炸用的油入锅，大火加热，加入姜片、葱段和八角炒香。将壶中开水倒一点入锅，

加入鸭子，再倒入没过鸭子的水。加入料酒、生抽、糖和 2 小匙老抽。烧开后加盐调味。加盖，关小火，炖煮 1.5 个小时。

要用上海青的话，就把蔫儿叶子摘掉，在每头菜底部切小小的十字花刀，插入一小条红灯笼椒。烧开一锅水，将上海青放入，汆水到刚刚变软，然后过凉水。充分沥水后放置备用。

收尾，将鸭子从锅中捞出，放在盘中。将煮鸭子的汁水过滤出 300 毫升倒入炒锅，烧开后加盐调味，加入剩下的 1 小匙老抽。将生粉和水搅拌均匀，慢慢加入锅中，收成略带流动性的酱汁，这样可以挂在鸭身上。将酱汁倒在鸭子上。周围摆上一圈焯过水的上海青做装饰。整盘上桌，当桌切开，注意吃之前要把所有的线头都去掉！

虾仁炒蛋

Golden Scrambled Eggs with Prawns

5月的一天，风和日暖。微风吹过竹林，龙吟细细；荷叶慵懒地躺在水塘上。上午我一直坐在杭州龙井草堂的园子里。午餐时间到了，我和朋友们一起围坐在餐桌前，这是一套极其雅致精细的席面：炒得色泽金黄的鸡蛋怀抱着脆嫩的河虾；豆腐红烧肉浓油赤酱，闪闪发光；炒青豆新鲜水灵，生机勃勃；白米饭颗粒饱满；清汤如梦似幻，上面飘着最柔嫩最优雅的嫩白菜叶。

那顿饭和在龙井草堂吃的每一顿饭一样，充满了恬静低调的浮世清欢，把当季自然的产出诠释得尽善尽美。这个菜谱中，我除了建议用海虾替代河虾，其他都是遵循龙井草堂总厨陈晓明的传授。

新鲜海虾 100 克
大个鸡蛋 3 个
生粉 1½ 小匙
葱花 3 大匙（只要葱绿）
料酒 ½ 大匙
食用油 3 大匙
盐和白胡椒粉

虾清洗之后去掉虾线，甩干水后放进碗中。取 1 个鸡蛋，分离蛋清蛋黄。舀 1 小匙蛋清和 ¼ 小匙的盐倒入装虾的碗中，搅拌均匀后冷藏 1 小时。

将虾从冰箱里拿出，放入生粉搅拌均匀。剩下的蛋清和蛋黄与另外两个鸡蛋混合搅匀，加盐和白胡椒粉调味。加入葱花和料酒搅匀。

锅中放油，大火加热，锅烧热后关小火，加入虾翻炒到将熟而未熟。用漏勺捞出，放入蛋液。再开大火，再次把油烧热之后，加入蛋液和虾，翻炒到将熟而未熟。停止翻炒，让鸡蛋静置在锅中变成金黄色，中间翻一次面，把另一面也煎成金黄。把鸡蛋弄碎，盛盘上桌。

韭菜虾皮煏蛋

Ningbo Omelette with Dried Shrimps and Chinese Chives

鸡蛋和韭菜总是良配，如果再按照这个菜谱，加虾皮来提一提鲜味，那就更美味了。这里用到的烹饪技法叫作“煏”，就是把食材放在锅底平面上煎，不将其挪动。中国厨师通常都用炒锅来“煏”食材，但如果你有平底煎锅，其实更方便些。锅的表面一定要做防粘处理，或者使用不粘锅，防止蛋液粘锅。看个人意愿，韭菜也可以用葱绿切丝或韭黄来代替。

韭菜 75 克
食用油 3 大匙
干虾皮 25 克
大个鸡蛋 4 个
料酒 ½ 大匙
盐和白胡椒粉

韭菜的白色部分去掉不要，将韭绿切成 5 毫米长的段。锅中放 1 大匙食用油，加热后加入虾皮翻炒到香气四溢，略微变成金黄色。起锅备用。

鸡蛋打匀后加入料酒、虾皮和韭菜，再加盐和白胡椒粉调味。将剩下的食用油倒入热好的锅（炒锅或平底锅皆可）。

油烧热以后，倒入蛋液混合物。用锅铲从边上往里，把蛋饼往里推几次，让还有流动性的蛋液集中堆到中间。等到蛋液没什么流动性了，就不要去动了，中火把鸡蛋煎到底部金黄，基本凝固。

用盘子盖在蛋饼上方，小心地翻转锅，这样蛋饼就倒扣在盘子里了。再将蛋饼滑入锅中，把另一面煎至金黄。将煎好的蛋饼滑到案板上。切成 4 厘米宽的块，再斜切成筷子容易夹的小条。盛盘上桌。

肉丝跑蛋

Galloping Eggs with Slivered Pork

这是一道杭州的特色菜，蓬松的蛋饼配上肉丝和小葱，原料看似简单，味道却极为鲜美，是中餐“整体大于部分之和”的代表菜品之一。一盘肉丝跑蛋，配上一盘绿叶菜和白米饭，就是一顿令人满足的晚饭了。食谱里有时会把这样的蛋饼称为“跑蛋”，这是教我这道菜的厨师朱引锋告诉我的小知识。这个词太生动太形象了，把鸡蛋那种蓬勃翻腾的形态淋漓尽致地展现出来。

同样的办法还可以用来做鲜虾跑蛋、干贝跑蛋（干贝要浸泡后沥干水）或火腿跑蛋（火腿切丝）。如果你不想把滚烫的油舀起来淋上去，只是在煎锅里用很烫的油来煎蛋，也是相当蓬松且美味的。

猪瘦肉 100 克
食用油 100 毫升
大个鸡蛋 3 个
葱花 4 大匙（只要葱绿）
盐和白胡椒粉

腌料：
盐 ¼ 小匙
料酒 1 小匙
生粉（½ 小匙）和凉水（½ 小匙）混合

猪肉切成很细的丝，加入腌料混合均匀。倒入 ½ 大匙的食用油。鸡蛋打匀，加盐和白胡椒粉调味。加入 3 大匙葱花，搅拌均匀。

开始烹制前必须确保你的炒锅很稳。锅中放 1 大匙食用油，中火加热。加入肉丝，迅速翻炒到丝丝分明。炒至刚熟，从锅中捞出，倒入蛋液中，搅拌均匀。

将剩下的食用油倒入锅中，大火加热到表面略有小泡。拿不太常用的那只手端起装蛋液的碗，用另一只手从锅中舀起一勺热油，将蛋液倒入锅中，然后立刻将那勺热油倒入蛋液中心，这个过程一定要小心，蛋液会非常剧烈地膨起。

蛋饼底面煎成金黄色，滤掉多余的油，翻个面继续煎。另一面也变成金黄色之后，撒上剩下的葱花，翻个面稍微让葱花断生，然后把蛋饼滑入盘中，像切比萨一样分成几份，上桌。

阿戴素蟹粉

Dai Jianjun's Vegetarian 'Crabmeat'

杭州龙井草堂主理人戴建军有私厨，通常他都是柔声给厨子发指令、提建议，但有一次他给我端上一盘菜，说是他自己做的。我们当时去参观杭州周边山区的一个养鸡场，他神秘地钻进厨房，几分钟后就端出来一盘喷香的“素蟹粉”：一盘炒蛋，按照蟹粉的传统调味加了姜和醋。阿戴的语气有点半开玩笑，我也不知道这菜究竟是不是他亲手做的，但真的非常好吃，而且与炒蟹粉惊人地相似，所以我认为在这本书里，这道菜应该以他命名。

这道菜中的蛋清和蛋黄都很柔嫩，有一丝极其幽微的甜味，姜和醋的香味比较浓烈。做好的鸡蛋和真正的炒蟹粉一样，风味浓郁，口感如凝乳；任何人吃过炒蟹粉再吃这道菜，都会惊讶地笑起来，并且表示认可。做这道菜的关键是鸡蛋不要打散，直接加入锅中，最后得到的就不是一盘均匀的炒蛋，而是黄白相间的炒蛋，酷肖颜色不一的蟹肉蟹黄。用蛋黄颜色比较深的鸡蛋，做出来是最像炒蟹粉的。

中等个头的鸡蛋 4 个
姜末 1½ 大匙
盐 ¼ 小匙
绵白糖 ¾ 小匙
白胡椒粉 1 大撮
食用油 2 大匙
镇江醋 1 大匙

鸡蛋打入碗中，加入 1 大匙姜末，再加盐、糖和白胡椒粉，不要搅拌。

锅中放油，大火加热，加入剩下的姜末，迅速翻炒出香味，再加入鸡蛋混合物，轻轻翻炒到鸡蛋刚熟，淋入镇江醋翻炒。起锅，立刻上桌。

芙蓉蚕豆

Hibiscus-blossom Egg White with Fresh Broad Beans

这道菜做法简单，但成品如梦似幻，主料是柔软如云的蛋清和新鲜的蚕豆，最后再撒上深粉色的火腿粒。蛋清轻轻炒散，嫩滑无比，仿佛蓬松绽放的纯白棉花，又像轻盈美丽的木芙蓉，所以才有了这个美丽的菜名。我第一次吃这道菜是在一个扬州的小餐馆，主厨叫杨彬。这道菜精妙可口、新鲜应季，最后还加上粉色的火腿粒，与白色的蛋清和翠绿的豆子搭配，色彩搭配甚是优雅讲究，这些都是淮扬菜的典型特色。这道菜的关键在于掌握火候。蛋清必须保持合适的火候来炒，如果温度过高，就做不出那种柔软嫩滑的口感。

生粉 2¼ 小匙
大个鸡蛋的蛋白 4 个
鸡汤 500 毫升
去壳去皮的蚕豆 150 克（带壳约 550 克）
食用油 200 毫升
西班牙火腿或中国火腿 2 小匙（细切成粒，略蒸一下）
盐

2 小匙水与 2 小匙生粉混合，之后倒进蛋白里，轻轻搅拌均匀，再加盐调味（动作要轻，不要起泡）。

鸡汤烧开后加盐调味。加入蚕豆，重新烧开后小火煮几分钟，蚕豆会变得脆嫩，也会吸收汤的咸鲜味。将蚕豆从高汤中捞出，备用。

锅中放油，加热到 120℃，将蛋白倒入，中火加热，轻轻搅拌，让蛋白形成蓬松的“白浪”。千万注意，油不能烧得太热，不然蛋白会变硬。用漏勺捞出备用。

将剩下的生粉和 1 小匙水混合，把锅刷一下，去掉大部分的油，加入 100 毫升加盐调过味的鸡汤，大火烧开。加入蚕豆迅速加热，加入蛋清快速而轻柔地搅拌使其融合。将生粉和水搅拌一下倒入锅中，轻柔地搅拌，让汤汁浓稠。倒入盘中，撒上火腿粒，立即上桌。

上海蛋饺

Shanghai Golden Egg Dumplings with Chinese Cabbage

金黄色的蛋饺通常是上海和江南地区的人们过年吃的美食。做法是将蛋液摊成小小的蛋饼，放入馅料堆成小山，小心地折叠起来：麻烦是麻烦了点，但挺好玩儿的。蛋饺做好了，吃之前简单蒸一下即可，但通常会加入一锅汤汁丰富的炖菜，在顶上围成金色的蛋饺光圈。比较隆重的宴席上，会有那种很繁复的大菜，在一个大锅里将各种食材从里到外摆成同心圆，比如肉丸、五花肉块、煮鹌鹑蛋、塞面筋或豆腐。这是节庆大菜，而下面这道菜要简单很多，来源于我在上海顺风港湾餐厅吃到的一个版本。做这道菜一定要用口味丰美的浓高汤，因为白菜和红薯粉味道都很淡，需要提味。

按照传统做法，要在炒菜勺上抹油并放蛋液，直接放在灶上加热，把大勺稍微倾斜摇晃一下，这样蛋液就均匀铺开了。也可以用平底锅来做。如果你想把蛋皮尽量做圆一些，可以用一个直径 9 厘米的圆形金属饼干模来控制形状。最理想的是用一个带耐热把的饼干模（煎蛋器），不然你就需要一个隔热垫。很多人会把马蹄剁碎加入肉馅儿，增添爽脆的口感。

干红薯粉 100 克
白菜 400 克
猪肉末 150 克
料酒 2 小匙
姜末 1 小匙
葱花 1 小匙
大个鸡蛋 4 个
高汤 1 升
猪油 1 大匙
老抽 ¾ 小匙
生抽 2½ 小匙
葱丝 1 大匙（只要葱绿）
食用油
盐和白胡椒粉

将红薯粉放入大碗，倒入凉水没过红薯粉，浸泡至少 2 小时（也可以在热水中浸泡半小时，但这样泡了之后在烹制过程中可能会散）。将白菜切成 2~3 厘米宽的长条，比较硬的部分切掉不用。将肉末放在碗中，加入 ¼ 小匙盐、1 小匙料酒以及姜末和葱花。混合均匀。鸡蛋打散，加入剩下的料酒、¼ 小匙的盐和 1 小匙食用油。

将 1 大匙食用油放入煎锅，大火加热到锅边有淡淡的烟冒出。将剩余的油倒入耐热容器，再加一点新的冷油，稍微摇晃一下锅柄，让油均匀铺在表面。开小火，将直径 9 厘米的饼干模放在锅中，将约 1½ 大匙的蛋液倒入模中。蛋液半凝固但表面还在流动的时候，将大约 1 小匙肉馅儿放在上面，不要放在正中间。用隔热垫或筷子拿开饼干模，用小铲子将一半的蛋皮铲起来，盖住肉馅儿，将边缘压一压，做成饺子的形状。（可能有些蛋液会流出去，完美主义者随后可以把这部分切掉！）将蛋饺双面煎至金黄，放置一旁备用；这个阶段肉馅儿不必完全煮熟。剩下的蛋液和肉馅儿如法炮制。最后大概能做 10 个蛋饺。（如果煎好了不立刻食用，就先大火蒸 5 分钟把肉馅儿煮熟，

▶

放凉后放冰箱冷藏。）

红薯粉泡好后充分沥干水，然后铺在可以直接上桌的带盖厚底锅里。将切好的白菜放在上面，加入高汤、猪油、生抽和老抽，将蛋饺放在表面上，两两交叠，摆成一圈，烧开后放盐和白胡椒粉。盖上盖子，中火炖煮约 10 分钟，直到白菜软嫩如丝。盛盘撒葱丝上桌。

美味变奏

咸肉白菜蛋饺汤

上海“老吉士”餐厅有一道美味的汤菜：将几片火腿或咸肉（培根或别的腌肉也完全可以）氽水后放入砂锅，再放大量切片的白菜；倒高汤没过，顶上放入蛋饺。烧开后加盐调味，炖煮 8~10 分钟，直到白菜软嫩。

FISH AND SEAFOOD

鱼类和海鲜

我朋友罗丝的表哥林伟曾经带我去过他最喜欢的一家餐厅，在定海老码头附近的一个小地方。在宁波和舟山经常会碰到这类餐厅：没有固定的菜单，进门就能看到丰富的食材，很多还活蹦乱跳呢。水缸里匍匐着一脸聪明相的小八爪鱼，旁边的另一缸里是“跳跳鱼”——看上去像爬虫一样、有点史前生物味道的弹涂鱼，鱼鳍仿佛翅膀。还有玉筋鱼、蛏子、海扇、淡菜（贻贝）、袖珍的海瓜子、大摇大摆的螃蟹和鬼鬼祟祟潜伏在各处的虾蛄。冰床之上躺着一条条海鱼，闪着青灰、金色与玫瑰粉的光芒。谁能想到呢，中国人也爱享用西班牙加利西亚的特色菜鹅颈藤壶，在中国被称为“佛手螺”，在舟山东极岛上有大量聚集。

江南地区“鱼米之乡”的美名可不是白白得来的，这里的人们能享用到品类和数量惊人的水产。宁波东部的舟山群岛，是中国最重要的渔场之一，出产500多种鱼类和贝类，其中包括各种黄鱼、鳗鱼、鲭鱼、鲳鱼、舌鳎鱼、中国鲱鱼和龙头鱼。最后一种因为鱼肉柔软嫩滑，又被称为“豆腐鱼”。包括鱼类、鳝鱼类和甲壳类在内的淡水生物，算是和海洋生物平分秋色。大条的草鱼、黑鱼和花鲢（胖头鱼）鱼刺较少，可以切成鱼片甚至细丝，或者剁成黏稠的鱼肉酱，被经验老到的厨师做成如云似雾的鱼丸。

花鲢光是鱼头和鱼尾就有多种烹饪方法，是江南地区具有传奇色彩的特色菜。鱼尾颇受青睐，因为那是鱼身上经常活动的一块肌肉，口感略微紧实，令人享受。这就是中国人所说的“活肉”，与又软又散的“死肉”（比如大型养殖场机械养殖鸡的鸡胸肉）形成鲜明对比。有一道辉煌灿烂的传统名菜叫作“红烧划水”，是用巨大的黑鱼鱼尾做主料，名字来源于鱼的尾部经常在水中“划”的动作。有一次，一位年长的书法家指导我用手指将尾巴的两侧分开，把中间那甘露一般叫人陶醉的汁水吸出来。一条鱼尾被我们吃得干干净净，盘子里基本只剩下一条条细细的鱼尾软骨。江南人偶尔也会用滑溜的鲶鱼入菜；我尝过一道特别不可思议的中餐珍馐，叫作“土步露脸”，取了200条小鲶鱼的腮肉（一共400块腮肉），做成一道菜，装在一个碗里！据说，美国前总统理查德·尼克松在 1972 年访问杭州时就曾尝过这道菜。

给小小的淡水虾去壳的过程极其麻烦枯燥，但开水煮过后迅速过一下油锅，就会特别好吃。口感滑溜脆嫩的它们出现在很多苏州传统名菜中。不去壳的淡水虾可以在滚烫的油中炸一下，壳受热膨胀，且变得酥脆，之后再加糖醋酱调味。西方人见得比较少、觉得充满异国风情的，是那颜色如幽灵般的白虾，它和银鱼、梅鲚并称“太湖三宝”。银鱼极小，没有鳞片，通体如白玉。我读到的一个传说是吴王夫差美丽的妃子们将成千上万的玉簪投入湖中，神奇的事情发生了，这些玉簪都变成了银鱼。（妃子们饭桌上的残羹冷炙则化为了白虾和梅鲚。）

最能激发厨师的创造力与食客的热情，甚至让大家为之狂热的，是大闸蟹（毛蟹）。这东西外貌平平无奇，蟹螯上布满苔藓一样的绒毛，蟹腿上有硬硬的黄色尖刺。每年秋天，毛蟹肥美，母有蟹黄，公有蟹膏，苏州和上海的人们便迎来了疯狂的吃蟹季。大闸蟹最常见的吃法是整个蒸了上桌，配上一碟姜醋，下黄酒。吃大闸蟹过程烦琐，但又愉悦享受。每到吃蟹季，很多餐厅的菜单上会出现专门的全蟹宴，包括蟹粉小笼包、蟹粉捞豆花和美味得叫你欲仙欲死的蟹粉粉皮。

江南的水产与海产是多么令人愉悦的食材，当地人又在此基础上创造了多少杰出的菜谱，这个话题完全可以再写一本书。不过，我在这里提到的很多食材，出了江南就很难找到。只希望这一章我谨慎选择的有限菜谱能让大家对江南的鱼类和海鲜料理有所感受，并促使你去江南水乡，亲口尝一尝别的特色菜。

烹鱼小窍门

新鲜是重中之重。买的鱼眼睛要晶亮发光，鱼鳃血红，鱼鳞泛着光泽，鱼肉戳着有弹性。

给鱼肉去腥，要在鱼身内外涂抹盐和料酒，把姜和小葱拍松后放入鱼肚子中，腌制 10~15 分钟。然后把腌鱼产生的汁水倒掉，烹鱼之前要用厨房纸擦干表面水分。

煎鱼时，一定要确保锅经过了不粘处理，在鱼皮表面再抹一点盐防粘。如果煎鱼能用猪油，或者食用油混合一点猪油，那会特别美味。

蒸鱼时，先在下面垫几根小葱，这样蒸汽能在鱼身下的空间循环。如果你的锅或蒸笼放不下整条鱼，就在中间拦腰斩断，蒸好后再恢复成整鱼的形状。稍微淋点酱汁，或者用香菜、小葱装饰，就能把中间的缝隙隐藏起来！

注意煎鱼和蒸鱼都不要过头。清朝美食家袁枚的建议是金玉良言：“鱼临食时，色白如玉，凝而不散者，活肉也；色白如粉，不相胶粘者，死肉也。明明鲜鱼，而使之不鲜，可恨已极。”

请给予你手下的鱼应有的温柔和尊重，因为烹鱼是很重要也很细致的活，正如中国古代先贤老子所说：“治大国若烹小鲜。”

清蒸鲜鱼

Clear-steamed Sea Bass

做这道菜需要用到的技巧和调味料，传统上是用于江南最著名的鲥鱼，但我这里用了更好找的海鲈鱼。（如果你真的能找到鲥鱼或者它的近亲印度鲥，请参见后页的“美味变奏”。）这是一道很美妙的菜，鸡汤和其他的鲜味食材将鱼之美提升烘托得淋漓尽致。

鲥鱼本身就是颇受追捧的珍贵鱼种，18世纪乾隆皇帝下扬州时，就曾尝过鲥鱼。传统上，鲥鱼每年的赏味期限很短，从农历的4月到6月。做法通常是清蒸，而且清蒸鲥鱼往往是江南筵席上的一道主菜。与其他鱼不太一样的是，鲥鱼蒸制时不用去鳞，其鳞片中含有油脂，随着蒸制温度的提高，鳞片会部分融化，那奢侈丰富的香味会融入鱼肉中。厨师会用腌黄瓜或火腿片以及竹笋和香菇给鲥鱼提鲜，让它浸润在奢侈的鱼油中，再抹上料酒和甜丝丝的酒酿。当然，自古以来的中国文人墨客，也免不了被鲥鱼的鲜美所打动，留下诗文。宋朝诗人苏东坡就曾写道：

芽姜紫醋炙银鱼，雪碗擎来二尺余。
尚有桃花春气在，此中风味胜莼鲈。

干香菇1朵
长方形的笋片几片
生姜30克（不去皮）
小葱3根（只要葱白）
海鲈鱼1只（约650克，去鳞剖好）
长方形的西班牙火腿或中国火腿几片（略微蒸一下）
料酒4大匙
鸡清汤100毫升
生抽3大匙
绵白糖½小匙
酒酿3大匙
鸡油或猪油1大匙
盐和白胡椒粉

蘸酱：
姜末1大匙
镇江醋2大匙

香菇用开水浸泡至少半小时。烧开一大锅水，将笋片汆水后沥干。用刀面或擀面杖轻轻拍松姜和葱白。

将鱼放在案板上。刀和案板呈一定角度，在鱼肉最厚的部分平行地斜切几刀。另一面也切好。将少量的盐和1大匙料酒里里外外地涂抹在鱼身上和肚子里。将一半的姜和1根葱白放在鱼肚子里，腌制10~15分钟。

香菇泡软后，去掉香菇柄，切成两半。如果追求卖相更好，就垂直于切面平行地划上一些小口，这样就能将香菇呈扇形展开在鱼身上了。姜末和醋混合做成蘸碟。

将剩下的葱白铺在盘中。（这个盘要有一定深度，能容纳鱼和一定的汁水，但也要能放进蒸笼。如果整条鱼放不下，就直直地将鱼拦腰切成两半，平行放在盘中。）将鱼放在葱白上。将笋片和火腿整齐地摆放在鱼身中段，两边各放半个香菇。

很久以后的清朝，另一位文人学者谢墉，甚至将鲥鱼比作绝代美人西施。

令人悲叹的是，因为环境污染和水电大坝的建设，要吃到从镇江和扬州的河流中捕到的新鲜鲥鱼已经不可能了。如今江南餐厅里的鲥鱼大部分都是从印度进口的冷冻鲥鱼，过去那些从本地水域中捕获后清蒸的新鲜美味，只能存在于美梦当中。不过，就算是冰鲜鱼，用传统的方法加以烹制，也十分精妙可口了。鱼肉丰厚，富含油脂，有点像日本的琥珀鱼或油甘鱼。我在伦敦的家中用传统的做法做了冰鲜印度鲥，是在红砖巷（Brick Lane）的孟加拉人聚集区找到的鲥鱼近亲。但我最常用的还是海鲈鱼，方法一样，只是要去鳞片。无论哪一种鱼蒸出的汤汁浇在饭上，那口感都是极其美妙的。

把剩下的料酒、鸡汤、生抽和糖混合均匀，淋在鱼周围。用勺子舀起酒酿，放在鱼身中部。把姜放在鱼旁边，上面淋上鸡油或猪油。中火蒸大概 10 分钟，直到圆头筷子能轻易插入鱼肉最厚的部分。

姜扔掉。将烹制产生的汁水过滤到碗中，撒一点白胡椒粉调味。将鱼身上的火腿片和笋片稍微整理一下，然后把汁水淋上去。和姜醋碟一起上桌。

美味变奏

清蒸鲥鱼（传统做法）

用整条的鲥鱼或印度鲥（整条 850 克，带鳞片）代替海鲈鱼。香菇需要 2 朵，火腿和笋片的量也要翻倍。先把鱼解冻。这里提供的是整鱼的做法，不要去鳞。沿着鱼肚开口剖鱼，把内脏清理干净。把鳃盖掀起来，清理鱼鳃，然后将耐用的刀插入鱼头，竖着切成两半，一直要切到头顶。从头和身子连接处开始，把整条鱼分成两半，要沿着脊骨切，这样鱼的一半身子还和鱼头相连，最后在鱼尾处收刀。最后得到的是两半鱼，一半带头，一半带尾。愿意的话你也可以完全去掉脊骨。

清洗干净，刮掉鱼肚子里所有黑色的筋膜。把鱼汆一下水，达到清洁的目的，然后用凉水清洗。将两半鱼平行地放在盘子里，继续按照前面的菜谱蒸鱼，不过要改成小火，时间改成 20 分钟。

传统做法还要在上锅蒸之前用 1 片油网盖住整条鱼，菜谱中用猪油或鸡油代替。

雪菜蒸鲈鱼

Steamed Sea Bass with Snow Vegetable

曾经，江南各城由运河贯通，江河、湖塘与溪流中遍布各种水产。那时候，水是江南百姓生活的主题。商人与渔民生活工作都在船上：农民从湿地水田中收获水生作物；富人会租用游船出行享受。如今，大部分的城市运河都被填平了，“水民”也都成了“陆民”，但在少数几个地方，还保留着旧时的生活痕迹与况味。一次，在江苏的乡村地区，我遇到一位年长的渔夫，他一辈子都和自己的父亲、祖父一样，住在一条小木船上。他当时正坐在船里，耐心地往长长的鱼竿上钩小虫子。

这个菜谱描述的做法，特别适合烹制一条新鲜的好鱼。雪菜带着幽淡的酸味，再来一点点猪油或食用油增香，与多汁鲜嫩的鱼肉真是绝配；雪菜和鱼蒸过后在底部释出的汁水，那真是无上的美味。和本书的很多菜谱一样，这个菜谱也来自厨师朱引锋，他给我展示时，用的是不到1小时前刚从附近湖中捞上来的鳜鱼，以及自己家常腌制的雪菜。

如果你的蒸笼容纳不下一整条鱼，就将鱼拦腰切半，平行放置，一起蒸；或者如我图片里展示的操作，让鱼稍微弯曲一下，放进碗里。如果你的蒸笼很大，想做得更专业一点，请参见“美味变奏”。也可以用同样的方法来蒸厚片的鱼肉。

海鲈鱼1条（约500克，去鳞剖好）
生姜30克（不去皮）
小葱2根（只要葱白）
料酒1½大匙
猪油或食用油3大匙
雪菜100克
葱丝2大匙（只要葱绿）
盐

鱼放在案板上。刀和案板呈一定角度，在鱼肉最厚的部分平行地斜切几刀。另一面也切好。姜一切两半。用刀面或擀面杖轻轻拍松姜和葱白。鱼放在盘子里，将½小匙的盐和1大匙料酒里里外外地涂抹在鱼身上和肚子里。将一半的姜和1根葱白放在鱼肚子里，腌制大约15分钟。

将腌制用的姜和葱白扔掉，用厨房纸将鱼擦干，把鱼摆进能放入蒸笼的碗中，稍微弯曲一下。

将食用油或猪油放入锅中，大火加热。倒入雪菜翻炒出香味，淋入剩下的料酒和1大匙水搅拌均匀，然后舀起来淋在鱼身上。将剩下的姜和葱白放在鱼上，盖锅盖中火蒸8~9分钟，直到圆头筷子能轻易戳入鱼肉最厚的部分。

将盘子从蒸笼中拿出，小心地将汁水倒入1个小碗中，姜和葱白捞出来扔掉。将葱丝撒在鱼上，然后倒上鱼汁，这样鱼表面会湿润，会让人看着就食指大动。上桌开吃。

美味变奏

蒸整鱼别法

这个方法餐馆用得比较多。将鱼放在案板上，菜刀平行于

▶

案板，将鱼尾上部的肉切掉，然后把腹部的口子割长一点，变成一道从头到尾的刀口。握住鱼的腹部两边，将鱼打开一点，用菜刀从内部沿着脊骨的一端，切断细小的鱼刺，但不要切断鱼肉，这样你就能把鱼整个摊开放平。用菜刀从鱼头部剁一下，把鱼头也切开。两半鱼最后会有一边相连，将带皮面朝上摊在案板上，看着就像一对鱼。接下来就按照前页菜谱来做，但把蒸鱼时间减少到 6~8 分钟，直到圆头筷子能轻易戳进鱼肉最厚的部分。

西湖醋鱼

West Lake Fish in Vinegar Sauce

这道杭州菜名扬天下，也是西湖边上“楼外楼”餐厅的特色菜。这道菜的传统食材是草鱼，要先将其断食两天，彻底消除鱼肉中的土腥味。在开水中迅速滚过一下的草鱼，浸润在飘着醋姜芬芳的酱汁里，盐味打底，甜味凸显，整体如琴瑟和鸣。鱼肉很嫩，又有那么一点嚼劲。据说，最高境界的西湖醋鱼做到了各种风味的和谐统一，有淡水蟹的味道。

和很多杭州菜一样，这道菜也有个起源故事。据说古时候宋家两兄弟在西湖上打鱼谋生。一天，当地一名恶霸官员垂涎宋家大哥的妻子，暗施阴谋害死了大哥，想强迫嫂子嫁给他做小妾。宋家弟弟和孀居的嫂子一起到衙门喊冤告状，哪知告状不成，反被赶了出去，弟弟还惨遭毒打。弟弟怕自己也被人害死，准备出城远逃。逃命的前一晚，嫂子用糖和醋为他烹制了一条鱼。她说，这是为了提醒他在将来出头过甜日子的时候，勿忘今日辛酸；有朝一日一定要回来，为哥哥报仇。

多年以后，弟弟成了军官，立了大功，回到杭州，却遍寻嫂嫂不见。当他有一天到一个人家赴宴时，他尝到一道菜，和当年离别前夕嫂子为他做的菜

西湖草鱼 1 条（850 克，去鳞剖好）
生抽 2½ 大匙
姜末 2 大匙
绵白糖 4 大匙
红醋或玫瑰醋 5½ 大匙
生粉（3 大匙）和凉水（3 大匙）混合

先来处理鱼。将鱼横放在案板上，如果习惯用右手，鱼尾就朝右；反之则朝左。然后把刀平行于案板，将鱼的上半部分切断，从鱼尾部开始，沿着脊骨上部切。切到鱼头部分时，把鱼翻转一下，将鱼头也切成两半。最后得到的是两半鱼，各带一半的鱼头。带脊骨的那半要厚一些，被称为“雄片”（另一半自然是“雌片”）。

将雄片带皮那面朝上摊在案板上。菜刀呈一定角度，在鱼肉最厚的部分斜着切平行的 5 刀，方向要朝着鱼头，注意不要切断了。第 3 刀要切断脊骨，将雄片再切成两半，将 3 片鱼用自来水冲洗。

炒锅中放 1½ 升水，大火烧开。所有鱼片鱼皮朝上，分步入锅，先是带鱼头的雄片，然后是带鱼尾的，最后是雌片。轻轻地晃一下炒锅，避免粘锅。盖上锅盖再次烧开。撇去浮沫后再次盖上盖，煮 2~3 分钟，到鱼肉刚刚煮熟的状态。只要圆头筷子能插进鱼肉最厚的部分，就煮好了。

炒锅离火，锅中只留 250 毫升水，再次开火，倒生抽和 1½ 大匙姜末到鱼肉周围的汁水中。轻轻搅拌汁水，让鱼肉吸收风味，然后小心地把鱼滑入盘中，汁水留在锅里。把两半鱼拼在一起，鱼头的方向要一致。鱼煮过之后要小心对待，但如果铺在盘子里有点乱也不要紧，浓稠有光泽的汁水会掩盖大部分的

味道很像。原来这家人的厨娘正是他阔别多年的嫂嫂，两人团聚，欢天喜地。这道菜令已经做官的弟弟怀念不已，于是他辞官继续打鱼。

要想做出最正宗的西湖醋鱼，要用浙江的玫瑰醋或红醋。我这道菜谱的步骤完全遵照“楼外楼”资深厨师董金木的演示。鱼是水煮而不是清蒸的，这样鱼肉会略带紧实的口感。

瑕疵。

将汁水中火加热，加入糖，搅拌溶化。加醋，烧开到剧烈沸腾后立刻关小火。加醋之后要特别注意火候，不要过头了，不然香味就消散了。生粉和水搅拌一下，分次加入，每次加入后都要混合均匀，直到酱汁浓缩，流动性不强，能挂在鱼肉上。

将酱汁均匀地淋在鱼上。撒上剩下的姜末作为装饰，上桌开吃。

红烧鲜鱼

Red-braised Fish

红烧鲜鱼是整个长江下游地区老百姓餐桌上最常见的菜式。整鱼油煎到鱼皮略微变焦，然后用料酒、老抽和糖煮到鱼肉软嫩，浸润在光亮浓稠的酱汁中（也可以用带皮的厚鱼片）。烧鱼的酱汁本身用来泡白米饭也是无比美味；如果有剩鱼，和蔬菜或豆腐一起再热热也特别好吃。这道菜还有个常见的“美味变奏”：葱烧鲫鱼。就是加一把小葱对鲫鱼进行红烧；小葱煮过后软嫩如丝，会整齐地摆放在鱼身上作为装饰上桌。

无论是用淡水鱼还是用海鲈鱼之类的海鱼，按照这个做法都会很美味。中餐厨师煎鱼常用猪油，或猪油和菜油的混合物，来增强风味。我有幸得到董金木师傅和朱引锋师傅传授的红烧艺术，这道菜的依据就是他们的指导。吃不完的酱汁会凝固成果冻状。有个南京朋友告诉我，以前人们会把这种酱汁冻和里面的鱼肉碎切成小块，变成一盘开胃小菜，别有一番滋味。

用同样的办法也可以红烧花鲢的鱼头和鱼尾。

鲷鱼或鲈鱼 1 条（约 800 克，去鳞剖好）
生姜 20 克（不去皮）
小葱 1 根
猪油或食用油 2 大匙
料酒 3 大匙
老抽 1½ 大匙
绵白糖 2 小匙
葱花 2 大匙（只要葱绿）
盐

腌料：
料酒 1 大匙
盐 ¼ 小匙
老抽 2 小匙

在鱼肉最厚的部分斜切 3~4 刀，再反方向来两刀，切成比较宽的十字花刀。用腌料中的料酒和盐均匀涂抹鱼身内外，腌制几分钟。用刀面或擀面杖轻轻拍松姜和小葱，如果小葱够长够嫩，就打个结。

做好烹饪准备后，烧一壶开水。用厨房纸将鱼擦干，然后用 2 小匙老抽涂抹鱼身两侧，锅中放猪油或食用油，大火加热，滑入鱼，关中火，煎至表面变成棕色后翻面，加入姜和小葱继续煎，煎到底面上色，葱姜出香味。（不要过度挪动鱼，不然皮会破；只要轻轻地把鱼倾斜一下，确保均匀上色即可。）加入料酒、1½ 大匙老抽、糖和 200 毫升刚才烧开的热水。大火煮开，加锅盖后中火煮约 4 分钟。小心地把鱼翻面后再次加盖煮 4 分钟，直到鱼肉最厚的部分也熟透。

将鱼盛盘，扔掉姜和小葱，大火收汁，到酱汁颜色深邃，光亮浓稠。将酱汁倒在鱼身上，撒上葱花，上桌开吃。

松鼠鱼

'Squirrel Fish' in Sweet-and-sour Sauce

古城苏州是江南文人文化的中心。富商投资修起白墙黑瓦之内优雅秀丽的园林，人们则可以入园游览，在亭台楼阁驻足，欣赏匠心独运的湖景、假山、盆景、竹林；道法自然，却又框成独特的景致，叫人心旷神怡。糖醋松鼠鱼是苏州的经典菜式，也是松鹤楼这个老字号餐厅的招牌菜。据说，乾隆皇帝微服私访苏州时，就曾在这里吃过松鼠鱼，赞不绝口。这道菜将中餐繁复的刀工体现到了极致：鳜鱼去骨后切花刀，油炸后膨胀散开，金黄酥脆，赏心悦目。鳜鱼摆盘时会和鱼头"团聚"，浸润在红光闪闪的酱汁中，撒上袖珍的河虾与豌豆装饰，形似松鼠，故得此名。甜酸味道，优雅卖相，这道菜是苏州烹饪的典型代表。据说如今的松鼠鱼来源于清朝食谱《调鼎集》中的同名食谱。

这道经典菜做起来极为复杂，但美味无比，几乎无人不爱。在下面的菜谱中，我将切割的部分略微做了简化，不用去骨分开的鱼，而是用两片厚鱼片。但就算这样，备菜过程也需要万分精细和集中注意力。如果你还想再简单一点，就参考后面的"美味变奏"，直接煎鱼，这个版本的灵感来源于我的朋友李建勋与何玉秀。

新鲜海鲈鱼1条（约500克，带皮去骨切厚片）
双倍浓缩番茄酱1½大匙
生粉（1大匙）和凉水（2大匙）混合
食用油（油炸用量，至少500毫升）

腌料：
生姜10克（不去皮）
小葱1根
盐¼小匙
料酒½大匙

炸鱼挂浆：
生粉（2大匙）和凉水（2大匙）混合
干淀粉100克

酱汁：
红醋1½大匙
绵白糖2大匙
盐½小匙
高汤或水100毫升

装饰：
松仁1大匙
冷冻豌豆1大匙

将一片鱼皮朝下放在案板上。菜刀垂直于案板，在鱼身上平行横切，间隔约1厘米；要把鱼肉切透，但不要切到鱼皮。然后，刀和案板呈30°夹角，朝鱼头与鱼身接缝处深切，和之前切的刀口交叉，同样间隔1厘米左右，还是一样，不要切到鱼皮。另一个鱼片做同样的处理，之后全都放入碗中。用刀面或擀面杖将腌料中的葱姜轻轻拍松，和其他腌料一起放入鱼碗，混合均匀后放置一旁。

在碗中均匀混合所有酱汁配料。松仁入锅，加入没过松仁的油，小火加热到100~120℃，轻轻搅拌到油在松仁周围冒泡。炸到松仁略微变成金黄色，散发出香味，注意颜色不要炸深了。用漏勺捞出，放在厨房纸上吸油备用。烧开一锅水，将豌豆氽水后备用。

▶

鱼要等到快上桌前再进行烹制。把腌料中的姜葱捞出来扔掉，用厨房纸给鱼片吸水。把挂浆料中的生粉和水混合后抹在鱼片上，一定要深入刀口之中。整个过程动作要轻柔，不要破坏切好的鱼片。

将油炸用量的油加热到 180℃。拿住两个鱼片的尾部，提起来，裹上干淀粉，所有地方都要裹上，干淀粉也要深入刀口，这样就确保淀粉在烹制时会散开，不会粘在一起。

倒提起一片鱼，两头都要用手拿着，让切好的鱼散开，轻轻地滑入热油中；另一片鱼也这样滑进去。油炸 3~4 分钟，中途将热油舀起来淋在鱼上，直到鱼片全熟，金黄酥脆（全程要保持油温，让油在鱼片周围比较剧烈地冒泡）。炸好后将鱼片放入盘中，然后小心地将油倒入耐热容器，必要的话清洗油锅。

锅放灶上，放 1 大匙油，中火加热，加入番茄酱翻炒片刻出香味。将混合的酱汁配料搅拌一下，倒入锅中。大火烧开后搅拌，使糖溶化。将生粉和水搅拌一下，分次加入，搅拌收汁；加入要适量，只要汤汁浓稠到能挂在鱼片上即可。倒入 2 大匙油炸用过的油搅拌均匀。将酱汁倒在鱼片上，撒上松仁和豌豆，立即上桌。

美味变奏

简易版松鼠鱼

这是个比较简单的版本。用整条海鲷（约 550 克，去鳞剖好，切下鱼头，鱼头丢弃还是一起用，全凭心意）代替海鲈鱼片。将鱼放在案板上，在鱼肉上斜切出比较深的刀口，间隔约 2 厘米。再从垂直角度重复一次，切成十字花刀。按照上述菜谱腌鱼。

油炸的步骤也改一改。将 5 大匙油放入锅中，大火加热。往锅底撒一点盐防粘。把鱼擦干后，连鱼头（如果要用的话）一起滑入油锅中。盖上锅盖煎鱼 3 分钟左右，然后翻面，继续盖上锅盖煎 3 分钟。在此过程中不要挪动鱼，免得鱼皮破掉。煎到两面金黄酥脆，能将筷子轻易插入鱼肉最厚的部分，那就是熟透了。将鱼从锅中捞出，放在盘子里，和鱼头放在一起。按照上述菜谱做好酱汁，倒在鱼身上，撒上豌豆和松仁，上桌。

松仁鱼米

Stir-fried Fish morsels with Pine Nuts

这道清淡可口的炒菜是上海扬州饭店在20世纪初的特色菜，用的是嫩滑的鳜鱼或青鱼。我在家则是用海鲈鱼或龙利鱼，风味略有不同，但口感是同样的嫩滑。切成小丁的柔嫩鱼米和芳香酥脆的松仁形成对比，实在令唇齿愉悦，口腹欢喜。

可能是为了节省成本，很多餐馆会用鱼米和甜玉米粒的混合物，这样做颇有巧思和诗意，因为鱼米和玉米谐音。如果你也想这样试试，就把提前煮好的甜玉米粒和青红椒一起入锅，炒到热气腾腾，再加柔软的鱼米和香脆的松仁。切的时候，要尽可能切掉深色的鱼皮和棕色的鱼肉，因为这道菜的精妙之处，不仅在于刀工，还在于冰清玉洁的纯白鱼肉。

龙利鱼或海鲈鱼片300克（去皮）
松仁30克
小葱1根（只要葱白）
2厘米的青灯笼椒1片
2厘米的红灯笼椒1片
鸡汤2大匙
生粉（½小匙）和凉水（2小匙）混合
芝麻油1小匙
食用油400毫升
盐

腌料：
盐¾小匙
料酒1大匙
蛋清1½大匙
生粉1½大匙
白胡椒粉

把鱼片深色的部分全都切掉不要，鱼刺也要挑干净。将鱼片切成6毫米宽的条，再切成6毫米见方的小鱼丁。加入腌料后混合均匀，制成鱼米，盖起来冷藏至少半小时。将松仁放入锅中，加入没过松仁的油，缓慢加热到120℃，不时搅拌一下。把松仁炸到金黄，从锅中捞出，放在厨房纸上沥油。用刀面或擀面杖轻轻拍松葱白。将青红灯笼椒切成小丁。

往鱼米中加入2小匙食用油，搅拌均匀，这样会防止鱼米粘在一起。将剩下的油倒入锅中，加热到约130℃。加入鱼米，轻轻翻炒，让鱼米散开，煎炸1分钟左右，油温千万不要超过140℃。油应该在鱼米周围轻微冒泡，而鱼米不能上色，保持软嫩。用漏勺从油锅中捞出鱼米，备用。锅中只留2大匙油，加入葱白大火炒香。加入青红椒迅速翻炒，加入鸡汤，再加一小撮盐，烧开后倒入鱼米和松仁。迅速翻炒均匀。生粉和水快速搅拌一下倒入锅中，迅速搅拌到汤汁浓稠。离火，淋入芝麻油，上桌。

苔条鱼柳

Fish Fillets in Seaweed Batter

如果你喜欢英国的“炸鱼薯条”，那么这个更为讲究的宁波版本一定会让你大呼美味。软嫩的鱼柳挂上撒了美味苔条的厚面糊，油炸后蘸上清爽的醋碟。宁波人用黄鱼来做这道菜，不过石斑鱼或者龙利鱼、比目鱼之类滑嫩的扁鱼也能达到很好的效果。苔条就是晒干的苔菜。我在家买的是日本超市里的海苔碎，风味非常相似。

去皮龙利鱼 / 比目鱼 / 石斑鱼厚片 250 克
食用油（油炸用量，约 500 毫升）
镇江醋或红醋（做蘸料）

腌料：
生姜 10 克（不去皮）
小葱 1 根（只要葱白）
盐 ½ 小匙
料酒 ½ 大匙

面糊：
中筋面粉 60 克
土豆粉 2 大匙
泡打粉 ½ 小匙
盐 ¼ 小匙
海苔碎 2 大匙

将鱼片切成大小均匀的鱼柳，长度约 5~6 厘米，宽约 1~2 厘米，把它们放在碗中。用刀面或擀面杖轻轻拍松姜和葱白，和其他腌料一起加入鱼碗中。混合均匀。

取一个大碗，将面粉、土豆粉、泡打粉和盐混合起来，慢慢地加入 100 毫升凉水，混合成顺滑黏稠的面糊，最后加入海苔搅拌。

锅中放油，加热到 150℃，将鱼柳裹上面糊，一定要均匀，然后滑入锅中，用筷子拨散开。油要在鱼柳旁边冒泡。保持这个温度炸 1~2 分钟，不时地翻转一下鱼柳，直到外部紧实。从锅中捞出备用。

将油加热到 180℃，放入所有鱼柳，复炸到表面金黄，均匀上色。配上醋碟，立即上桌。

金汤番茄土豆烧鱼

Zhoushan Fish Chowder

入夜，舟山渔场重镇定海的海岸沿线，全是对着海鲜大快朵颐的人们。滨海的路上有几十个摊子，每个都把海鲜铺在碎冰床上或养在水缸里展示。欢快戏水的螃蟹与状如风筝的银鲳，黄鱼与闪闪发光的带鱼，蛏子与海虾，鱿鱼与乌贼……靠海吃海，人们利用着海洋的馈赠，厨师们守在锅前，不时燃起熊熊火焰，为一群翘首以待、垂涎欲滴的客人们做出一盘盘佳肴。人群中出没着趁机寻找生意的歌手和算命先生。我朋友罗丝的表哥林伟和我与他的一群朋友就在这混乱喧嚣中安坐着，直接上手啃螃蟹，从一堆壳和内脏中准确地享用美味的白肉；用蒜蓉与辣椒调味的蛏子也让我们大快朵颐，吃得吸溜吸溜的；蒸鱼和虾更是不在话下。桌子上杯盘狼藉：海产的遗骸、壳子和鱼刺到处都是。林伟不停劝酒，让我喝下一杯又一杯附近的佛教圣地普陀山产的红色杨梅酒，“螃蟹性寒，喝酒驱寒”。

那天晚上我特别喜欢的一道菜是一种海鲜杂烩汤，用所谓的“虎头鱼”、土豆和番茄做成。这道菜和法式杂鱼汤一样带给人愉悦的满足感，感觉没那么中国，反而有点地中海风

煮熟去皮的土豆 250 克
熟度较高的番茄 2 个（约 200 克）
红鲷鱼或石斑鱼 1 条（约 700~800 克，切厚片，与脊骨分开）
料酒 3 大匙
小葱 2 根（只要葱白）
食用油 2 大匙
生姜 20 克（去皮切片）
葱花 1 大匙（只要葱绿，可不加）
盐和白胡椒粉

将 100 克土豆做成土豆泥，把剩下的切成厚片。将番茄一分为六或一分为八。厚鱼片切成适合入口的鱼块，放入碗中，加入 ⅛ 小匙的盐和 1 大匙料酒，放入冰箱冷藏，再进行其他准备工作。

将鱼脊骨分成长度大致相等的 3 段。用刀面或擀面杖轻轻拍松葱白。烧一壶开水。

锅中放油，大火加热。加入鱼脊骨煎到金黄，过程中不要翻动，稍微倾斜一下锅使其受热均匀即可。将鱼脊骨翻面，加入姜和葱白，煎到另一面也变成金黄。加入剩下的料酒，稍微煮一会儿，然后倒入刚刚烧开的热水，约 1 升。烧开后撇去浮沫，再盖上锅盖，煮 10 分钟左右，得到一锅风味浓郁的鱼骨汤。将鱼脊骨捞出来扔掉。

把番茄和两种形式的土豆都加入鱼汤。大火烧开后小火炖煮到番茄变软，汤变成淡橙色。加盐调味。加入鱼块，需要的话加一点开水没过所有食材。大火烧开后小火炖煮 2 分钟，到鱼肉刚刚煮熟的程度。加白胡椒粉调味，倒入汤盘，撒葱花装饰。

情，不过微妙的葱姜味泄露了它真正的来源（上海人和宁波人对番茄和土豆的用法有时候显得很欧式，这可能跟两地曾是通商口岸有关）。番茄为丰富的汤汁增添了一丝金红色，土豆泥的加入又使其更为丝滑。

如果你想按照这种方法料理整鱼，或者直接让卖鱼的人把鱼片好，那一定记得留下脊骨来熬汤底。愿意的话，还可以将丝瓜去皮切滚刀块，和鱼块一起加入汤中。

美味变奏

传统的整鱼做法

不要割下鱼片，直接在鱼身上肉最厚的部分斜切几刀，两面都切。锅中热油，将鱼煎至两面金黄。快煎好的时候加入姜和小葱煎出香味，倒大量的开水入锅，烧开后撇去浮沫。加入番茄和两种形态的土豆，再次烧开后加盐调味，炖煮 10 分钟。最后根据口味加白胡椒粉，出锅时撒上葱花。

宁波蟹羹

用两只梭子蟹代替鱼（每只大约 175 克）。用菜刀的刀背或核桃钳将蟹的大钳子砸出裂缝，这样吃起来方便些。按照整鱼的做法进行料理，先煎蟹，再加入别的配料。蟹吃起来很麻烦，免不了一片狼藉，要做好心理准备。这样做出来的菜品非常美味。

雪菜大汤鲜鱼

Soupy Fish with Snow Vegetable

这道菜的原版主料是一条大黄鱼，是相当有名的宁波菜。柔嫩丝滑的鱼慵懒地浸润在雪菜和竹笋组成的浓郁汤汁中，各种风味相辅相成，可谓金玉良缘，完美展现了宁波菜清淡可口的特点，以及当地人喜欢将新鲜食材与盐腌食材结合在一起的偏好。

雪菜是江南地区应用比较广泛的一种食材，但最爱雪菜的当然还是宁波人，他们的方言将其称为“咸齑”，一首宁波小调深情地唱道，“三日不吃咸齑汤，脚骨有眼酸汪汪”。当地还有句俗语，说雪菜大汤黄鱼美味喷香，“鲜掉眉毛”！过去做这道汤必得野生大黄鱼，但现在这种食材实在罕见，售价高达几百英镑。我在家用同样的方法来料理海鲈鱼，同样美味。

黄鱼或海鲈鱼 1 条（500 克，去鳞剖好）
料酒 1½ 大匙
小葱 2 根
笋片 50 克
猪油或食用油 2 大匙
雪菜 75 克（粗切）
生姜 10 克（去皮切片）
盐和白胡椒粉

将鱼鳍割掉不要，在鱼身的每一面上平行斜切 4~5 刀。用 ¼ 小匙盐和 ½ 大匙料酒涂抹揉搓鱼身的里里外外，然后将鱼静置一旁，腌制备用。烧一壶开水。

小葱择好，分开葱白和葱绿。用刀面或擀面杖轻轻拍松葱白。如果最后想稍微装饰一下，就将葱绿切成 4 厘米长的葱段。笋片氽水 1~2 分钟，然后充分沥水。

鱼冲洗后用厨房纸巾擦干水分。锅中放猪油或食用油，加热到冒烟，加入姜和葱白快速炒香，用漏勺捞出。小心地将鱼滑入锅中，大火煎鱼至两面金黄。注意鱼不要过分挪动，才能保证鱼皮不破。想要均匀受热，把锅分别朝两边倾斜即可。

加入剩下的料酒，加热蒸发。倒入刚刚没过鱼的热水（大约 600 毫升）烧开。盖上盖子，中火焖煮 7~8 分钟，然后加入笋片和雪菜。再次盖上锅盖，大火煮 2~3 分钟，直到汤变成奶白色。加盐和少量的白胡椒粉调味。小心地将鱼起锅，装入深盘，把汤和菜倒上去。用筷子把锅中的笋片夹出来，在鱼身上进行漂亮的摆盘。摆上葱段进行装饰，上桌开吃。

干煎带鱼

Pan-fried Ribbonfish

顾名思义，带鱼看上去就像一条银光闪闪的腰带。上海人和宁波人特别喜欢带鱼，在这两地的市场里，带鱼通常是一字排开，长长的，平平的，鳞片亮亮的，闪着金属的光泽，美得惊人。如果买不到新鲜的带鱼，去高档的中国超市应该能找到冻带鱼。通常做法就是按照这个菜谱简单地煎一下，但也可以上锅蒸。吃鱼的时候，可以用牙齿或手指将两侧别针一样的鱼刺挑出来，鱼肉就很容易从脊骨上剥落下来了。吃剩的煎带鱼可以加一点高汤、老抽、料酒和糖，做成红烧带鱼，又是一道新菜。

带鱼 450 克（新鲜或解冻）
生姜 15 克（不去皮）
小葱 1 根（只要葱白）
料酒 ½ 大匙
盐 ½ 小匙
食用油约 200 毫升

在鱼肉最厚的部分，以 2 厘米的间隔斜切几刀，再切成 5~6 厘米宽的鱼段，放在碗中。用刀面或擀面杖轻轻拍松姜和葱白，加入鱼碗，再加料酒和盐。混合均匀后冷藏腌制 2~3 小时。

用厨房纸擦干鱼身水分，取一个平底不粘锅，倒上厚度大约 3~4 毫米的食用油，大火把油烧热，关到中火后加入鱼块，铺上一层，煎 5~10 分钟，到表面金黄酥脆，然后翻面重复这个过程。在这个过程中千万不要随意挪动鱼块，一定要等金黄酥脆后再翻动，这样才能保证鱼皮不破。下饭或配其他菜吃都很好。

蛤蜊炖蛋

Fresh Clam Custard

这是一道宁波菜，丝滑的炖蛋如同一片苍茫的湖水，大张着嘴的蛤蜊如同眼睛从湖中窥探。我吃到的这道菜，炖蛋的颜色通常是略显苍白的淡黄色，但有家很棒的宁波餐厅会在这道菜上加一点点老抽，竟像一盘牛奶咖啡。在这个菜谱中我把老抽列为可选配料。炖蛋的火要小一点，如果火太大，蛋液容易起泡，口感就粗了。我在宁波吃的这道菜是没怎么调味的，目的是让你充分感受鸡蛋和蛤蜊的风味；而南粤地区通常会在最后加点生抽和芝麻油，也相当美味。

活小帘蛤或类似品种蛤蜊 300 克
生姜 15 克（不去皮）
小葱 1 根（只要葱白）
大个鸡蛋 2 个或中等大小鸡蛋 3 个
料酒 1 大匙
老抽 ¼ 小匙（可不加）
葱花 1 大匙（只要葱绿）
盐 ¼ 小匙

如果你担心蛤蜊内部沙太多，就将蛤蜊浸入凉水中半个小时左右，让它们把沙吐干净，然后用冷水充分清洗。把破了壳或者碰一碰依然张着壳的蛤蜊扔掉。

用刀面或擀面杖轻轻拍松姜和葱白，放在锅中，加 200 毫升水。大火烧开后加入蛤蜊，盖上盖煮 2~3 分钟到张开壳，用漏勺迅速捞出。取一大把蛤蜊带壳备用，剩下的用筷子把肉挑出来，壳扔掉。

鸡蛋加 ¼ 小匙盐搅打成均匀的蛋液。将 150 毫升煮过蛤蜊的水慢慢倒入蛋液中，注意沉沙要留在锅底。加入料酒和老抽，混合均匀。撇掉蛋液表面的浮沫。倒入去壳蛤蜊肉，搅拌均匀。

蒸锅放水烧开，将壶中热水倒进足够装下蛤蜊和蛋液的浅碗，热一下碗，然后把水倒掉。将带壳蛤蜊分散开铺在碗底，壳张开的那面朝上。倒入刚才准备的蛤蜊蛋液。将碗放入蒸笼，中火蒸约 12 分钟，直到蛋液变成很嫩的炖蛋。撒上葱花，盖上盖子再蒸几秒钟，上桌开吃。

葱油蛤蜊

Clams with Spring Onion Oil

我和朋友罗丝在上海的宁波菜馆“丰收日”吃到过一道佳肴：鲜光闪闪的贝类堆成山，用大蒜与小葱为其增色，再来点儿生抽，味道调和，令人满足。这道菜就是我在那道菜基础上的复刻。餐馆里用的是指甲盖大小的袖珍小贝，是宁波人的最爱，有个可爱的名字“海瓜子”；这个名字也许不只代表了其小小的“身形”，也说明在一堆壳中慢慢吮吸出贝肉，如嗑瓜子一般其乐无穷。我在家烧这道菜用的是小帘蛤，简直好吃得要命。撸起你的袖子，一手拿筷子，一手直接伸进盘子，尽情享用吧。剩下的汤汁用来泡饭最好，要么拿一块馒头面包什么的抹干净。

另外，煮蛤蜊剩下的液体可以不倒，和适量蛋液搅拌均匀，小火蒸制，就能做成第 **151** 页中的炖蛋。和所有把生抽作为主要调味品的菜一样，做这道菜也一定要用好牌子的生抽。

活小帘蛤 800 克
小葱 2 根（只要葱白）
生姜 10 克（去皮切片）
料酒 2 大匙

收尾时加：
生抽 2 大匙
食用油 5 大匙
蒜末 2 大匙
葱花 7 大匙（只要葱绿）

将蛤蜊用凉水充分浸泡清洗，把破了壳或者碰一碰依然张着壳的蛤蜊扔掉。将生抽称量好，放入小碗备用。用刀面或擀面杖轻轻拍松葱白。

取一个能装下所有蛤蜊的带盖锅，倒入 1 厘米深的水，加入姜、葱白和料酒烧开。加入蛤蜊，盖上锅盖，大火煮约 3 分钟，到蛤蜊全部张开嘴、肉刚熟的程度。用漏勺捞出，堆在上菜盘中。将 2 大勺煮蛤蜊的水加入生抽中（剩下的可以倒掉，或者如前所说做成炖蛋）。

锅中放油，大火加热，加入蒜末迅速翻炒出香味。关火后加入葱花，在热油中翻炒均匀。将锅中物倒在“蛤蜊山”上，然后淋上生抽混合物，上桌开吃。

美味变奏

雪菜蛤蜊

这也是宁波的特色菜。按照前面的菜谱，将蛤蜊、料酒、姜和小葱放进开水中，盖上锅盖煮到蛤蜊开口。将蛤蜊捞出，堆在能放入蒸笼的盘中（如果想卖相最好，可以将每个蛤蜊的上壳去掉）。均匀地淋上 2 大匙料酒和 80 克雪菜碎。放入蒸笼，大火蒸 1~2 分钟，充分加热。大火烧热 5 大匙食用油，将 5 大匙葱花（葱绿）堆在蛤蜊上，然后把热油浇上去，会发出剧烈的“滋啦”声。

韭菜炒乌蛤

Stir-fried Cockles with Chinese Chives

这道炒菜快手到叫人不敢相信，又美味无比，模仿的是杭州龙井草堂的一道类似菜肴，他们用的是小水螺。我自己用的是去壳的乌蛤，你也可以用蛤蜊或者其他贝类。如果买的是活蛤，要放入1厘米深的开水中，大火煮几分钟到全部开口，然后把肉取出。把煮贝类的水过滤出来，可以代替菜谱中的高汤。

韭菜150克
食用油2大匙
乌蛤肉90克（煮熟去壳）
高汤2大匙
盐

韭菜择好洗净，切成2厘米长的段。锅放灶上，开大火热锅，倒入油加热到高温，倒入韭菜。迅速翻炒出诱人的香味，加入乌蛤。继续翻炒到热气腾腾，加入高汤，烧开后搅拌一下，加盐调味，上桌开吃。

美味变奏

韭菜炒蚕豆

这是我在宁波吃到的一道美味素菜。用去壳分瓣的蚕豆代替提前煮好的乌蛤。

油爆虾

Oil-exploded Prawns

浙南地区，一个春日的午后，我们乘船出发，去探索餐馆老板戴建军农场附近的一个湖。一位渔夫摇桨前来，给了我们一些刚刚入网的活虾。当晚回到农场，戴建军的大厨朱引锋将这些虾做成了地道的杭州菜：炸过之后大火炒，加浓郁的甜口酱汁，用酒与醋增香提鲜。用滚烫的油炸制食材的做法被称为“油爆”，薄如纸的虾壳在热油中“惊”了一下，就与虾肉脱离了，一口下去酥脆无比，令唇齿欢愉。香喷喷的酱汁挂在虾上，仿佛上了一层漆，不但美味，卖相也上佳。

用这种做法来料理小小的淡水虾会特别美味，但用来做海虾也能达到很好的效果，我在家就是用的海虾。浙江人做这道菜是不去虾头的，你可以按照自己的喜好处理。不过这道菜的灵魂在于虾壳和虾尾，一定要予以保留。

注意了！用我爸的话来说，这道菜“不好对付”，吃的时候很容易搞得杯盘狼藉。充分利用牙齿和舌头，把虾肉给吮吸出来，硬壳留在盘子里就好。

虾350克（活虾，未剥壳；如果要去头，用量要相应增加至400克）
小葱1根（只要葱白）
生姜几片（去皮）
镇江醋或红醋2½小匙
食用油500毫升

酱料：
料酒2小匙
生抽3小匙
绵白糖5小匙

用锋利的刀去掉虾头上的虾须（也可以把头整个去掉），切掉虾脚。用细如针的东西尽量挑掉背上的虾线。充分清洗后甩一甩，沥干水分。用刀面或擀面杖轻轻拍松葱白。将酱料全部装在一个小碗中混合均匀，把醋称量好倒入另一个小碗。

锅中倒油，大火加热到200℃。准备好另一个锅或耐热容器。小心地将虾倒入热油，炸10~20秒（根据虾的个头调整油炸时间），不断搅动，直到虾身蜷曲变色。用漏勺捞出备用。

把油加热到炸虾前的温度，把虾下锅复炸20秒左右，到虾壳酥脆，略微金黄。用漏勺捞出备用。留出1大匙油，将剩下的全部倒入耐热容器。油锅放入葱白和姜，大火炒香。加入虾翻炒后将酱料搅匀倒入锅中，迅速搅拌，让酱料烧开并收汁。沿着锅边淋入醋，大火再翻炒搅拌5秒左右，让风味融合。上桌开吃。

龙井虾仁

Stir-fried Prawns with Dragon Well Tea

西湖岸边垂柳依依，不远处就是龙井茶山的一座座丘陵；采茶农们头戴草帽，摘下茶园中最嫩的新叶。正宗的龙井茶，就只在杭州西郊的这一小片地方种植，茶香淡然悠远，有微微的坚果味，是中国绿茶中的上品。根据大小和季节，龙井茶又分各种品级，其中清明前采摘的“明前龙井”是最好的。

这道应季佳肴很像清炒虾仁，但增添了令人愉悦的龙井茶香。有一次，一位本地厨师为我做这道菜，用的是一两个小时前他亲手在龙井茶园中新摘的茶叶。传统做法是用小小的淡水虾，费劲地人工剥壳，虾仁的脆嫩、丝滑与弹性口感实在无可挑剔。我在家用的是海虾。西方有很多专卖龙井茶的小店。找不到龙井茶的话，用其他绿茶代替也可以。

虾仁要先加热到恰到好处，在有一定温度却不滚的油中炸一下，这是江南地区的烹饪手法，可以让虾、鱼片之类的可口的海鲜河鲜保持嫩滑。油温至关重要：经验丰富的苏州大厨孙福根告诉我，要是油温太高，虾就会变黄；要是太低，“就要脱衣服了”，意思就是虾外面那层嫩滑的浆会剥落。

去壳生虾 450 克（带壳约 750 克）
盐 ¾ 小匙
蛋清 2 大匙
生粉 3 大匙
龙井茶或其他绿茶 1 大匙
食用油 400 毫升
料酒 1 大匙
生粉（½ 小匙）和凉水（1 大匙）混合
镇江醋或红米醋（做蘸料）

用锋利的小刀在每个虾的背上和腹部各划一刀，用细针状的工具挑掉虾线。将虾装在滤水篮中，用自来水充分清洗。沥干水后用厨房纸吸干水分。放入碗中，加盐和蛋清，用手不停往一个方向抓拌上劲，直到混合物略微产生弹性。加入生粉充分搅拌，直到所有虾都均匀地裹上生粉和蛋清。用保鲜膜封上，冷藏至少 2 小时。

烧开一壶水，将茶叶放在碗中，用 4 大匙热水冲开（冲龙井茶的水，温度最好是在 85~90℃之间，稍微低于沸点）。静置浸泡 1 分钟，然后沥水，水和茶叶都要保留备用。

虾碗中加入 2 小匙的油，搅拌均匀，这样可以防止烹制过程中发生粘连。将剩余的油加入锅中，开大火将油加热至 120~130℃。加入虾，用筷子分开，轻轻翻炒到虾卷曲起来，颜色变得不透明，差不多熟透的状态。用漏勺捞出。注意油温一定不要过高，虾要柔嫩多汁，所以下锅后周围不能冒泡；要是油温到了 140℃，炸出来可能就没那么多汁了。

锅中的油倒出，只留 1 大匙在锅底。开大火，加入虾、料酒、茶叶和 2 大匙的茶汤，迅速翻炒均匀。生粉和凉水搅拌均匀倒入锅中，继续搅拌翻炒。收汁后将虾从锅中捞出装盘，配一碟醋做蘸料。

TOFU

豆制品类

豆腐堪称食品中的天才发明，是食材制造工艺上的奇迹。大豆是蛋白质含量最高的植物，富含人体必需的各种氨基酸，且含量比例也最易于人体吸收。不过，这些豆子要趁嫩绿的时候吃，不然味道不好且难以消化。很早以前，中国人就发现，将豆子进行长时间的水煮或让其发芽后再吃豆芽，就很好下口了。他们还充分发挥发酵的魔力，做出各种各样既有营养又美味的豆制品。传说，公元前2世纪汉朝的淮南王刘安发明了豆腐，这代表了一个巨大飞跃，对于大豆多种多样的饮食裨益，中国人又解锁了新的理解方式。虽然豆腐的起源还众说纷纭，争论不断，但可以肯定的是，到宋朝，豆腐已经成为江南地区广泛运用的食材，从那时候起，直到今天，它一直都是中餐的一大主要食材。

在浙江一家用传统方法做豆腐的老作坊里，地上放着一个个巨大的盆子，黄色的豆子静静地浸泡在其中；烧柴的灶上安了一口巨大的锅，锅上有木架子，架着一对沉重的磨石。豆腐师傅很早就起来工作，把已经泡涨的豆子沥干水，从放在上面的磨石所开的小口里慢慢加进去，还要随着豆子注入水。他转动木把手，豆浆就从磨石中间的缝隙中汩汩而出，这场景如梦似幻。这是豆腐最传统老派的做法。石头磨出的豆浆经过过滤、煮沸和熬炖，再加石膏或矿物盐使其凝固。刚凝固起来的就是豆花，如奶冻一般软嫩可喜，可以即食。别的就被倒入铺了细布的模具，经过压制，变成豆腐。

西方人对豆腐没有给予足够的重视，只把它作为代餐；素食主义者们将肉类从“正常”饮食中去除了，就用豆腐填补空白。但在中国，吃豆腐的就不止信佛的素食主义者了，几乎全中国人民都吃豆腐，和肉一起吃。豆腐的种类和做法在中国千变万化，花样百出。按照压制的紧实度，可以分为各种级别的老豆腐和嫩豆腐；可以加调料炖煮，用木头烤制，油炸成金黄的豆腐块，做成皮革一样厚的豆腐干或玻璃纸一样薄的腐皮；或者进行发酵，成为叫人上瘾的奇异美味。在坚持素食的佛寺之外，豆腐通常会和肉、鱼、猪油或高汤一起烹制，平添一股鲜味。

豆腐压成的千张和腐皮，也被江南人进行了充满创造性的利用。前者是在豆浆凝结的过程中，趁其温热时浇在一层层的细布上然后压制而成，做好后通常会被切成长条，炒菜、凉拌或做汤皆宜。有时候会被打成结，放入汤菜或炖菜（比如红烧肉）中，非常美味。

还有其他的做法，比如卷起来做成菊花叶状，或者包上碎肉浸入高汤，文火慢炖。有些专门的作坊，会用酱油、糖和香料卤豆腐，然后放入火腿状的模具中压制成素火腿，内部的纤维很有肉感。更薄一些的腐皮，是趁着豆浆煮开时从表面捞起的结皮，再进行晒干处理，金黄透明，薄如蝉翼，可以用来裹油炸小吃，或经过调味后一层层卷起，做成素鸭素鹅。吃剩下的小块腐皮通常会和青菜一起炒一炒，既添加了蛋白质，又在颜色和口感上形成令人愉悦的对比。

江南地区的特色豆腐菜数不胜数，什么香干（用老豆腐卤制或烟熏的豆腐干）、腐乳，真是五花八门。最为人所熟知的是“臭名昭著”的臭豆腐，是将大块的豆腐浸入臭味腌菜组成的卤水中制成。没有经过烹制的臭豆腐色如白石，表面有霉点，看着叫人毫无食欲。但在油锅里炸过再裹上大量辣酱之后，就变得特别美味了。宁波有道菜叫“三臭”，是臭冬瓜、臭苋菜管和臭菜心做成的蒸菜，有时候臭豆腐也会加入其中，成为“三臭”之一。

绍兴人会把腐皮卷起来，在坛中放置几天，使其部分发霉，做成“霉千张”，气味相当刺鼻，风味狂野而“上头”，叫人想起霉奶酪。

不过，在发酵豆腐的殿堂中，最美妙的也许是安徽南部古徽州的“毛豆腐”。当地市场上会有豆腐摊，大张的毛豆腐盘踞在木托盘上，表面覆盖着厚厚的白色霉菌，毛茸茸的。当地人言之凿凿地告诉我，这种特产只有在当地特殊的小气候和湿度下才能制作出来。毛豆腐最常见的做法是煎到四面金黄，然后配上泡椒蘸碟。口感有那么一点像干酪，风味可口而朴实，有种幽微的酸味，也叫人想起威尔士干酪。

很多豆制品都是江南专属，在其他地方很少见；但西方能买到的豆制品种类也越来越多了。希望下面这些菜谱能让大家认识到，豆制品用途广泛，可以做成多种多样的菜品，也能促进营养均衡，素食与杂食皆宜。

烫干丝

Scalded Tofu Slivers

扬州人喜欢悠闲地吃早茶，这样的仪式感在扬州之外并不广为人知，而烫干丝则是扬州早茶桌上不可或缺的灵魂佳肴。豆腐干丝通常会做包子馅儿或配馒头吃，而这道菜却将其单独做主材，浸润在可口的酱汁中，幽幽的姜味和甜味也是锦上添花，点缀其中的海米与榨菜更是增鲜增香。这道菜算是煮干丝的“姊妹菜”，但做起来更容易上手。配上炒青菜和米饭，也是一顿简单健康的午餐或晚餐。

扬州人做的豆腐是出了名的光滑紧致。当地技艺高超的厨师能够将菜板上的一块豆腐切成厚度大小完全一致的片，再切成火柴棍儿那么细的丝儿，实在完美。我在家用的豆腐没那么紧致，自己的刀工也显然不太过关，也不吹牛说自己能切得那么整齐、那么美了。但成菜还是很好吃，令人愉悦。如果你是素食者，去掉海米，用清水来融合酱料即可。

豆腐干 225 克
海米 ½ 大匙
生姜 10 克（去皮）
榨菜 1½ 大匙（细切）
芝麻油 2 小匙
盐
香菜 1 根（用作装饰）

酱料：
生抽 2 大匙
老抽 ½ 小匙
绵白糖 1 小匙

将豆腐干切成很薄的片，再改刀切成细丝。放在碗中，加一大撮盐，倒入大量的开水没过。静置放凉。

将海米放在小碗中，倒入开水浸泡至少半小时。生姜切薄片后改刀成细丝，放在碗中，倒入凉水浸泡，静置备用。豆腐丝放在滤水篮中沥干水后放回碗中，再加一撮盐，倒入刚烧开的水没过，静置至少 2 分钟。

将海米和 6 大匙泡海米的水放入锅中，烧开（如果泡海米的水不够，就用清水补充），煮 30 秒左右，加入酱料，再加 5 大匙水，再次烧开，一边烧一边搅拌，帮助糖溶化。关火备用。

准备上桌前，将豆腐丝沥水，堆在菜盘上。姜丝沥水后和榨菜一起放在豆腐丝上，将酱料和海米淋上去，再淋上一点芝麻油，用香菜装饰。吃之前充分拌匀。

鸡火煮干丝

Boiled Firm Tofu Slivers in Chicken Stock

扬州一度是中国人心中休闲享乐、追求风雅的最佳去处，如今的古城区域小巷与运河纵横交织，盐商的老宅与瘦西湖交相辉映，仍是古色古香，叫人流连忘返。数个世纪以来，这里也是中国美食文化的中心之一，催生了很多著名的佳肴，其中就有这道。很多资料都将其起源追溯到更为精致繁复的“九丝汤”，这是乾隆皇帝下江南时宴会上的一道菜，食材包括了海参丝、干蛏子和燕窝。

如今，有些餐馆喜欢铺张卖弄，会在这道菜中加上淡水虾、鸡丝、鸡胗、鸡肝、虾子和笋片；而更为雅致和低调的版本则只加豆苗和火腿丝。我这个菜谱算是走了中庸之道，希望你会觉得美味。

干丝要用开水浸泡两次，去除中餐中所说的“豆腥味”，就是黄豆的那股叫人不怎么舒服的味道。这道菜采用很典型的淮扬烹饪手法，非常看重成菜的色彩搭配，有绿叶，有深红色的火腿丝，都和黄白的干丝形成美丽的对比。

豆腐干 225 克
鸡胸肉 100 克（煮熟）
西班牙火腿或中国瘦火腿 15 克（切成 1 毫米厚的片）
豆苗或嫩菠菜叶 1 把
鸡汤 650 毫升
猪油或鸡油 25 克
盐

豆腐干切成很薄的片，再改刀切成细丝。放在碗中，加一大撮盐，倒入大量的开水没过。静置放凉。

将鸡肉切或撕成细丝。火腿或煮或蒸，放凉后切丝。烧开一大锅水，将豆苗或菠菜叶迅速汆水至变软后，立刻放进凉水里“惊”一下，然后甩干。

豆腐丝放在滤水篮中沥干水后放回碗中，再加一撮盐，倒入刚烧开的水没过，静置至少 2 分钟。

鸡汤在锅中烧开后加入豆腐，轻轻晃动一下让鸡汤没过豆腐。将鸡肉从锅边一侧浸入鸡汤中，加入猪油或鸡油，大火烧开，煮约 10 分钟，直到鸡汤浓稠乳化。这个过程中要不时用筷子搅一下，这样豆腐丝不会缠在一起。加盐调味，盖上锅盖再小火焖煮 2 分钟。

将豆腐丝捞出，堆在深盘里，鸡丝堆在顶上。淋上全部的汤汁。将豆苗或菠菜叶围着豆腐丝摆盘，用火腿丝装饰后上桌。

（如果想要做华丽的经典版本，就要额外加少量煮熟后切丝的鸡胗、鸡肝、笋片、焯过水的豆苗、虾子和几只生虾，虾要裹上一层薄薄的淀粉糊，在猪油中迅速炒一下。把鸡丝、鸡胗、鸡肝、虾子和笋片一起加入锅中，用炒熟的虾、豆苗和火腿装饰。）

香煎豆腐

Zhoushan Pan-fried Tofu

我们从宁波出发，一路经过无数跨越海湾、贴近海面的大桥，却看不到彼岸有任何土地的影子。最后我们来到布满泥滩海塘的舟山，车子开进平缓的山丘之中，山上遍布着茂密的小树与森森修竹。

之后，我的朋友林伟和他的食客朋友们把我带到了他们相当钟爱的一家定海餐馆，一楼的柜台上展示着丰富的食材配料，我们现场选择自己想吃的菜。最后饭桌上摆着生腌螃蟹、五香墨鱼、红烧鲳鱼、清蒸舌鳎鱼，还有巨大的金刚虾和蛤蜊芹菜，以及一系列的素菜，其中就包括这一道。豆腐先用卤水泡过，那种美味叫人惊喜不已，再撒上火腿丁和葱花，更是令人惊叹。

盐 1 大匙
白豆腐 600 克
食用油 2 大匙
葱花 2 大匙（只要葱绿）
西班牙火腿或中国瘦火腿 2 大匙（细切，稍微蒸一下）

锅中倒入 600 毫升凉水，加入盐搅拌使其溶化。将豆腐块外部的老皮切掉（切掉的皮可以保留，用于炒菜或凉菜），之后切成适合入口的豆腐片，厚度大约为 1 厘米。将豆腐片放在盐水中，静置浸泡 45 分钟，然后沥干水分。

煎锅中放油，开火，铺上一层豆腐片，中火煎到两面变成漂亮的金黄色。根据用量，可能需要分几批来煎。

等到豆腐快要煎熟，撒上火腿和葱花，盖上锅盖焖几秒钟，稍微加热一下，然后装盘，趁热吃或冷了吃均可。

咸肉百叶棠菜

Tofu Ribbons with Salt Pork and Green Pak Choy

清淡的百叶、风味十足的咸肉和鲜嫩水灵的绿叶菜，和谐地组成了这盘美味菜肴。这个菜谱参考了上海某个市场上的一位咸肉小贩的建议。用一点点肉和高汤来画龙点睛，为素菜配料增色，吃起来有种奢华之感，这是江南烹饪的显著特点。这盘菜配上米饭，够做一顿2人份的简单餐食了。

有些厨师可能还会加入笋片；我在扬州吃到的一个版本加了胡萝卜片和笋片，还有新鲜的毛豆和木耳。也就是说，你可以根据自己的喜好或冰箱、橱柜里的存货，随意发挥。

鲜百叶 175 克
未烟熏咸肉 75 克（可以的话切成很厚的片）
小棠菜 150 克
浓鸡汤或浓高汤 450 克
猪油 1 大匙（可不加）
盐和白胡椒粉

将百叶卷起来，切成12~15毫米宽的长条。按照咸肉纹理交叉的方向，将其切成1厘米宽的条，愿意的话可以保留肉皮。将棠菜切成适合入口的大块（如果用的是小头的棠菜，竖着切一刀即可）。

烧开一锅水，加入百叶，略微氽水加热。用漏勺从锅中捞出，放在厨房纸上吸水。将咸肉放入开水中，氽水到刚熟。用漏勺捞出备用。将棠菜迅速焯一下水，叶子变软即可。起锅沥水。

将高汤（或鸡汤）、百叶、咸肉和猪油一起放在锅中，大火烧开后继续煮约3分钟。加盐和白胡椒粉调味。加入焯过水的棠菜，充分加热后把东西全部装进深盘，上桌开吃。

家常小炒皇

Spicy Stir-fried Tofu with Pickles

我曾经在杭州的柳莺里酒店（原名柳莺宾馆）尝到一道菜，出乎意料地美味，也是这个菜谱的来源。那道菜是用杏鲍菇和附近宁波特产的腌菜做成的。厨师牛永强先生热心地向我传授了做这道菜的手法，而我在此试图将其复刻，不过用更容易买到的雪菜代替了当时的宁波腌菜。

杏鲍菇在很多中国超市都有售，实在买不到的话，就用草菇或平菇代替。这道快手炒菜配上米饭就是一顿简单满足的晚饭，如果用蔬菜鲜汤代替高汤，就是纯粹的素食了。

五香豆腐干 100 克（2 块）
杏鲍菇（或者草菇和平菇混合）175 克
中辣的干辣椒 3 个（或根据口味添加）
食用油 2 大匙
雪菜 90 克
芝麻油 1 小匙

酱料：
老抽 ¼ 小匙
生抽 1 小匙
绵白糖 ½ 小匙
料酒 ½ 大匙
高汤 2 大匙

刀和案板呈一定角度，将豆腐干切成厚度约 5 毫米的片。将蘑菇切成 3~4 毫米厚的片。将干辣椒一剪两半，把辣椒籽尽量挑出来。把酱料配料在小碗中混合。

锅中放油，大火加热，加入干辣椒翻炒几秒钟出香味，加入雪菜继续翻炒到香气四溢。倒入蘑菇继续翻炒。蘑菇变软后加入豆腐干充分加热。等到锅里热气腾腾，把酱料搅匀倒入，搅拌收汁。关火后淋入芝麻油，上桌开吃。

杭州豆花

Hangzhou Breakfast Tofu

温热丝滑的豆花与各类咸香配料相得益彰，再在顶上来点新鲜脆爽的装饰，真是令人愉悦。这道菜的来源是我在杭州西湖附近吃的早餐豆花。

豆花 300 克
绵白糖 ¼ 小匙
生抽 2 小匙
芝麻油 1 小匙
辣椒油（根据口味添加）
榨菜 2 大匙（细切）
葱花 2 大匙（只要葱绿）
香菜碎 1 大匙
炸花生米 2 大匙

锅中放入足以没过豆花的水，烧开后放一点盐。用勺子将大块的豆花舀入水中。用很小的火加热大约 5 分钟，将豆花完全热透。

热好之后，用漏勺将其舀到碗中，将大块的豆花破成小块。把剩下的配料撒在上面，上桌开吃。用勺子舀着吃最方便。

美味变奏

苏州豆花

原菜谱中的所有装饰配料不用，将 2 小匙海米和 1 大匙紫菜碎添加到碗中。加入温热的豆花，撒上 1 大匙榨菜碎、1½ 大匙细葱绿丝、2 小匙生抽和 1 小匙芝麻油。吃之前充分搅拌均匀。苏州的吴门人家饭店供应丰富奢侈的苏式自助早餐，其中就有这个版本的豆花。

三丝卷

Buddhist Vegetarian Tofu Rolls

我最初探访杭州龙井草堂的某一次，那里的大厨们准备了一场全素宴，令我叹为观止。桌上的每道菜都赏心悦目，令唇齿留香，其中有一道香脆的豆腐卷，塞了香菇、干笋、五香豆腐干和新鲜的香菜。一个个卷经过特殊的刀工处理和摆盘，就像一盘麦穗。在家要这样做当然太麻烦了，所以我把形式稍微简化了一下，将馅儿直接卷起来，裹上面糊（教我做面糊的人是我认识的最厉害的家厨之一，何玉秀）。这些小小的卷能让素食者吃得开心尽兴，当然那些什么都吃的朋友也会喜欢。

杭州还有一道类似的佳肴，“响铃卷”，用腐皮卷起少量的肉馅儿，然后切成适合入口的块，炸到金黄酥脆，薄如蝉翼。做好的卷轻飘如云，入口即碎，在口中发出轻响。据说“响铃卷”这个名字是为了纪念一个人，他在一家杭州餐馆吃饭时发现那里没有炸腐皮了，立刻反身上马去寻了些来。餐馆厨师被他要吃腐皮的坚决打动了，就把腐皮卷成马铃铛的形状，自此，这道菜成为经典杭帮菜的一员。

如果有吃剩的卷（当然这种可能性很小），就切成小块，和上海青一起翻炒。炸过的腐皮卷会变得柔软多汁有嚼劲，吃起来很香，和青菜相得益彰。

干腐皮 2~3 张
生粉（1 大匙）和凉水（1 大匙）混合
食用油（油炸用量）
镇江醋（做蘸料）

馅料：
干香菇 5 朵
竹笋 75 克
豆腐干 75 克（香干或烟熏豆腐干）
小葱 1 根（只要葱白）
香菜 1 小把
生姜 2 片（去皮）
料酒 ½ 大匙
生抽 2½ 小匙
老抽 ½ 小匙
绵白糖 1 小匙
芝麻油 1 小匙
盐

面糊：
中筋面粉 3 大匙
小苏打 ¼ 小匙

香菇放进碗里，倒开水浸泡至少半小时。竹笋切成细丝，放入开水中氽水 1 分钟，然后充分沥水。将豆腐干切成细丝。香菇泡软后挤干水分，保留泡香菇的水，去掉香菇柄，切成薄片。用刀面或擀面杖轻轻拍松葱白。香菜粗粗地切一下。将面粉和小苏打在大碗中混合，加 4 大匙凉水搅拌成略稀的面糊。锅中放入 1 大匙油，大火加热，加入姜和葱白炒香后捞出扔掉。香菇入油锅翻炒出香味。淋入料酒翻炒。加入竹笋，翻炒到热气腾腾，然后加入豆腐干和 2 大匙泡香菇的水，以及生抽、老抽、糖和盐。等食材完全吸收了汤汁，关火，加入香菜和芝麻油搅拌均匀。静置放凉。将腐皮切成宽 10 厘米长 20 厘米的长方形，放一片在案板上，在一边放大约 2 大匙馅料，两侧叠入卷起，最后用一点水淀粉（生粉和凉水混合而成）收口。将油炸用量的油加热到 180℃，用筷子夹起腐皮卷，裹上面糊，放入热油中。炸到金黄膨胀起锅，放在厨房纸上吸油。上桌时配一碟镇江醋做蘸料。

VEGETABLES

蔬菜类

一个阳光灿烂的秋日，朱引锋师傅带我到田里去摘菜。天空蔚蓝，飘着几团流云，微风吹拂，一片虫鸣为鸟儿的歌唱伴奏。我们走过一排排的上海青、细长的小葱和菠菜，菜叶间有白色的小蝴蝶在嬉戏飞舞。朱引锋扯出几头上海青，用剪刀干脆地剪下一把菠菜，放在篮子里。他一一指给我看：收割过的一片残稻周围有探头探脑的草头（苜蓿），小小的香菜芽，以及雪里蕻锯齿状的宽大菜叶。等看完一圈儿之后，他的篮子里装满了菜，当晚的菜单也定下来了。

长江下游地区地貌景观丰富多彩，也因此催生了叫人惊叹的蔬菜种类，一年四季不断。江南人民最爱吃品质最好的当季菜：春天有新笋、草头或水灵的香蒲；夏天有新鲜莲子，秋日来交接时又带来脆生生的嫩栗子；霜降之后，则会出现最香甜的菠菜。在江南吃的任何一顿饭，蔬菜都必然是不可或缺的，通常既健康清爽，又美味可口。绿叶菜通常会简单炒制，最大限度地降低调料的存在感；有时候也会用来做汤。被称为“鸡毛菜”的菜叶小而柔软，是江南人民最喜爱的绿叶菜。各种豆子可以和腌菜、金华火腿搭配，鲜味十足。玉米棒子和红薯、菱角这一类的根菜可以直接带外皮（外壳）蒸了后再去皮去壳。南瓜、红薯这一类的蔬菜，可甜可咸，可塑性极强。

烹饪用的蔬菜，既有新鲜的，也有经过加工的。黄豆和绿豆都有芽可吃，上海人很爱吃那种被浸泡到有小芽冒出的蚕豆。像雪里蕻等蔬菜，几乎一定要经过腌制人们才会吃。竹笋虽然是新挖出来的最好吃、最可口，也可以经过腌制和风干，做成腌笋或笋干。盐腌后半干的竹笋被称为扁尖，泛着微绿，十分柔软，用来做汤或烧菜都很美味。在安徽黄山地区，你可以买到各种各样的干笋，包括所谓的“笋衣”，即竹笋壳薄嫩的内层。干菜因为有趣的风味和口感，颇受追捧。宁波有种很棒的特产“万年青”：冬油菜的菜蕻取嫩尖，经过风干和晒干制成；成品迅速浸泡一下，可以做汤或凉拌。

对于严格的素食主义，中国人的看法和西方人不尽相同。中国的严格素食主义者主要是僧人、尼姑；有些佛教居士在家也会吃荤，只在宗教节日或到当地寺庙上供时才吃素。大部分人把那种理想中的严格素食主义看作西方独有的现象，而“素食”，即吃素但不严格遵守，则是历时长久的中国文化。

传统的日常中餐，最主要的构成就是粮食和蔬菜，再加少量的肉、鱼或禽蛋，补充营养，增添滋味。江南很多的炒菜烧菜，都会暗含一点荤来提鲜，形式有时候是猪油，有时候是高汤。如今，有些想要减少肉与脂肪摄入量的中国人，通常很爱吃这样的菜，既有肉的浓郁鲜味，又相对清淡健康、经济实惠。江南人吃的很多蔬菜在西方国家的中国城很常见，也越来越多地出现在各大超市的货架上，比如上海青、菠菜、白菜、韭菜和芋头。有的菜则比较少见，是某些季节特有的，比如韭黄和茭白。还有些江南特产，出了江南就很少见，连中国的其他地方都很难买到。这一章里我收录的菜谱，很多主材都比较容易买到，也有一些要难找一点，但很值得去寻觅寻觅。我也对一些江南菜谱进行了调整，改用了更容易找到的蔬菜，比如羽衣甘蓝和西葫芦。书中还收录了我最喜欢的仿荤菜之一：用土豆和胡萝卜做的“炒蟹粉”。

火腿小豌豆

Stir-fried Peas with Ham

过去曾作为租界的上海某区，路两旁绿树掩映，一栋20世纪20年代的西班牙风格老公馆，是“福1088”的所在地，也是上海最好的餐厅之一。站在门口，你会有些怀疑这是不是餐馆，这时会有人来带你走过铺着木板的一座座厅堂，穿过铺着老瓷砖的走廊，来到一个私密的包间，是20世纪初期的装饰风格。你也可能会走进一个大餐厅，壁炉台上放着古董座钟；要么是一间卧室，有突出的屋檐。要是来的时间对了，你可能会听到楼下的钢琴飘来悠扬的乐声。“福1088”专做上海本帮菜和其他江南菜，行政主厨卢怿明尽情施展才华，对传统菜肴进行了精彩的演绎，在整个上海也是数一数二的。这道菜谱就是我对其中一道菜尝试进行的复刻，是用小豌豆做的炒菜，简单而美味。

深红色的火腿和翠绿的小豌豆如红香绿玉，堪称绝配，鲜美到让人无法抗拒。象牙白的竹笋让菜的口感、风味和色彩都更为丰富，但即使不加也很棒了。如果是用冷冻豌豆，烹饪之前不必解冻。素食者可以去掉火腿，用切成小丁的豆腐干或香菇来代替。

西班牙火腿或中国火腿20克（切厚片，稍微蒸制一下）
竹笋25克
食用油1大匙
小豌豆200克（新鲜或冷冻皆可）
高汤或水2大匙
生粉（½小匙）和凉水（1大匙）混合
芝麻油½小匙
盐

将火腿切成3~4毫米见方的小丁，烧开一锅水。将竹笋切成4~5毫米见方的小丁，汆水后用凉水冲洗，充分沥干。

锅中放油，大火加热，加入火腿丁、笋丁和豌豆，翻炒到火腿散发香味，豌豆热气腾腾。加入高汤或水烧开，加盐调味。生粉和凉水搅匀，从锅的中央倒入，混合均匀。离火后加芝麻油拌匀，上桌开吃。

雪菜毛豆

Green Soybeans with Snow Vegetable

这道菜简单而美妙，鲜绿的毛豆与雪菜、肉丝和竹笋一起在锅中翻炒融合，是很典型的上海家常菜。这种菜只是配上白米饭，就能做一顿饭了。上海人喜欢加一点竹笋，增脆提鲜；但是用量太小，开一整包腌笋似乎有点划不来，所以根据自己的需要来，想去掉就去掉。

以这道菜的做法为基础，可以有很多的"美味变奏"；有些人倾向于不加姜和蒜，有些人却还要增加一点干辣椒和花椒，配合姜和蒜，进一步提味。想吃素的话，不加猪肉即可。豌豆和蚕豆用同样的办法来烹制，也很美味。

猪瘦肉 75 克
竹笋 40 克（鲜笋或腌笋皆可，可不加）
去壳毛豆 250 克（新鲜或冷冻皆可）
食用油 2 大匙
料酒 1 小匙
姜末 2 小匙
蒜末 1 小匙
雪菜 200 克
绵白糖 1 小匙
芝麻油 1 小匙
盐和白胡椒粉

猪肉切成薄片，再切成细丝。竹笋如法炮制。烧开一锅水，将竹笋汆水后用凉水冲洗，沥干水。毛豆煮两分钟到热透变软。锅中放 1 大匙油，大火加热，倒入毛豆，中火翻炒到热气腾腾，起锅备用。开大火，加 1 大匙油，加入猪肉翻炒到颜色变白。倒入料酒加热到液体蒸发。加入姜蒜，翻炒几秒出香。倒入雪菜和竹笋，翻炒到热气腾腾，香气四溢。加入毛豆后调味，加糖、1 大撮白胡椒粉和盐；其实雪菜本身就有咸味，不加盐也可以。等到锅里的食材全部热透，飘散香味，离火，加入芝麻油拌匀，上桌开吃。

美味变奏

肉丁雪菜毛豆

这道菜在杭州的晚餐桌上很常见。将 100 克猪瘦肉切成 1 厘米见方的小丁，加入 1 小匙料酒和 ⅛ 小匙的盐，混合均匀。将 40 克榨菜和 40 克竹笋切成比猪肉更小的丁。将 250 克冷冻毛豆汆水，热透并变软。锅中放 1 大匙食用油，大火加热，加入肉丁翻炒到熟透，起锅备用。将榨菜和竹笋翻炒出香味，加入毛豆。等到锅里热气腾腾，倒入猪肉，加盐调味。离火后淋上 1 小匙芝麻油，拌匀上桌。也可以用冷冻豌豆，不用汆水，直接入锅炒即可。

香肠蒸芋头

Steamed Taro with Chinese Wind-dried Sausage

司机一路拼命按着喇叭，还经常急转弯；车子在乡间道路上跳跃飞奔，速度快得可怕。不过，越接近黄山，风景就越漂亮，连绵的山峦越来越多，飞驰而过的树木之间也能瞥到古旧的徽式建筑。公车站有个小摊贩在卖猕猴桃、核桃和笋干，一个餐馆的院子里挂着香肠，沐浴着阳光。

风干香肠是用比较肥的猪肉切成块，加盐和香料做成，在中国南方地区很常见。按照中国传统，各家各户都是在腊月做香肠。做好之后，可以简单地切片、蒸熟，作为开胃小菜；但也可以按照这个菜谱，作为烹饪配料。传授我这种做法的是杭州厨师陈晓明。这道菜用任何种类的中国香肠来做都可以，比如中国超市里的腊肠，再比如辣的川味香肠。

这个菜谱可以提供一个相当简单的模板，新鲜蔬菜和盐腌肉或鱼都可以这样做，配料随你心意。另外，芋头这种蔬菜也不是很受西方人重视，但其口感十分软滑可口。江南人很喜欢芋头，甜味和咸味的菜里都会用到。

芋头 300 克
中国香肠 1~2 根（风干）
生抽 1 大匙
料酒 ½ 大匙
高汤或水 5 大匙
葱花 1 大匙（只要葱绿，可不加）
盐

戴上手套给芋头去皮（芋头的黏液中含有一种刺激物质，直接接触会让皮肤很痒）。去掉变色的部分，切成 4 毫米厚的片。将香肠斜切成约 3 毫米厚的菱形片。

将芋头片放在能放入蒸笼的耐热碗中，再把香肠摆在上面。加入生抽、料酒、高汤（或水），再加盐调味。把碗放在蒸笼中，大火蒸 30 分钟，到香肠和芋头都变得很软。愿意的话撒上葱花装饰。

美味变奏

咸鱼蒸芋头

将 30 克咸鱼切成小片来代替香肠。不要加生抽和盐，往碗里加 1 大匙食用油或猪油。咸鱼那强烈而诱人的香味会融入芋头与汁水中。这个菜谱来源于我在绍兴咸亨酒店吃到的版本，在此感谢主厨茅天尧。

神仙菜

Magical Radishes

中国人很爱吃白萝卜。根据不同的做法，白萝卜会变成非常爽脆的开胃菜、软塌塌的泡菜腌菜或者抚慰肠胃的汤菜，而且特别有营养。打霜之后再收下来的白萝卜，有种叫人愉悦的微甜。和竹笋、白菜等一系列菜蔬一样，白萝卜煮熟之后，可以吸收肉类配料的风味，还能为它们增色提鲜。这个菜谱用到了一点比较肥的猪肉，让白萝卜充分吸收那种“奢侈”的肉味和口感，最后将肉剔除，这样本来不起眼的白萝卜就浓缩了看不见的肉味，成为神仙都能吃的奢华佳肴，所以得名“神仙菜”。

成菜中把肉剔除，听起来似乎有些铺张，但实际操作起来，其实什么也没有浪费：在餐馆老板戴建军位于浙江的遂昌躬耕书院，朱引锋师傅传授给我这道菜时，做好的猪肉当成员工餐，而白萝卜就呈给尊贵的客人。这个菜谱中的猪肉，还可以是做完比较体面的肉菜之后剩下的边角料肥肉。这道菜充分体现了“素菜荤做”的手法，也展示了即使是看上去最简单不起眼的江南菜，也可能比乍看上去要精致和艺术。

大个白萝卜1根（约750克）
五花肉200克（不去皮）
生姜20克（不去皮）
小葱2根（只要葱白）
食用油1大匙
料酒1½大匙
高汤或水800毫升
老抽1大匙
生抽1大匙
绵白糖1大匙
葱花1大匙（只要葱绿）
盐

白萝卜去皮，从尖头开始，滚刀切成直径3厘米左右的萝卜块，将刀呈一定角度倾斜，切下3厘米的一块；再将胡萝卜朝自己转半圈，刀呈一样的角度，再切下一块。边转边切，处理完整个萝卜。猪肉切成2厘米见方的肉块。用刀面或擀面杖轻轻拍松姜和葱白。

烧开一锅水。加入萝卜煮2分钟，用漏勺捞出备用。猪肉汆水1~2分钟，然后充分沥水。

锅中放油，大火加热，加入猪肉翻炒到肉色变白，边缘略变金黄。加入姜和葱白炒香。倒入料酒，使其蒸发，发出“滋滋”声，然后加入高汤（或水）烧开。撇去浮沫后加入白萝卜和除葱花之外的其他配料，再次烧开。盖上锅盖后关小火，文火慢煮40分钟，期间不时开盖搅拌。

上菜时，将猪肉从锅中捞出（可以用作他途，比如放在汤面上做浇头）。开大火收汁。根据需求，加盐调味。撒上葱花，上桌开吃。

蚕豆佛手瓜

Sliced Chayote with Ham and Broad Beans

这道菜来源于我在特别喜爱的上海餐馆“老吉士”吃到的一道春季时令菜。瓜的口感略带脆嫩，风味美妙；蚕豆翠绿柔嫩；再加上火腿、小葱和姜为酱汁提味增鲜，真可谓一盘子天作之合。“老吉士”做这道菜用的是浅绿色的光滑长条瓠瓜，俗称“夜开花”。我没能在英国找到这种瓜，但用佛手瓜来代替也很棒。这种蔬菜（严格来说应该属于水果）原产于美洲，但从20世纪早期开始就在中国南方种植，因为有一排排突出的“关节”，被冠以“佛手”之名。佛手瓜（哥斯达黎加种植最多）在亚洲和非洲食品店都很容易买到，身在国外的中餐厨师经常用它做菜。去皮去核之后的生佛手瓜，特别像没成熟的梨子。

在原本的做法中，蚕豆只是稍微煮一下，保持了本来的形状。我在家做的时候喜欢稍微煮久一点，因为蚕豆软烂后能够为酱汁增添浓郁的风味。如果你希望吃到整颗的蚕豆，就先稍微翻炒一下起锅备用，等佛手瓜差不多煮软后再回锅，热透之后可以根据自己的喜好来勾芡。

佛手瓜1个（约325克）或分量相近的蒲瓜
去皮蚕豆225克（带壳约500~600克）
生姜15克（去皮）
小葱2根（只要葱白）
西班牙火腿或中国瘦火腿40克（切厚片后稍微蒸一下）
食用油1½大匙
热高汤或水200毫升
生粉（1小匙）和凉水（1大匙）混合（可不加）
盐

佛手瓜或蒲瓜去皮后一切两半再去核，然后切成厚度为4毫米左右的片。如果是用瓠瓜，去皮切片即可。

烧开一锅水，加入去壳蚕豆汆水1分钟左右，沥干后用凉水冲洗，使其皮肉分离。姜切片。将葱白斜切成葱花，将火腿切成长方形的片。

锅中放油，大火加热，加入姜和葱白迅速翻炒出香味。加入火腿翻炒几下，倒入蚕豆和瓜片。翻炒到热气腾腾后加入高汤或水，大火烧开，加盐调味。盖上锅盖煮3~5分钟到瓜煮软，不时搅拌一下。

如果想要勾芡收汁，就将生粉和水搅拌均匀，倒入锅中，大火迅速搅拌到酱汁能挂在瓜上。上桌开吃。

葱花蚕豆

Stir-fried Broad Beans with Spring Onion

20 世纪 90 年代我第一次去上海，我在成都的一位烹饪老师的妹妹邱淑贞邀请我去她家吃晚饭。她住在上海一条老弄堂里，这就是她当晚做的菜之一：蚕豆和葱花的小炒。这是很典型的上海家常菜，这座城市里的人们非常喜爱蚕豆，新鲜或干蚕豆皆可（后者可以在水中浸泡 3 天发芽，和雪菜翻炒后加一点水焖煮，特别美味）。

邱女士除了端出这盘葱花蚕豆，还上了素烤鸭、炒河虾、油焖茭白、烧鳝鱼和一锅浓油赤酱的红烧肉。做这道葱花蚕豆一定要用新鲜柔软的嫩蚕豆，只要去了荚，就不用去皮了。

嫩蚕豆 1 千克（去荚后约 350 克）
食用油 1 大匙
葱花 2 大匙（只要葱白）
绵白糖 ¾ 小匙
葱花 4 大匙（只要葱绿）
盐

剥去豆荚。锅中放油，大火加热，加入葱白迅速翻炒出香味。加入蚕豆，在炒香的油中翻炒。加入 150 毫升水，还有糖和盐，大火烧开后盖上锅盖，转中火煮几分钟到蚕豆变软。要随时看着锅，水不要烧干了。

揭开锅盖，转大火收汁。等到锅里只剩下两三大匙的汁水了，加入葱绿，翻炒出香味。上桌开吃。

面筋上海青

Stir-fried Choy Sum with Wheat Gluten

近几年，“无麸质饮食”越来越流行，含麸质的谷物被冠以热量过高且难以消化的恶名。然而，这是我们每日摄入主食的关键组成部分，是中国人口中有弹性和拉伸性的“面筋”，富含蛋白质。面筋在中国是受到重视、被认为富含营养的素食材，常常出现在素食料理中，那种令人愉悦的嚼劲，吃起来有肉的口感。这道菜是常出现在上海人晚餐桌上的家常菜。油炸过的面筋和水灵的青菜一同在料汁中烹煮，柔软得如梦似幻，仿佛蓬松的枕头，又在唇齿间留下一丝丝的拉力。这一份菜，配上一碗饭，就是一顿简单的晚餐啦。

油面筋在中国超市里有售，但自己做的话格外美味（见第 322 页）。也可以用同样的办法来料理其他青菜，比如菜心和白菜。

干香菇 5 朵
油面筋 8 块
笋片几片（可不加）
上海青 300 克
小葱 1 根（只要葱白）
食用油 2 大匙
生姜几片
生抽 1 小匙
糖 1 小匙
生粉（1 小匙）和凉水（2 小匙）混合
芝麻油 ½ 小匙
盐

干香菇用热水浸泡至少半小时后，将香菇柄去掉，一切两半。沥水并挤干水分，保留 100 毫升泡香菇的水，作高汤之用。

将面筋放在深碗中，倒开水没过，上面放一个小盘，再加一点重物，使其保持浸润在水中。浸泡几分钟至软。烧开一锅水，笋片汆水。

将上海青切成适合入口的菜段。用刀面或擀面杖轻轻拍松葱白。

烧开 1 升水，加入 1 小匙盐和 1 大匙食用油。加入上海青略微汆水，使菜叶变软，用漏勺捞出充分沥水。将面筋放入开水后，再次烧开，捞出沥水，并尽量把水分都挤出来。

将剩下的油放入锅中，大火加热。倒入姜和葱白迅速炒香。加入香菇和笋片，翻炒 30 秒左右。

倒入面筋、100 毫升泡香菇的水、生抽、糖和 ¼ 小匙盐，混合均匀。炖煮约 1 分钟后将上海青加入锅中。等到锅里热气腾腾，将生粉和凉水搅拌一下，倒入锅中，让汤汁变成有一定流动性的黏稠酱汁。离火后加入芝麻油拌匀，上桌开吃。

清炒莴笋

Stir-fried Celtuce

这道菜，以及开胃菜那一章的葱油莴笋，之所以被收录在这本菜谱中，是因为我怀着热切的企盼，希望这种有着厚实棍茎的美妙蔬菜能在中国之外得到更广泛的认识，也更容易买到（目前偶尔能在中国超市和农贸市场找到）。莴笋光是简单过油翻炒，加盐调味，就已经特别美味了。你也可以将它和其他配料一起翻炒，还可以加几片红灯笼椒，让颜色更鲜艳多彩。

莴笋茎2根（约700克）
食用油2大匙
芝麻油1小匙
盐

将莴笋茎去皮，切掉底部纤维过多的硬茎。刀呈一定角度，将茎斜切成菱形的莴笋片，厚度在2~3毫米。

锅中放食用油，大火加热，倒入莴笋片，翻炒1~2分钟到热气腾腾。加盐调味。离火后淋入芝麻油，上桌开吃。

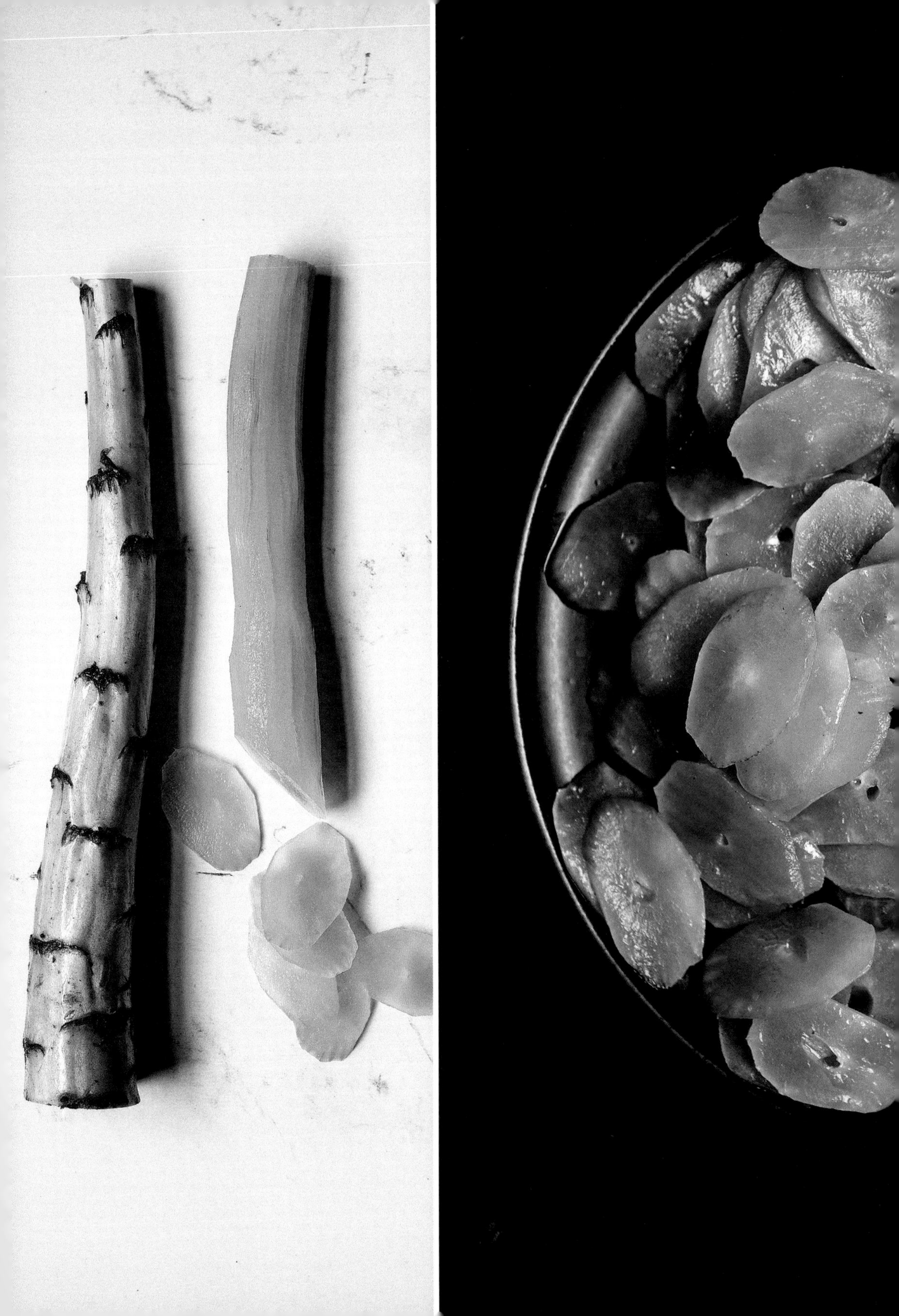

开洋炒菜

Green Pak Choy with Dried Shrimps

这道美味快手的炒菜是杭州酒家的大厨胡忠英传授给我的。一把干虾（开洋）让水灵的绿叶菜多了一种浓郁鲜香；再来一点点高汤，风味会更为突出；如果手边没有高汤，用清水即可。这个菜可能感觉很类似第192页的包心菜炒虾皮，但其风味和口感是截然不同的。

在中国（尤其是宁波、舟山等沿海地区）的市场上，你会发现各种各样、颜色大小各异的干虾，从月白色的薄虾皮到跟河虾一般大小的橘粉色虾干，后者可以作为主料入菜。在这个菜谱中，我使用的是个头较小的粉色干虾，在各地的方言中叫法不同，比如“开洋”、“海米”或“虾米”。西方大部分中国食品店里都有卖，冷冻或冷藏可以保存很久。愿意的话，你可以用生粉给汁水勾芡，让其充满光泽，也显得比较专业。

同样的办法还可以用来烹制其他蔬菜，比如菜心和菠菜。如果你买到了茎很粗壮的菜心，要先切成筷子容易夹的条状。

干虾2大匙（约10克）
料酒1大匙
上海青300克
食用油2大匙
高汤或水3大匙
生粉（¼小匙）和凉水（1小匙）混合（可不加）
盐

将干虾和料酒放在一个碗里，倒热水没过，浸泡至少半小时。将上海青纵切成4份，再切成适合筷子夹取的长度。

锅中放油，大火加热，加入干虾翻炒出香味，再加入上海青，翻炒到叶子变软。将高汤或水沿着锅边倒进去。大火烧开后，盖上锅盖煮1分钟左右，让所有食材完全热透。揭开锅盖，用盐调味后迅速翻炒，帮助液体蒸发。生粉和凉水搅拌均匀后，倒入锅中勾芡。上桌开吃。

美味变奏

西葫芦炒海米

按照原菜谱的方法浸泡干虾。将西葫芦切成比较薄的片。将干虾放入油中翻炒出香味，加入西葫芦翻炒到热气腾腾。加入一点高汤，再加盐调味。盖上锅盖，稍微煮一下，把西葫芦煮软。开盖后收汁，装盘上桌。

青菜木耳

木耳用开水浸泡半个小时泡发，然后将比较硬的部位都去掉。和上海青混合翻炒。滑脆的木耳和水灵的青菜形成令唇齿愉悦的对比。

包心菜炒虾皮

Stir-fried Cabbage with Dried Shrimps

第一次去宁波时，我在崔光明的海星港湾餐厅尝到了很多美妙的佳肴：生腌螃蟹；苔菜江白虾；还有“臭名昭著”的“三臭”（臭豆腐，臭冬瓜和臭苋菜）；鳝丝与韭黄和蚕豆一起烹制，软嫩丝滑；黄鱼汤美味鲜香；还有酱烧墨鱼仔。大部分的菜肴出了这个地区就很难吃到也很难复刻，但有一道菜我铭记在心，从那以后也经常自己做，那就是这道包心菜炒虾皮，成菜出乎意料地浓郁和美味。

海星港湾餐厅做这道菜用的是圆鼓鼓的包心菜，但我在家用的是切成薄片的春日绿叶菜，比如皱叶甘蓝、菜心、小白菜、球芽甘蓝或大白菜。

包心菜或你喜欢的某种叶菜 400 克
小葱 4 根（只要葱绿）
食用油或猪油 4 大匙
虾皮 6 大匙
生抽 2 大匙
盐

将包心菜或叶菜外部纤维较多、较硬的叶子扔掉，比较硬的茎也要扔掉。将剩下的叶子切成薄片，葱绿细切成葱花。

锅中加 3 大匙食用油或猪油，大火加热，稍微晃一下让油均匀抹在锅边。倒入虾皮翻炒到又脆又香。起锅备用。

继续开火热锅，加入剩下的油或猪油，再加包心菜或叶菜，大火翻炒到热透，将熟而未熟，还保留着一点脆嫩的口感。加入虾皮和生抽，再根据需要加盐（因为虾和生抽已经是咸的了，所以可能不需要更咸了）。最后，加入葱花，翻炒几下，起锅装盘，上桌开吃。

塌棵菜炒冬笋

Stir-fried Tatsoi with Winter Bamboo Shoot

塌棵菜是十字花科白菜的一种，叶片如一个个大勺子，开成一朵花，是江南人民冬天最爱吃的蔬菜之一。在中国，塌棵菜有很多个名字，主要是形容菜的深绿色，和那种低低矮矮、亲近地面的形态。英语中也有很多名字，比如 **tatsoi**（塌棵菜）、**Chinese flat cabbage**（中国扁白菜）、**pagoda greens**（宝塔绿）或 **rosette pak choy**（莲座白菜）。出生于苏州的宋代诗人范成大就曾写过这种菜："拨雪挑来塌地菘，味似蜜藕更肥酡，朱门肉食无风味，只作寻常菜把供。"

上海人通常用塌棵菜搭配另一种冬日里最爱的蔬菜，冬笋。但你手边要是没有冬笋，单炒塌棵菜即可。要找这种菜，可以在应季时去农贸市场或中国超市逛逛看。

去皮冬笋 150 克（可不加）
塌棵菜 300 克
食用油 3½ 大匙
生姜 10 克（去皮切片）
高汤 5 大匙
绵白糖 ½ 小匙
盐

如果是用新鲜的冬笋，将其竖切成两半，再横切成 5 厘米长的笋段，最后将每一段竖切成 2 毫米厚的长方形笋片。烧开一锅水，将笋片氽水 2 分钟，沥水后用凉水冲洗。（如果是用袋装笋，在开水中氽水 1 分钟左右即可。）

将塌棵菜的叶子扒下来，充分清洗。如果叶子长于 10 厘米，就一切两半。烧开一锅水，加入 ½ 小匙盐和 ½ 大匙食用油，放入塌棵菜迅速焯一下水，将叶子煮软即可。沥水后甩干水分。

将剩下的油放入锅中，大火加热，放入姜迅速翻炒出香味。加入焯过水的塌棵菜和笋片翻炒。等到塌棵菜热气腾腾了，加入高汤和糖，再加适量盐调味。混合均匀，上桌开吃。

白菜烩咸肉

Soupy Chinese Cabbage with Salt Pork

浙江有座穆公山，山上有个有机农场，我去那里的时候，地上还有积雪。一座小小的棚屋里挤着 17 头饿得发狂、急着吃奶的小猪仔，它们是昨夜刚出生的。它们挨挨挤挤的，像一团团流动的水银，一边尖声叫着，一边不安地蠕动，生命力蓬勃得无法压制。棚屋外的墙上挂着去年收获的辣椒和玉米，都风干了，一串串儿的。另一座棚屋里悬挂着森林一般的盐腌火腿，地上还四处散落着巨大的泡菜坛子。

站在山顶俯瞰，广阔的梯田铺散开来，白霜覆盖之下有小小的绿叶倔强地钻出来，周围到处是种满修竹的斜坡。这个季节能摘的蔬菜不多，但残雪中屹立着耐寒凌霜的白菜。它们看着有那么点儿荒唐可笑：巨大的棕色叶子长得张牙舞爪，上面覆盖着雪。然而，当农民徐华龙把外表的坏叶剥去，你才发现，里面有一棵紧致、脆生而光亮的包心菜，真是隐匿的奇迹。他选了一棵给我们当午饭吃。

那天，徐先生的妻子在自家农舍的厨房中为我们做了一桌午餐，这道菜就在其中，配的是他们亲手做的咸肉。白菜看上去可能是多水的、清淡无味的蔬菜，但放进汤或这样的烩菜中煮透之后，就变得特别柔软丝滑，如梦似幻。在这道菜里，白菜的处理方法很简单：放进精心熬制的高汤，和一点咸肉一起炖煮即可；如果能稍微加一点猪油，效果会非常好，因为猪油乳化在汤汁中，能为其增添一种浓郁的凝脂感。

白菜 400 克
小葱 2 根（只要葱白）
肥咸肉 / 意式烟肉 / 未烟熏生培根 60 克
猪油或食用油 1 大匙
生姜几片（去皮）
高汤 600 毫升
盐和白胡椒粉

白菜横切成宽度为 2 厘米的片。用刀面或擀面杖轻轻拍松葱白，咸肉去皮，切成适合入口的肉片。

锅中放入食用油或猪油，大火加热，加入葱白和姜，迅速翻炒出香味。加入咸肉，短暂翻炒到颜色变白。加入白菜和高汤，大火煮开。盖上锅盖煮 8~10 分钟，直到白菜变得丝滑柔软。几分钟后，尝尝汤的味道，根据个人需要加盐（咸肉本身就有咸味了）。最后，加一点白胡椒粉，上桌开吃。

美味变奏

大白菜蒸咸肉

这道菜来自浙南大厨朱引锋。将白菜的白色硬梗部分切成大小均匀的片，氽水后沥干水，撒上一点盐，揉搓均匀。将白菜片放在盘子里，再放上氽过水的咸肉片。加入几大匙高汤和 1 大匙左右的猪油，加盐调味。大火蒸制到白菜软而不烂。上桌开吃。

酒香菠菜

Stir-fried Spinach with Sorghum Liquor

这个菜谱衍生于一道经典本帮菜：酒香草头（苜蓿芽）。草头比较难找，我在上海的鼎泰丰餐厅发现了用同样的做法烹制的菠菜。淋上点酒之后，菠菜的香气受到激发变得更为锐利和强烈，美味极了。

传说，苜蓿是两千多年前汉朝使者张骞出使西域、在今中亚地区多次历险之后，带回中国的作物之一。从15世纪起，江南地区就种植苜蓿，主要用作牲畜饲料或肥料，但春天时苜蓿会长出柔嫩的新叶，这正是某些地方人民喜闻乐见的应季佳肴。上海人尤其喜欢苜蓿芽，清明吃苜蓿芽是一种传统。如果你住在上海，或者自己种苜蓿，一定要试试用它春日长出的嫩叶代替菠菜。

在家做这道菜时，我用的酒是很多地方都能买到的高粱酒，名叫“二锅头”，在高档的中国超市都能买到。酒一定要加热到位，要把酒精蒸发干净，只剩下酒香。

菠菜 400 克（捏成团）
食用油 4 大匙
高度白酒 2 大匙（酒的度数约 50 度）
生抽 1 大匙
盐

菠菜充分清洗并择好。如果菠菜叶很大，你可以把它们竖切成两半。尽量甩干水分，可以用沙拉甩干器，也可以将它们铺在干净的茶巾上吸水。

锅中放油，大火加热到油温很高，加入菠菜使劲翻炒，到菜叶变软且体积显著缩小。将酒沿着锅边倒进去，发出“滋滋”声，然后和菠菜搅拌均匀。翻炒搅拌到锅中热气腾腾，香气四溢，加生抽和盐调味。上桌开吃。

清炒青菜

Plain Stir-fried Greens

很少能找到比这做法还简单的菜了，但就是很好吃啊。我之所以收录这个菜谱，就是想强调“炒”这种烹饪方法能够迅速将中国蔬菜的典型代表之一、芸薹属大家族的一员，变成美味可口、芳香四溢、水灵爽口且富含营养的佳肴。你甚至都不需要蒜、姜之类的东西，试试就知道了！做这种菜通常是最后放盐：如果放盐太早，就会吸干菜叶中的水分，导致成菜水太多，且蔬菜口感比较粗糙。

上海青 2~3 头
食用油 2 大匙
盐

上海青择好，将菜叶切成方便筷子夹取的大小。

锅中放油，加热到油开始冒烟。加入上海青，大火翻炒到热气腾腾且菜叶变软。加盐调味，起锅盛盘。

美味变奏

清炒豆苗

豆苗有着卷曲的形态，所以有时又被称为“龙须菜”。过去，中国人认为豆苗是一种很奢侈高级的蔬菜，只会出现在宴会上的汤与炒菜中，而且是季节限定食材。豆苗和茶一样，最盛的季节就是早春。豆苗在油锅里简单炒一炒，加点盐，就能散发出美好的清香味，加点蒜一起炒，也非常美味。如果你的豆苗是自己种的，一定只摘最嫩的新叶来炒。

清炒莴笋

脆嫩的莴笋或莜麦菜按照这种方法清炒也非常美味。

蒜蓉紫苋菜

紫苋菜很好认，叶子中心呈紫色，周围是深绿色的，中国食品店里经常有卖。烧开一锅水，加一点油，将叶子焯一下水，再加蒜末和盐翻炒。紫色的叶片会赋予汁水一种特别美的紫红色。按照中国传统，晚春时的端午节前后，人们总要吃这种菜。再来一把去壳蚕豆，汆水煮软，加入这道菜中，也能为苋菜增色。

葱油土豆丝

Stir-fried Potato Slivers with Spring Onion

绍兴有个三轮车师傅曾经告诉我，他的童年在乡下度过，因为家里很穷，几乎每天都只能吃土豆度日。我说我们英国人觉得土豆很好吃，而且是不可或缺的主食。师傅大喊一声：“天呐!”

和我的国人相比，中国人显然没有那么高看土豆。不过中餐中的各色土豆菜肴，依旧美味可口。在这个菜谱中，土豆只是简单地和小葱与盐翻炒，成菜竟然好吃得出乎意料。另外配上一两个菜，再盛一碗饭，美哉!我在这本书中收录这道菜，有个目的是向浙江村妇毛彩兰致敬。几年前，她为我做了一顿美味无比的农家午餐，令我大快朵颐，其中就有这道菜。

土豆 400 克
食用油 2 大匙
葱花 4 大匙（只要葱绿）
盐

土豆去皮，切成 3~4 毫米厚的薄片，再切成细丝。如果要待会儿再下锅，先浸泡在放了一点盐的凉水中备用。

锅中放油，大火加热，倒入土豆丝翻炒几分钟，到刚刚熟透但还比较爽脆。加盐调味，加入葱花稍微翻炒，起锅盛盘。

霉干菜烧土豆

Shaoxing Potatoes with Dried Fermented Greens

霉干菜是绍兴最著名的腌菜，是将蔬菜发酵后晾干做成的。这种腌菜的用途多种多样，而这道菜是其中相当常见的一种，并且完美地表现了绍兴烹饪的经济节俭：使用便宜朴素的腌菜，就能给不起眼的菜蔬增添丰富而令人满足的咸鲜风味。有了霉干菜佐味的土豆，风味诱人，几可冒充蘑菇；隔夜的霉干菜烧土豆回个锅再吃，特别美味，因为风味经过时间的沉淀进一步加深了。霉干菜在中国超市有售，也可以自己做（见第 336 页）。

还可以用同样的办法来烧各种瓜、竹笋、炸豆腐和四季豆。我曾经用客家菜中常见的梅菜做过类似的菜肴，口味比起绍兴的版本要甜一些，但也很不错。

绍兴霉干菜 20 克
新上市的美味小土豆 450 克（去皮带皮均可）
食用油 2 大匙
葱花 2 大匙（只要葱绿）
盐

霉干菜放在碗中，倒开水没过。浸泡 5 分钟左右至软，然后挤干水分，水保留。浸泡过程中将土豆切厚片。

锅中放油，大火加热。加入土豆翻炒约 1 分钟。加入 300 毫升泡霉干菜的水，如果不够的话就加刚烧开的清水。大火烧开后加盐调味，盖锅盖，转小火炖煮到土豆刚熟。

加入浸泡过的霉干菜，再加热 30 秒左右。必要的话再调下味，撒上葱花，上桌开吃。

肉末茄子

Hangzhou Aubergines with Minced Pork

茄子并非土生土长的中国蔬菜，但其最早的文字记录之一见于公元 6 世纪的中国农业专著《齐民要术》。茄子在中餐中入菜的历史可以追溯到很久以前，比西红柿早了一千多年。西红柿是来自“新世界”的异域蔬果，因此在中国也被称为“番茄”。

这道菜属于传统杭帮家常菜，是杭州酒家的名厨胡忠英先生传授给我的。通常，做这道菜选用的茄子应该是那种瘦长深紫的中国茄子，但用西方比较常见的地中海圆茄子也能收到很好的效果。我通常会把茄子先盐腌一下再进行油煎，这样能吸出一些水分，控制茄子吸油的量，但用中国茄子通常就不用这一步。如果你要做素食版，不加肉末即可，还是非常美味的。

茄子 400 克
食用油约 350 毫升
肉末 50~75 克（最好带点肥肉）
姜末 2 小匙
甜面酱 1 大匙
高汤 2 大匙
料酒 1 大匙
生抽 1 小匙
老抽 ½ 小匙
糖 ½ 小匙
生粉（¼ 小匙）和凉水（1 大匙）混合
葱花 2 大匙（只要葱绿）
盐

将茄子竖切成 2 厘米厚的片，再改刀成长条，然后切成 5~6 厘米长的段。撒上一点盐，抓拌均匀后放进滤水篮，静置大约半小时。

将油加热到 200℃，茄子用厨房纸擦干水，分几批油炸到略微变成金黄色。用漏勺捞出后放在厨房纸上吸油。

锅中加入 1~2 大匙油，大火加热，稍微晃一下锅，加入肉末翻炒到变色，水分炒干。加入姜末快速炒香。加入甜面酱翻炒几次，直到香气四溢。加入高汤、料酒、生抽、老抽和糖，再加茄子，充分翻炒，让其均匀裹上酱料。生粉和凉水稍微搅拌一下，从锅中间淋下去，迅速干脆地翻炒均匀。撒上葱花，拌匀上桌。

荷塘小炒

Lotus Pond Stir-fry

在江南地区的传统农业体系中，池塘占据了非常重要的地位。人们在水塘里种植各种蔬菜，比如莲藕、马蹄、菱角、鸡头米和莼菜；也养殖鱼和鳝，而这两者的食物正是生活在池塘里的蜗牛与各种昆虫。我的良师益友朱引锋师傅说，在他小时候，每年收了稻子，村里人就会把集体池塘中的鱼全都捕上来，根据每家的人口来分。接着就抽干塘里的水，把底部的淤泥残饵挖出来，铺在田里做肥料。

这道小炒的主料是几种塘生蔬菜，能吃得人神清气爽，另外还有很多令人又惊又喜的“美味变奏”，掌握一个“脆”字即可：马蹄触齿即断，香甜爽脆；藕略带糯脆；百合淡然可口，带着一点清脆；芹菜则纤维丰富，是口感更密实的生脆。

藕1段（约200克）
鲜百合1个（约100克）
没去皮的新鲜马蹄225克
或罐装马蹄125克
西芹3根（150克）
小葱1根（只要葱白）
食用油3大匙
生姜几片（去皮）
胡萝卜或红灯笼椒几片
（主要是增色，可不加）
盐

酱料：
生粉½小匙
绵白糖½小匙
高汤或水3大匙

莲藕去皮处理好，竖剖成两半，然后切成5毫米厚的藕片。凉水中略加一点盐，将藕片浸泡备用。鲜百合择成瓣，充分清洗后去掉变色的部分。马蹄去皮后切厚片。西芹撕去纤维，斜切成菱形的片。用刀面或擀面杖轻轻拍松葱白，将酱料在小碗中搅拌均匀。

烧开一锅水，加入½大匙食用油和½大匙盐。倒入藕片、芹菜、胡萝卜和红灯笼椒，氽水1~2分钟断生。加入马蹄和百合，待水重新烧开后，把所有东西捞入滤水篮中，充分沥干。

锅中放油，大火加热。加入姜和葱白迅速炒香。加入所有焯过水的菜，翻炒到热气腾腾。加盐调味，酱料搅拌一下倒入，翻炒均匀，起锅上桌。

油焖茭白

Wild Rice Stem with Soy Sauce

朱引锋师傅光着腿，踏进水塘，扯起一把植物，看着很像芦苇。他拿回来给我看，高高的叶子仿佛尖矛头，茎圆鼓鼓的，都包在一层外皮里，有点像竹笋或玉米。朱师傅先把叶子扯下来，然后动作更轻柔了些，把薄如纸的绿色外皮剥掉，映入眼帘的是一个个亮闪闪的乳白色小尖塔。这就是茭白，又叫高笋，实在是蔬中绝品。某种黑粉菌入侵水生草本植物，让其基部形成胀鼓鼓、脆生生的肉质茎，即茭白，吃上去鲜嫩可口如竹笋，口感又要稍微柔软些。中国人从古时候开始就将茭白入菜，曾经有人将茭白种子当作禾谷类作物食用，但现在基本只吃茎了。茭白、鲈鱼和莼菜，早在一千五百年前，就是江南地区最著名的三大食材。

今日江南已经广泛种植茭白，在西方高档的中国超市也能买到新鲜茭白（可能已经局部去皮），找那种裹着翠绿外皮的象牙白肉质茎即可，长度约15~20厘米。茭白在烹饪前通常要焯一下水。

按照这个菜谱中的本帮菜做法来烹制茭白，浓郁的酱油加上幽微的甜味，成菜异常美味。上海人通常还会用同样的办法来做油焖春笋，所以也可以用新鲜春笋来代替茭白。

新鲜茭白 425 克
食用油 2 大匙
料酒 1 大匙
高汤或水 75 毫升
生抽 2 小匙
老抽 ¾ 小匙
绵白糖 4 小匙
芝麻油 ½ 小匙
盐

把茭白的外皮完全剥干净，只剩下象牙白的脆嫩肉质茎（去皮后的总重量在350克左右）。尾部老的部分和变色的部分都切掉。从尖头开始切滚刀块，均匀地切成适合入口的茭白块：菜刀要斜一点，切下一块，将茭白朝你滚半圈，再以同样的角度切下一块。就这样边滚边切，直到全部切完。水烧开后将茭白汆水1分钟左右，然后充分沥干水。

锅中放油，大火加热。加入茭白块翻炒1~2分钟，直到边缘开始变成金黄色。加入料酒、高汤（或水）、生抽、老抽和糖，加一点盐调味，翻炒均匀。烧开后盖上锅盖，小火焖煮3~4分钟，让茭白充分吸收汤汁的风味。揭开锅盖，大火收汁，直到汤汁浓稠如糖浆，这个过程中要不断搅拌。关火后淋上芝麻油拌匀，上桌开吃。

清炒素蟹粉

Vegetarian 'Crabmeat'

农历每月初一，上海玉佛禅寺就有信众络绎不绝，焚香叩头，上供佛祖。一间佛堂中有和尚在诵经，为一位寿终正寝的老人祈福安魂。他的照片就放在灵堂上，家人摆上一盘盘菜和豆腐、一碗米饭、一双筷子和一杯清茶，供他在黄泉之下吃喝。午饭时间到了，香客们纷纷涌入禅寺后面的小餐馆，简单迅速地吃一碗浸润在鲜汤中的香菇面。少数人想吃得讲究些，便来到楼上，点一桌丰富的素菜：先是开胃小菜，有用豆腐做的“烤鸭”和“火腿”；再来是主菜，比如“素排骨”和“炒素蟹粉”。最特别的是素蟹粉，真可谓巧上加巧，是烹饪“障口法”的奇迹：浓稠的土豆、胡萝卜和蛋清混合，加姜醋提味，对比秋日美味的真蟹粉，色香味足可以假乱真。

在我看来，这道经典的素菜正充分体现了中餐烹饪的考究与创造性。色、香、味、形与口感，各种细节上都充分模仿了真正的毛蟹：白白的蟹肉和鲜橙色的蟹黄，闪闪发光的蟹油，一缕缕白丝膜，甚至于腿肉表面细小的黑丝，还有幽微的甜味，姜与醋的芬芳。在这道菜谱中，我尝试复刻上海功德林素食餐厅那道令人惊叹的清炒素蟹粉。

干香菇 1 朵
胡萝卜 200 克
土豆 400 克
盐 1 小匙
绵白糖 1 大匙
生粉（2 小匙）和凉水（2 大匙）混合
蛋清 2 个（大个鸡蛋）
食用油 4 大匙（另外再多准备一些）
姜末 2 大匙
白胡椒粉 2 大撮
镇江醋 1 大匙
香菜 1 小根（装饰用，可不加）

将香菇用沸水浸泡至少半小时。胡萝卜去皮，但土豆不要削皮。将胡萝卜和土豆水煮或蒸至刚刚变软，放凉到不烫手的程度，撕去土豆的皮，将两种蔬菜全部剁碎，静置降温。泡好的香菇去柄，切成很薄的片。

将土豆和胡萝卜混合到一起，加入盐、糖、生粉、凉水，搅拌均匀。加入蛋清，用叉子搅拌一两下，不要完全搅散。

锅中放油，大火加热。加入姜末和香菇，迅速炒香。加入土豆和胡萝卜，迅速搅拌，要刮一下锅底，避免粘锅，直到锅里热气腾腾（一定要充分加热，把蛋清和生粉混合物都煮熟）。如果粘在锅边了，就往边上多加点儿油。最后加入白胡椒粉和醋，充分搅拌均匀。放上香菜装饰。上桌开吃。

素响油鳝丝

Vegetarian 'Eels' in a Sweet-and-sour Sauce

在江南找个农贸市场看一看，你很可能会看到一桶桶的活鳝鱼，黄褐色，像蛇一样流畅地游弋。这些小东西非常美味，切片切丝后能做成很多著名的江南菜。苏州人喜欢做响油鳝丝，鳝鱼处理后用生抽、老抽和糖迅速烹制，最后加一大堆蒜，再浇上一勺滚烫的热油，热气激发香气，发出“滋啦”一响，就有了这个名字。宁波人做的鳝鱼更柔和一些，和韭黄与蚕豆作配。无锡人则喜欢把鳝鱼炸脆，再裹上光泽闪闪的糖醋酱。

不在中国的话，是很难找到鳝鱼的。但江南的素食餐厅也经常做鳝鱼的仿荤菜，比如这一道，是干香菇切片做成的。这道菜谱来源于我在上海功德林素食餐厅吃到的素响油鳝丝。

干香菇 9 朵
青灯笼椒 1 条
红灯笼椒 1 条
生粉 75 克
食用油（油炸用量）
生姜 15 克（去皮切丝）
芝麻油 1 小匙

酱料：
料酒 1 大匙
绵白糖 3 大匙
镇江醋 2 大匙
老抽 ¼ 小匙
生抽 2 小匙

将香菇用沸水浸泡至少半小时。灯笼椒切成条。将制作酱料的所有材料全部放在小碗中混合。

将香菇从水中捞出，尽量挤干水分，去掉香菇柄后切成 1 厘米宽的条，开炸之前均匀裹上生粉。

将油炸用量的食用油倒入锅中，加热到 180~200℃，将裹上淀粉的香菇条散放入热油中，稍微油炸一会儿，到不再软塌，用漏勺捞出备用。将油加热回原来的温度后，加入“鳝丝”，复炸到金黄酥脆，捞出备用。

取 1 大匙油炸用过的油，放入锅中，大火加热，加入姜迅速炒香，再加入酱料，搅拌使糖溶化并整个烧开。将“鳝丝”倒入酱料中，快速翻炒到均匀包裹。加入灯笼椒，迅速炒匀。离火后淋上芝麻油，上桌开吃。

面筋炒素

Wheat Gluten with Mixed Vegetables

这道色彩缤纷的炒菜是从我的朋友李建勋和何玉秀那里学来的。里面的蔬菜可以根据你自己的喜好来更换，比如几片粉脆的土豆、红薯或香菇，一把豌豆或青豆，几种绿叶菜也可以。

油面筋 8~10 个
干木耳 1 小把
削皮胡萝卜几片
红灯笼椒 ¼ 个
青灯笼椒 ¼ 个
小葱 1 根（只要葱白）
食用油 2 大匙
生姜 3 片（去皮）
水面筋 8~10 个或素肠 80 克（见第 322 页）
高汤或水 100 毫升
生抽 1 小匙
绵白糖 1 小匙
生粉（1 小匙）和凉水（1 小匙）混合（可不加）
芝麻油 ½ 小匙
盐

把油面筋和木耳放在两个碗中，分别倒入开水。面筋泡软后用冷水清洗，轻轻把大部分水分挤压出来。木耳泡发泡软之后，去掉比较硬的部分，切成或撕成适合入口的小块。把胡萝卜斜切成 3 毫米厚的片。灯笼椒去掉头尾，切成适合入口的方片。将葱白斜切成片。

锅里放油，大火加热。加入葱姜迅速翻炒出香味。加入胡萝卜翻炒几下，将木耳和两种面筋加入，翻炒到热气腾腾。加入高汤（或水）、生抽和糖，再加适量盐调味。加盖中火加热 1~2 分钟。

倒入灯笼椒片翻炒，再加盖煮片刻。揭盖，开大火收汁。把生粉和凉水搅拌均匀，适量加入进行勾芡（这一步也可省略，依个人口味而定）。离火，淋芝麻油搅拌均匀，盛盘上桌。

SOUPS

汤羹类

汤羹，在一顿中餐中发挥着抚慰唇齿肠胃的作用。一道清淡的汤，能够清口、润喉、安神、静心，所以中餐总是有菜必有汤。最简单的汤可能就是一碗清汤撒点小葱，或者漂着一点紫菜。而更富有营养、更让人食指大动的汤也是有的，比如将鸡鸭（通常会加上补药）慢炖数小时，让汤汁吸收禽类的精华，风味浓郁又清淡可口。小吃店里的炒面、炒饭或煎饺，总要配上一碗汤，清口解腻，与喷香油光的小吃形成平衡。江南人通常都是一餐饭吃到最后再喝汤，这和18世纪美食家袁枚所写的正确上菜顺序不谋而合：

盐者宜先，淡者宜后；浓者宜先，薄者宜后；无汤者宜先，有汤者宜后。

这是很典型的江南饮食理念：食物要让食客身心舒适健康。西方的宴席最后上的可能是奶酪和厚重的甜点，让你吃得无比饱足，昏昏欲睡；而江南宴席的收尾则走向低调，清淡的汤羹、新鲜水果与清茶，都有助于与之前的饱足达成和谐，让人安然入睡，早上神清气爽地开始新一天。

所谓“汤羹”，自然是分为两类：轻巧不稠厚的是汤；加了细切的配料，用淀粉勾芡，变得丝滑浓稠的是羹。

羹在中国文化中占据着重要地位，古时候，羹不仅是日常饮食中的常驻菜肴，更是人们在追求与天神及祖先对话的祭祀中献上的可食用供品之一。羹的表面通常漂着满满当当的各种配料，也许正是这个原因，社会动乱有时会被描述为“如沸如羹”。在遥远的过去，为了让羹更浓稠，通常是加碎米和有黏液的蔬菜；现在的厨师则用各种各样的淀粉来勾芡，比如生粉。

江南地区的汤羹，鲜美可口，声名在外。有些汤羹因为用料特殊，根本无法在国外复刻，比如杭州名菜西湖莼菜汤。莼菜只在江南地区的某些湖中生长，叶子是椭圆形的，芽上包裹着一层透明的黏液；柔嫩的新叶总是卷曲着，像小小的灰绿色卷轴。莼菜本身没什么味道，但口感很爽滑，和细细的火腿丝与鸡丝一起漂在汤面上，也非常低调优雅。一千多年来，莼菜都是颇受追捧的珍馐，做过进献给皇帝的贡品，也出现在历朝历代的诗作和信件中。西晋官员张翰由于思念家乡的莼菜羹（和鲈鱼），毅然放弃了北地官职，长途跋涉回到江南。杭州还有一道特色汤菜叫“火踵神仙鸭”，通常用砂锅盛放，奢侈华丽。做法是将整只鸭和金华火腿的下半部分一起炖煮。古人会点香计时，而这道菜的传统做法要用三炷香的时间。

苏州有道著名的汤菜，材料是“太湖三白”：白鱼、白虾、银鱼。而在宁波能喝到的很多汤中，都漂着当地的竹笋和蔬菜；也有更正式的宴会羹菜，会加黄鱼、海参等珍馐。绍兴人的节俭名不虚传，日常喝的汤是将大家都喜欢的腌菜与虾或蔬菜一起煮。这一章收录了江南地区一些经典的汤羹，比如宋嫂鱼羹等等；也有比较简单的日常汤菜。

榨菜青菜汤

Pak Choy Broth with Pickle

我在杭州龙井草堂吃员工餐时，爱上了这道汤。它充分体现了中餐的巧妙：配料都很便宜和不起眼，风味却很精妙丰富，令人愉悦。说到底，这道菜不过就是一种青菜和另一种青菜的组合，但又是叶配茎，鲜配腌，清爽水灵配上发酵出来的咸鲜。一定要试试。

榨菜 60 克
上海青 350 克
食用油 1 大匙
高汤 1.5 升
盐和白胡椒粉

榨菜充分清洗，洗去所有的辣椒。切成 2~3 毫米厚的片，再切成 2~3 毫米长的榨菜丝。上海青择好。如果头太大，就横切成 1~2 厘米宽的条，如果是小头的上海青，就竖切成 2 块或 4 块。

锅中放油，大火加热。加入榨菜迅速翻炒出香味。倒入高汤，烧开后大火煮 1 分钟左右，让榨菜的风味浸润到汤里。加入上海青煮软。加盐和白胡椒粉调味。榨菜本身就有咸味，可能不需要加太多盐了。上桌开吃。

美味变奏

榨菜肉丝汤

将一定量的猪瘦肉切成肉丝，和榨菜丝一起加入高汤中。不用加上海青。

葫芦瓜蛋花汤

Simple Egg-flower Soup

一顿传统的中餐，往往都会有这么一道汤：做法简单，用高汤打底，加日常的蔬菜，再打上一两个鸡蛋。我这个菜谱提到的亮闪闪的长长的葫芦瓜，在西方的叫法通常是其印度名字：**dudhi**。用丝瓜、佛手瓜或冬瓜也能达到类似的效果。你也可以用切片番茄、绿叶菜或者你喜欢的其他蔬菜。

用这种方法，可以把鸡蛋变成“蛋花”，在碧玉般的蔬菜之间丝丝缕缕地绽放，美妙无比。这样的汤用任何高汤打底都可以。最近我用了吃剩的烤鸭做的高汤，成菜味道十分美妙。中国厨师通常会在出锅前加一点猪油，让汤的风味更为浓郁。

葫芦瓜 1 根（约 475 克）
鸡蛋 2 个
高汤 1.5 升
猪油 1 大匙（可不加）
盐和白胡椒粉

葫芦瓜削皮后去掉头尾，竖切成两半后，再切成约 4 毫米厚的半圆形瓜片。鸡蛋打入碗中打散。

高汤倒入锅中烧开，加入瓜片，煮 10 分钟左右到软。加盐和白胡椒粉调味，还可加入猪油搅化搅匀。关小火，将蛋液均匀地淋在表面上。等鸡蛋变成了“蛋花”，关火，轻轻搅拌一下，盛汤上桌。

长瓜豆瓣羹

Sliced Gourd and Broad Bean Soup

这是一道简单而美味的汤。做法来自一本宁波菜谱，里面用的是当地亮闪闪的长形瓠瓜，但我是用佛手瓜切片做成。

火腿片的加入为整个汤提了鲜，并且鲜明地衬托了瓜碧绿的颜色。想要达到最理想的效果，需要把火腿事先蒸制一下。

瓠瓜或佛手瓜 150 克
切成厚片的西班牙火腿或中国火腿 30 克（稍微蒸制一下）
鸡高汤 1.2 升
食用油 1 大匙
去荚去皮的蚕豆 150 克（带荚 350~400 克）
生粉（1大匙）和凉水（2大匙）混合
盐

佛手瓜或瓠瓜削皮，然后整齐地切成厚度约 3 毫米的片。将火腿的肥肉部分全部割掉，再切成整齐的片。鸡高汤倒入大锅，烧开后保温。

锅中放油，大火加热，加入蚕豆和瓜片，翻炒约 1 分钟。倒入鸡高汤和火腿，烧开后小火煮 2 分钟，将蔬菜煮软。加盐调味。生粉和凉水搅匀，分 2~3 次倒入汤中，不停搅拌，直到汤汁略微稠厚。生粉和凉水的量要注意，只要汤变得没那么有流动性，稠度仿若肉汁即可。盛汤上桌。

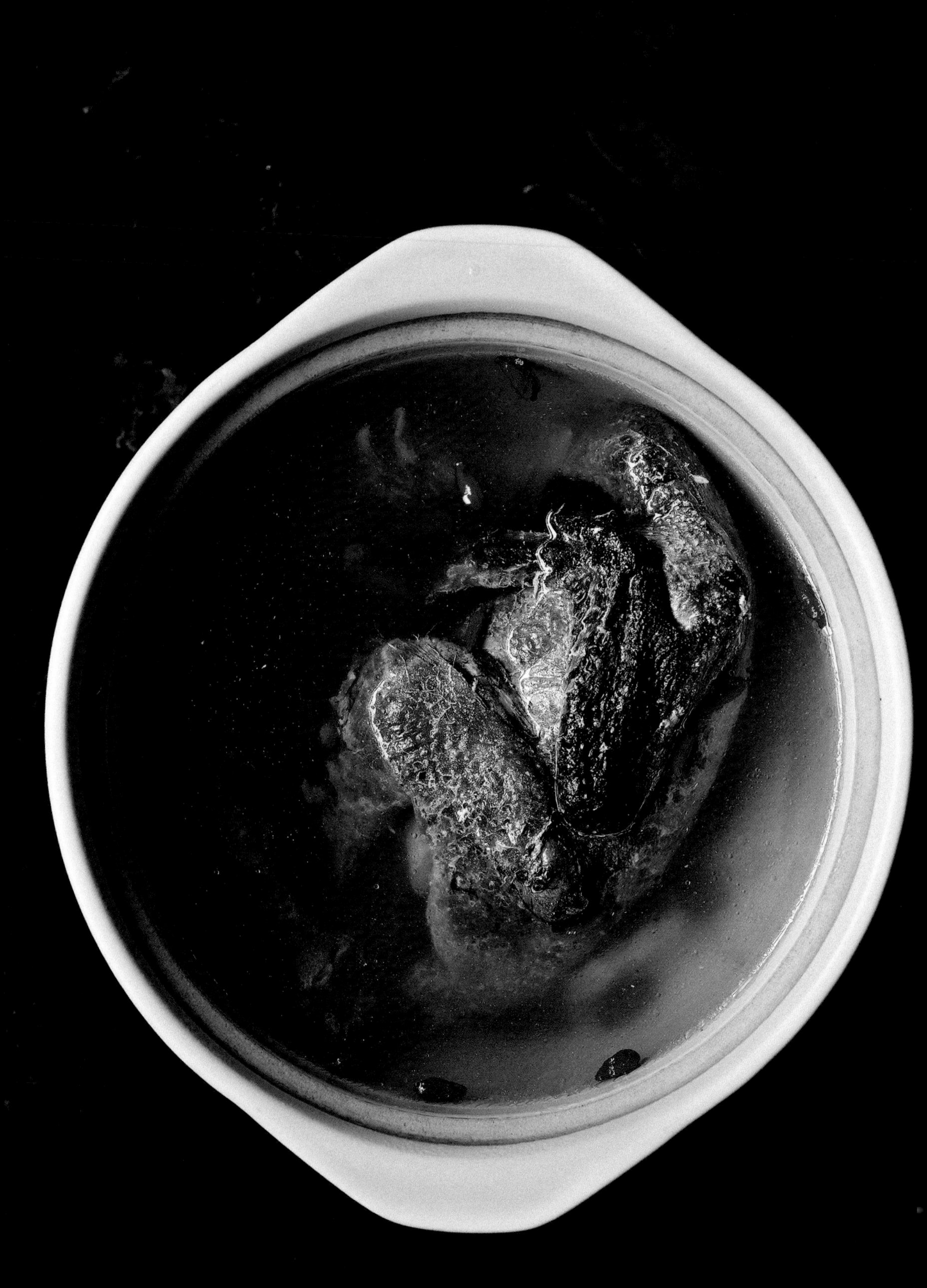

清炖乌鸡

Clear-simmered Silkie Chicken Soup

如果你有一只特别上乘的好鸡，那么烹饪的时候通常更适合“做减法”。最富有风味的放养老母鸡，通常都用于“清炖”，就是将一只鸡放在清水中小火慢炖两个小时甚至更长时间，直到鸡翅上的肉都已经软烂，汤汁完全吸收了鸡肉美味鲜香的精华。通常汤锅里会塞一点姜和葱，目的是给鸡肉去腥；有时候汤里还会加草药或枸杞，提高鸡汤的滋补功效。这种烹饪方法旨在提倡人们去感受和欣赏鸡的本味，不让其他食材喧宾夺主。这也是18世纪的美食家袁枚热情推崇的烹饪理念：“一物有一物之味，不可混而同之。”他写道：“今见俗厨，动以鸡、鸭、猪、鹅一汤同滚，遂令千手雷同，味同嚼蜡。吾恐鸡、猪、鹅、鸭有灵，必到枉死城中告状矣。”

我在中国的农村尝到了此生尝过的味道最佳的鸡汤：用2岁甚至3岁的家养土鸡，熬出味如仙药、色泽金黄的浓汤。你需要找一只很好的土鸡，或者按这个菜谱所说去寻找白羽黑皮的乌鸡。乌鸡中国城就有卖，大的食品店也越来越多地卖这种鸡。中国人通常会用砂锅来熬这种汤。

乌鸡1只（约600克）
生姜20克（不去皮）
小葱2根（只要葱白）
枸杞1小把（可不加）

烧开一大锅水。鸡可以是整鸡，也可以剁成适合入口的块，但需要带骨。将鸡倒入锅中，汆水1分钟左右。将鸡捞出，用自来水冲洗。汆过鸡肉的水倒掉，把锅清洗一下。用刀面或擀面杖轻轻拍松姜和葱白。

将鸡放在汤锅或砂锅中，倒入大量的水没过后，大火烧开，把表面浮沫撇干净。加入姜和葱白，再次烧开后文火慢炖2~3小时。出锅前加入枸杞，煮几分钟到枸杞饱满。

腌笃鲜

Shanghai Double-pork Soup with Bamboo Shoot

经过长时间的炖煮，这道本帮汤菜中的咸肉、鲜肉和竹笋融合，生发出浓郁、精妙的甜味，能让你与世界暂时和解。这道菜最初诞生于早春时节，头茬新笋破土而出，那美妙的清香在上海的街头巷尾流动飘散。如果你能找到新鲜的春笋，请一定要用在这道菜里。如果找不到，用腌笋代替也能做得美味无比。最关键的是要用上好的猪肉。

这道菜的中文名字有令人愉悦的韵律感，因为“腌”（盐腌）和“鲜”（新鲜）是押韵的。大家通常认为这是道土生土长的上海本帮菜，但杭州名厨胡忠英告诉我这道菜起源于杭州。“笃”这个字是杭州方言中形容文火慢炖的拟声词。

如果你的咸肉特别咸，可能需要提前用大量凉水浸泡过夜。有些厨师还会往汤里加一把千张结来增添口感层次。传统做法的腌笃鲜，使用的工具通常是砂锅。

五花肉 200 克（去骨不去皮）
咸肉 200 克（稍微带一点肥肉）
鲜笋或腌笋 150 克
生姜 25 克（不去皮）
小葱 2 根（只要葱白）
料酒 2 大匙
小葱几段（只要葱绿，装饰用）
盐

将五花肉切成 2 厘米见方的块，咸肉也如此处理。如果是用鲜笋，先把笋壳剥掉，切掉底部比较硬的部分，然后滚刀切成 2 厘米见方的块。不管是鲜笋块还是腌笋块，都要在开水中汆水 1 分钟左右。用刀面或擀面杖轻轻拍松姜和葱白。

将五花肉放入锅中，倒凉水没过，烧开后汆水 2 分钟。漏勺捞出沥水，水倒掉。将五花肉放在熬汤的锅中，再加入咸肉和笋块。倒入 1.5 升凉水没过，烧开，必要的话撇去浮沫。加入姜、葱白和料酒，烧开后保持剧烈冒泡的状态 5 分钟，然后半盖锅盖，关小火，文火慢炖约 3 小时。此时你的厨房应该飘散着妙不可言的香味，汤也会十分美味，有一种自然形成的甜味。上桌前，根据需要加一点盐（很可能不需要加盐）。撒上葱绿，上桌开吃。

美味变奏

咸肉冬瓜汤

烧开一锅水。加入几块咸肉，再次烧开后撇去浮沫。加入去皮的冬瓜厚片，再来点料酒，喜欢的话可以加点毛豆。烧开后关小火，将咸肉和冬瓜炖煮到软，撒上葱花上桌。

蟹粉番茄土豆浓汤

Crabmeat, Tomato and Potato Soup

“番茄”这个中文名字，来自中国沿海地区，那里的人首先遇到了这种从美洲大陆长途航海而来的植物果实（中国的某些地区又将其称为“西红柿”）。这道材料丰富的汤菜用到的番茄和土豆，都是来自新大陆的蔬菜，再加上海蟹的白肉，充分表达了上海兼收并蓄的多元化历史和来自“番邦”的深远影响。这个汤菜卖相很好，色彩如同落日晚霞，总体咸鲜，有幽微的甜味，再撒上同样来自“番邦”的黑“胡”椒粉。这道菜可以作为一顿中餐的一道菜，也可以是西餐的头盘，更可以配上面包或沙拉，自成一餐饭。

我在最爱的两家上海餐厅（“老吉士”和“福 1088”）经常点这道汤，也万分感激“福 1088”的行政总厨卢怿明将他的这道菜谱传授给我。我在家会找当地的鱼贩买刚捞上来的康沃尔海蟹。如果你准备同时做好几道菜，希望自己从容一些，那我建议你先把这道菜的步骤大致完成，要上桌之前只需要烧开勾芡即可。

土豆 475 克
熟透的番茄 4 个（约 500 克）
高汤 1.5 升
黄油 60 克
食用油 1 大匙
白色的蟹肉 250 克
双倍浓缩番茄酱 3 大匙
绵白糖 2½ 大匙
生粉（4 大匙）和凉水（5 大匙）混合
盐和现磨黑胡椒粉

烧开一锅水。土豆削皮，用蒸或煮的方式烹制到软，然后弄成粗粗的土豆泥。在每个番茄顶上划个十字，全部放在一个碗中，倒开水没过后静置降温。等番茄降温到不烫手的地步，剥掉皮，切开去掉内部的籽，再切成小丁。高汤烧开。

将一半的黄油和 ½ 小匙食用油入锅加热，倒入蟹肉翻炒出香味，起锅备用。将剩下的黄油和食用油放入同一个锅中加热，倒入番茄，大火翻炒到出香味且部分分解的程度。加入番茄酱翻炒出香味。倒入热高汤和土豆泥烧开，土豆泥要稍微挤压一下，使其在锅中散开。加糖和盐调味。加入蟹肉，再次烧开。将生粉和凉水稍微搅拌一下，少量分次加入，每次都搅拌均匀，为汤勾芡。多撒一点黑胡椒粉，上桌开喝。

文思豆腐羹

Monk Wensi's Tofu Thread Soup

这是一道豆腐菜，有着缥缈超凡的气质，充分表现了扬州大厨们出神入化的著名刀工。一块嫩豆腐切成薄如纸的片，再切成“头发丝”，在勾芡后略微浓稠的羹汤中盛开漂荡，如同某种奇异而不为人知的花卉，一丝丝玫瑰色的火腿和黑色的木耳，更衬得豆腐丝白若凝脂美玉。

这道菜中的“文思”二字，来自曾经在扬州天宁寺修行的文思和尚。他是个出色的素食厨师，由他首创的豆腐羹的配料是豆腐、黄花菜和菌类，煮在素鲜汤中。18世纪乾隆下扬州，当地贵胄奉上了极尽奢华的满汉全席，文思豆腐羹就出现在当时的席桌上，后来这道菜就成为御膳房的保留菜式。北京著名的“大董”饭店有文思豆腐羹的一种现代演绎版本，豆腐丝还是经典的白色，汤却变成漆黑的墨鱼汁，真是美极了。

如果你切的豆腐丝达不到扬州水准，不要灰心失望，反正无论怎样这羹也是很好喝的！美妙的色彩与口感相辅相成，如同一曲交响乐，能让人吃得身心舒畅，神清气爽。

右页图：文思豆腐羹（左）；菠菜肉丝豆腐羹（右）。

干木耳3个
嫩豆腐300克
西班牙火腿或中国火腿25克（稍微蒸一下）
小葱3根（只要葱绿）
高汤或清汤1升
生粉（3大匙）和凉水（6大匙）混合
盐和白胡椒粉

木耳倒开水覆盖，浸泡至少半小时。

将嫩豆腐放在案板上。菜刀垂直于案板表面，将豆腐块四面比较斜的部分都切掉，得到垂直于案板四面的豆腐块。以上下砍切的动作，不慌不忙地稳定运刀。尽你所能地将豆腐切成薄片，最理想的厚度是1毫米左右。这个过程中要根据需要往豆腐块上洒一点凉水，保持湿润。切到大约三分之一时，稍微推一下切好的片，让它们往一边交叠地倒在一起。尽你所能地将这些片切成最细的丝。用刀面轻轻铲起豆腐丝，放入一碗凉水中。剩下的豆腐块如法炮制。

泡发的木耳沥干水，硬的部分切掉不要，然后尽可能地切成细丝。火腿和葱绿也切成均匀的细丝。

将高汤或清汤倒入锅中，大火加热，必要的话撇去浮沫。加盐和白胡椒粉调味。豆腐丝倒入筛子中沥干水，然后轻轻倒入高汤中。加入木耳。大火再次烧开后，按照口味加调味料。生粉和凉水稍微搅拌一下，分次加入汤锅，不断搅拌，汤汁渐渐变得浓稠。最好的手法是用炒勺的背面来推搅汤羹，这样不会让豆腐丝断掉。等到汤羹变得浓稠，只剩一点流动性，能轻易阻滞豆腐丝的漂动，将所有东西舀到汤碗中。撒上火腿丝和葱丝，轻轻搅拌一下。上桌开喝。

菠菜肉丝豆腐羹

Spinach Soup with Silken Tofu and Pork

本帮菜中有很多与这道菜类似的汤菜。在传统做法中，其中的绿叶菜是有一定药香的荠菜，是富有特色的当地蔬菜，早春时最鲜嫩美味。如果你能找到荠菜，用来做这道汤最好不过；找不到的话，用菠菜代替也很不错。

有时候你会发现，生气勃勃的绿色汤羹中有滑溜的黄鱼片和豆腐丁；有时候又是细细的蟹肉和贝肉。在这个菜谱中，我给出的是另一种经典组合，也是在家中准备晚餐时简单易做的快手组合：豆腐和肉丝。生粉勾芡让汤汁浓稠，这样每种食材切成的细丝都能够挂在羹上，如同精彩纷呈的万花筒。

洗净的菠菜 175 克
猪里脊肉 100 克
嫩豆腐 300 克
食用油 1 大匙
料酒 ½ 大匙
高汤 1 升
生粉（4 大匙）和凉水（6 大匙）混合
鸡油或猪油 1 大匙（可不用）
盐和白胡椒粉

烧开一锅水，将菠菜迅速汆水至软，然后拿到自来水下冲洗，接着拧干水分，尽量细切。将猪肉切成很细的丝。将嫩豆腐切成 5 毫米见方的丁。

锅中放油，大火加热，加入猪肉翻炒到刚熟。淋入料酒，加入高汤和豆腐烧开。倒入菠菜，搅匀后再次烧开。加盐和白胡椒粉调味。

生粉和凉水搅拌一下，分次加入锅中，混合均匀。加的量要合适，让汤羹变得丝滑浓稠，这样豆腐和菠菜就会均匀地半凝固在汤羹之中。倒入鸡油或猪油搅拌融合。上桌开喝。

猪蹄黄豆汤

Pig's Trotter and Soybean Soup

中餐烹饪中很少用到未加工的黄豆，柔嫩的毛豆除外（这种豆子在英文中通常叫的是日本名字 **edamame**）。黄豆有点不好消化，内部丰富的蛋白质人类吸收不到，所以黄豆几乎都是用来发酵、发成豆芽或者做成豆腐。不过也有例外，正如这道令人满足的上海汤菜。黄豆通过浸泡和长时间的熬煮，散发出诱人的香味，又很有营养。猪蹄中的胶原蛋白入口即化，给唇舌带去奢侈的享受。

注意，黄豆一定要熬煮到像烤豆子那么软：这很重要，因为不够软的黄豆中含有有害化合物。在中国，女人很爱吃猪蹄，因为据说能美容养颜。

干黄豆 100 克
猪蹄 2 根
生姜 15 克（不去皮）
小葱 2 根（只要葱白）
盐和白胡椒粉

用大量的凉水没过黄豆，浸泡过夜后沥水。

猪蹄竖切两半，然后剁成 3 厘米见方的块，把底部特别硬的部分扔掉。在开水中煮 2 分钟，再用凉水冲洗。用镊子夹掉表面的毛刺。用刀面或擀面杖轻轻拍松姜和葱白。

将黄豆和猪蹄都放在锅里，放 2.5 升的凉水烧开后撇去浮沫。加入姜和葱白，盖上盖后关小火，煮 4 小时左右，直到黄豆完全变软。上桌前加盐和白胡椒粉调味。

宋嫂鱼羹

Mrs Song's Thick Fish Soup

这道温柔的汤羹如同一个奇迹：软嫩的鱼，金丝般的蛋黄，还有笋丝与香菇丝，缠绵相交，和谐美味。烹饪的最后加上一点醋，咸鲜的风味得到了进一步的提升。和很多杭州菜一样，这道菜背后也有故事。那时候，金军入侵，宋朝被迫迁都杭州。一天，皇帝乘坐御船到西湖上游览。船行进的过程中，他命令仆从召来湖上行舟的小贩，看看他们都卖的是什么。其中一位大胆地自我介绍是“宋五嫂”，并告诉皇帝，她从北宋都城汴京（今开封）跟着朝廷南迁，在西湖岸边卖浓稠的鱼羹为生。皇帝尝了她的鱼羹，思念北方旧都之情油然而起，心中五味杂陈不知该如何表达，只赐给宋五嫂丝绸金银表示感谢。据说后来此事传开，当地人纷纷涌到宋五嫂的小摊上，要吃一碗鱼羹，所谓“半为皇恩半为鱼”。

据说这个菜来源于一道北方烹饪风格的酸辣汤，最初用的是黄河里的鲤鱼，但根据杭州的条件因地制宜，改用鳜鱼或鲈鱼。海鲈鱼的效果也很棒。我的这道菜谱是在一本杭州菜谱中的宋嫂鱼羹的基础上调整而来的，也非常感谢杭州酒家的大厨胡忠英提的建议。

干香菇 3 朵
海鲈鱼 1 条（约 500 克，去鳞剖好）
生姜 25 克（不去皮）
小葱 3 根（只要葱白）
料酒 ½ 大匙
西班牙火腿或中国瘦火腿 10 克（略微蒸制一下）
小葱 1 根（只要葱绿）
竹笋 50 克
猪油或食用油 1 大匙
鸡汤 1 升
生抽 1½ 大匙
老抽 ½ 小匙
生粉（2½ 大匙）和凉水（6 大匙）混合
蛋黄 4 个（搅打均匀）
镇江醋 1 大匙（额外准备一些）
盐和白胡椒粉

干香菇在开水中浸泡至少半小时，泡软泡发。

将鱼去头去鳍，沿着脊骨切成两半。清洗后甩干。鱼皮那一面向下，将鱼放入能装进蒸笼的碗中。

将 15 克姜和 1 根葱白用刀面或擀面杖轻轻拍松，塞入鱼碗中，均匀地淋上 ½ 大匙的料酒。将鱼碗放在蒸笼中，大火蒸到刚熟，约 5 分钟。

鱼蒸好后，将汁水过滤到另一个碗中。轻轻去骨去刺，把鱼肉剥离后加入汁水中（这一步用筷子做比较方便）。

将剩下的葱白拍松。剩下的姜去皮后切成姜丝。火腿和葱绿切成很细的丝。香菇沥水后去柄，切成细丝。将竹笋也切成差不多细的丝，在开水中汆水 1~2 分钟，充分沥水。

锅中放猪油或食用油，大火加热，加入葱白翻炒到边缘金黄，

▶

散发香味。加入鸡汤烧开，把葱白捞出来扔掉。加入香菇丝和笋丝，再次烧开。

加入生抽、老抽、鱼肉和所有汁水，再加盐调味。大火烧开后关最小火。将生粉和凉水搅一搅，大约分 3 次倒入锅中，充分搅拌使得汤汁浓稠，注意勾芡的程度，只要汤羹变得顺滑，流动性不强即可。

把蛋黄加入汤羹中搅散，蛋黄将绽放成丝丝缕缕的蛋花。最后加醋，稍微加热片刻，让其融入汤羹的风味中。

将汤羹倒入汤碗，撒上一点白胡椒粉，用火腿丝、姜丝和葱丝装饰。立即上桌。客人如果愿意的话，可以从桌上摆的醋瓶中再加一点醋。

米汤煮萝卜

Milky Rice-broth Soup with Radish and Dried Shrimps

郑师傅、令师傅和我从黄山附近的屯溪出发，来到“丁香园”，这个餐馆的老板是两位大厨的朋友，餐馆位于一片波光粼粼的湖边。一到地方，我立刻被请到厨房，听了一堂皖南烹饪艺术课。那天我学做的一些菜，在皖南之外很难复刻，特别是用当地采集的石耳和所谓的“石鸡”（其实是一种蛙）做的汤菜“黄山双石”（石耳炖石鸡）。但这里收录的这道清淡的汤处处可做。主材中的米汤是过去农民常吃的主食，米饭蒸制之前先煮得半熟，留下丝滑的液体，就是米汤。还有一种做法，就是用很少的米放入大量的水中煮。在这道菜中，白萝卜切成片，放在米汤中煮得滑溜软嫩，最后加上虾皮和小葱。在此，我要感谢“丁香园”的厨师高杨飞和丰建军传授这个菜谱给我。

这是一道简单质朴的农家汤菜，能够与味道较重的菜搭配调和，比如吃了红烧菜后喝口这个汤，很是清爽。这个菜谱可以作为一个模板，让你尽情发挥：用米汤打底，加上任何蔬菜或者你剩下的边角料。

我曾经在浙江喝过一道美味的补汤，汤里加了蜂蜜，还有打散的蛋花，名叫米汤冲鸡蛋：把米汤烧开，按照口味加蜂蜜，然后小火煮着，倒入一个打散的鸡蛋搅匀。

大米 125 克
虾皮 4 大匙
白萝卜 650 克
猪油或食用油 2 大匙
葱花 2 大匙（只要葱绿）
盐和白胡椒粉

大米放入锅中，加 2 升凉水，烧开后撇去浮沫，多搅一搅，避免米饭粘锅。关小火熬煮 30 分钟，直到液体柔顺乳滑。过滤掉米粒后保留液体，就是米汤。米饭可以弃置，也可作他用。

虾皮放在小碗中，倒入没过虾皮的凉水，浸泡几分钟至软。萝卜去皮后竖切两半，再切成半圆的片，厚度在 2 毫米左右。

锅中放猪油或食用油，大火加热，加入萝卜片翻炒 1~2 分钟。加入米汤烧开后熬煮 30 分钟，到萝卜片完全变软。加入虾皮搅拌，加盐和白胡椒粉调味。撒葱花上桌。

RICE

米饭类

大米，中国南方的生活必需品，千年以来都是江南烹饪的核心食材。宁波附近有新石器时代的河姆渡文明遗址，大概存在于七千多年前，那时候的人们就已经在种稻吃米了。河姆渡人也是全世界最早人工种植这种粮食的族群之一。伟大的中国史学家司马迁在两千多年前就写道，江南“饭稻羹鱼”。今天的人们把进食称为“吃饭”，可见米饭最重要，其他的菜都是配角，目的是“下饭”。

江南连绵的稻田，都是农人顺应丘陵与山谷自然的形态而辛勤劳动的成果。这田野如同四季轮转的镜子，随着种植与丰收的轮回循环往复地变化。

冬日遍布残茬的荒凉的田野，到了春日变成水田，在阳光下泛着银光，新苗挺立，绿野千里。鳝鱼和泥鳅潜伏在田间，鸭子也扑腾着双蹼悠闲地游荡。接着，稻草逐渐长得更为郁郁葱葱，有了越来越饱满的颗粒。到丰收时节，金黄的稻子经过收割和打谷的步骤，变成新米，再铺在竹席上，放到阳光下晒干。稻草扎成一捆捆的，堆成草垛，用作动物饲料或铺地材料，之后变成天然肥料。

白米的传统做法是蒸，或者放在加盖的锅子里慢慢吸收水分。过去人们在蒸饭之前，会先把米放在水中煮个半熟，再放在竹蒸笼中，端到微沸的水上蒸熟。煮米的水柔滑奶白，被称为“米汤”，可以直接喝，也可以作为汤菜的底汤。这样稻谷中的所有营养都被吸收了（见第231页）。用吸水的办法做成的米饭被称为“锅巴米饭”，因为锅底会形成一层如烤制效果的金黄色锅巴。现在，大多数人（至少是城市里的人）都会用电饭锅煮饭，但又禁不住怀想农村里柴火灶上烧出来的米饭的风味。

吃剩的米饭从来不会被浪费。可以加高汤或水，再来点别的剩菜，做成汤泡饭；或者和美味的边角料一起炒，自成一顿饭。就算只有几勺剩饭，也可以加入蛋液一起煎，变成美味的米饭鸡蛋饼（见第245页）。上海人很喜欢把剩饭压入容器中，放凉后厚切，再油炸，做成“粢饭糕”，金黄酥脆，还可以配上火腿丁和小葱，或者蘸白糖吃甜口的。有些人甚至会把淘米水也用上，比如用来泡干笋。

稻米还有种常见做法是煮粥，常用来做早饭，配上酱菜腌菜等小菜。还有种江南特产叫“年糕”，是将煮熟的米进行捶打，使其变成顺滑有弹性的糊状物，降温固模后切片，甜咸菜肴中皆可用。最著名的年糕产地是宁波附近的古镇慈城。年糕切片后通常用来煎或煮汤。我曾在浙江遂昌的乡村地区吃到过当地的一种年糕，是将米放在草木灰做成的碱液中浸泡后而成的。这种年糕切片后油煎，外表发黄，带着奇妙的碱味。过去，人们有时候会将年糕做成金元宝和银锭的形状，然后在红色的漆盘中堆成高高的小山，过年时摆出来，增添欢乐的节庆气氛。

以嗜甜出名的苏州人喜欢吃体积较大、状如城砖的甜年糕，是用糯米做的，传统上是过春节吃，以纪念两千五百多年前伟大的政治家伍子胥。当地的民间故事中说，当时姑苏曾遭遇围城，士兵百姓炊断粮绝，后来挖到那时已故的伍子胥富有先见之明提前埋在某个城墙边的用糯米粉做的城砖，得以保命。珍珠般的糯米也会用来做美味的米糕和可口的馅料。苏州有个特产“乌米饭”，值得特别提出来说一说。饭蒸得热气腾腾的，添加猪油和糖令风味浓郁，乍看上去像是直接用黑糯米做的，其实是把白糯米放在水和乌饭树叶取汁混合而成的液体中浸泡后再蒸，在加热过程中米会逐渐变成深紫色。

绍兴人习惯把生食直接放在米饭上一起蒸，当地人将这种做法称为“饭捂”。这样做出来的菜看似简单，但往往出人意料地好吃，配上酱油蘸碟异常美味。

和绍兴很多饮食传统一样，“饭捂”也是贫困生活逼出来的智慧。当地民间故事中说，曾经有个富人，自家天天大鱼大肉，但他本人是个“铁公鸡”，一毛不拔，只给仆人吃米饭和蔬菜。他的儿媳来自贫穷人家，很同情家里的仆人，但又不敢挑战大家长的权威，于是悄悄把猪肉片塞进正在蒸的米饭中，再撒上几撮盐调味。她的公公一直被蒙在鼓里，认为她只给仆人吃米饭，称赞她勤俭持家，而仆人们则欢天喜地地享受着异常有滋味和营养的餐食。

米饭通常是一顿饭快吃完才上，特别是在比较正式的宴席。很多中国人忌讳在喝酒时吃米饭（或其他谷物），因为据说两者一起下肚会发酵，产生不利于健康的物质。所以，吃中餐时，如果你开始吃米饭了，主人可能会自然而然地认为你酒已经喝好了。

记住，吃剩的米饭或含有米饭的菜肴，冷却后要立刻冷藏，最慢也要赶在 4 小时之内（米饭在常温或高温下存放后再食用，可能会引起食物中毒）。做好的米饭最好不要存放超过 3 天。

白米饭

Plain White Rice

泰国香米 600 克　　　　水 1.1 升

中国南方人通常都吃长粒白米，这种米虽然不是糯米，却有一定黏性，会结块，方便筷子夹取。在中国能买到的大米多种多样，其中就有泰国香米，这种米在国外也很容易找到，所以我这个菜谱用的是这种米。我必须承认，我蒸饭通常都是用电饭煲，因为用它蒸饭绝不会失手，也能把我解放出来认真做别的菜。不过，这里列出的做法是最常见的白米饭传统做法。量多量少就看食客的胃口：这个量通常能够 4 个人每人吃上 2~3 小碗米饭。如果有剩，可以用来做泡饭或炒饭。

米放在碗里，倒凉水没过，用手搅一搅搓一搓。沥干水后再重复前述步骤，直到淘米水变得清澈。将米倒入筛子，充分沥水。

将米放在厚底锅中，倒入称量好的水，大火烧开。搅拌一下，防止粘锅。保持大火煮几分钟，到米表面变干，出现一些小小的气孔。盖上锅盖，要盖得严密一点，关到最小火，焖 12~15 分钟，到米变得柔软。

做传统的甑子饭，要将大米放在大量水中烧开，焖 7~8 分钟，到大米将熟，但中心还有一点硬。煮米的水保留下来就是“米汤”（见第 231 页），大米沥水，倒入铺了干净细布的竹蒸笼，大火蒸约 10 分钟，直到饭香飘散，完全蒸熟。

白米饭（短粒米）

Plain Short-grain White Rice

寿司米 600 克　　　　水 800 毫升

在江南，特别是上海，人们喜欢吃类似于日本寿司米的短粒米，这种米吸水没有长粒米那么多。我做江南菜时常常会配寿司米。吃这种饭有个简单又美味的办法，在肉比较贵的时代还能称得上“打牙祭”，就是往刚蒸好的热米饭中加点猪油和酱油，搅拌均匀，再撒上一点葱花。菜谱用量大约够 4 人份。

米放在碗里，倒凉水没过，用手搅一搅搓一搓。沥干水后再重复前述步骤，直到淘米水变得清澈。将米倒入筛子，充分沥水。将米放在厚底锅中，倒入称量好的水，中火烧开后搅拌，开大火，煮到米饭表面张开一个个气孔。盖上锅盖，火调到最小，焖 20 分钟。关火后保持锅盖盖着，静置继续焖 20 分钟。揭开锅盖，搅散盛饭。

白粥

Plain Congee

粥是最平易近人的早餐食物：丝滑、温柔，令肠胃无比舒适，这是低调而抚慰人心的美食。江南人常吃不调味的白粥，配上包子和多姿多彩的小吃，比如咸鸭蛋、腌菜、咸菜和豆腐乳。有时还会端上煎蛋、煮蛋或其他小菜，还有昨晚晚饭的剩菜。

中国人认为粥最能抚慰人心。生活在绍兴的宋朝诗人陆游甚至认为喝了粥就可以长生不老（“我得宛丘平易法，只将食粥致神仙”）。喝粥甚至是一种低调的明志方式：清朝文人美食家袁枚就批评过自己那个时代好铺张奢侈胜过食物本身好味道的人，还讲述自己曾经参加一场叫人疑惑的宴席，“上菜三撤席，点心十六道，共算食品将至四十余种”，结果回家之后还是需要“煮粥充饥”。

送粥的菜最好有强烈的风味，味道偏咸，比如腐乳块、腌菜、咸菜（可以自己做，也可以去中国商店买开袋即食的那种），或者水煮咸鸭蛋。喜欢的话可以配上蒸包子，咸甜均可；也可以把剩菜加热一下，或配一碟炸花生。

泰国香米或寿司米 150 克
盐 ½ 小匙
食用油 2 小匙
水 2.4 升

淘米后沥干水。将米与盐和油混合均匀，静置半小时，然后再次淘洗沥水。

将称量好的水倒入厚底锅中，大火加热，加入米，再次烧开后半盖锅盖，小火煮约 1.5 小时，不时搅一搅，防止粘锅。过一会儿米就会煮开花，到最后它们几乎完全融入水中，成为柔滑的糊状物。将熬好的白粥和你喜欢的配菜一起吃。

美味变奏

黑米粥

原菜谱中只用了一种米，此处可以用 50 克黑米、50 克糯米和 50 克泰国香米混合，不要加盐和油，除此之外按照原菜谱操作。黑米会让熬好的粥呈现漂亮的深紫色。这种粥在扬州冶春茶社的早茶有供应。

鸡粥
Chicken Congee

这算是白斩鸡（见第68页）的姊妹餐，传统上，两者经常是一起吃，常做夜宵。据说这是20世纪20年代从上海发展起来的传统，到30年代，鸡粥和白斩鸡已经成为大上海最著名的“小吃”。绍兴人章润牛在上海开了个颇受欢迎的小摊（“小绍兴”），卖的就是鸡肉、鸡粥和浓郁的鸡血鸭血汤。

我书架上的一本老菜谱中收录了一张叫人惊异的照片，里面有鸡粥和传统配菜，还有其他的小菜，包括煮好的鸡身上的每个部位，不仅有鸡肉，还有鸡翅、鸡爪、鸡胗、鸡肠、鸡肝、鸡心、还未完全成形的鸡蛋和鸡睾丸（最后这两个应该是来自两只的不同鸡吧）。

寿司米 150克
鸡汤 2.5升
盐

上桌时配：
上等酱油
葱花（只要葱绿）
姜末
芝麻油

淘米后沥干水，和鸡汤一起放入锅中烧开。好好搅拌一下，然后半盖锅盖，小火煮约1.5小时，不时开盖搅拌一下，直到米粒开花，你就可以得到一锅浓稠的粥。要注意锅中的状态，确保米不粘在锅底。快煮好的时候稍微加盐调味。

粥上桌前，淋上酱油，撒上葱花和姜末，再来几滴芝麻油。如果你想完全还原上海的地道吃法，就配上一盘白斩鸡和酱油蘸碟（见第68页）。

238~239页图中是典型的浙江早餐，包含以下小菜和粥：
炸花生；生抽加煎鸡蛋；红豆包；白粥；泡姜（甜酸味）；红腐乳；水煮咸鸭蛋。

咸肉菜饭
Shanghai Fried Rice with Salt Pork and Green Pak Choy

距离上海市中心南京路不远的一条小巷子里有家小小的餐馆，他家有道经典的咸肉菜饭，有着强烈的当地特色，也是我吃过的同类菜饭中特别美味的。米粒饱满而富有光泽，上面盖着咸肉，铺着翠绿的青菜，真叫人无法抗拒。按照中国人习惯的吃法，大家都会给这碗饭配上一碗汤，送饭清口（简单的清汤撒点小葱即可）。这是我对那道菜饭的演绎，用了红洋葱和香菇。这种菜饭通常是用短粒米来做，我在家用是的日本寿司米，但用长粒的泰国香米也会很美味。要达到最让人食指大动的美味效果，最好是用猪油。猪肉和蔬菜的用量可以随个人口味调整。还可以用菠菜代替上海青。

这道菜饭的另一个传统做法是先把咸肉和上海青炒一下（最好是用猪油），然后加入淘洗过的生米和水。烧开后盖上盖子慢煮，和白米饭的做法一样。

干香菇 4 朵
小个红洋葱 ½ 个
咸肉 / 烟肉 / 未烟熏培根 100 克
上海青 275 克（3~4 头）
煮熟后放凉的寿司米 600 克（煮之前是 300 克）
食用油 2 大匙（最好是猪油）
姜末 1 大匙
芝麻油 1 小匙
盐和白胡椒粉

倒开水没过干香菇，浸泡至少半小时。洋葱切碎。香菇泡好后去柄，切成丁。上海青切一下，要比其他食材切得稍微粗一些。将米弄散分成小块，这样更容易炒。

锅中放油，中火加热，倒入咸肉和洋葱，轻轻翻炒到洋葱变软，咸肉出油并散发香味，但颜色还未变深。加入香菇和姜末，开大火，迅速炒香。倒入米饭，大火翻炒，一边炒一边尽量弄散。等到米饭热气腾腾散发香味，加盐和白胡椒粉调味。（如果你是把这道菜饭单独当作一顿饭，那需要比有其他配菜时调得更咸一点。）加入上海青，继续翻炒到热气腾腾且刚熟的程度。离火，倒入芝麻油后上桌。

美味变奏

素食版

素食主义者把前述菜谱中的肉去掉，直接做“菜饭”就好。不过就算是菜饭，中餐厨师还是喜欢用猪油来炒，这样风味更佳。

扬州炒饭

Yangzhou Fried Rice

一天深夜，我来到朋友杨彬位于扬州老城的餐厅，想去吃碗面，碰巧遇到了他在厨艺上的导师黄万起。黄师傅讲起一部已经有两千年历史的关于烹饪理论的文献——《本味篇》，并告诉我，在他心中，扬州烹饪最能代表其中所描述的微妙与奇美。接着，他开始讲述扬州炒饭的奥妙，这也是这座历史悠久的美食之都至今为止唯一驰名世界的饭食。他告诉我各种配料要在鸡汤中煮过，还讨论了蛋液加入的不同时机所导致的不同效果。“如果你先炒蛋，再加米，”他说，“那就是‘碎金饭’；如果你先炒米，再倒蛋液，液体就会包裹米粒，也就是所谓的‘金裹银’。”他说的这两种都是传统做法。

不用了解这么多细节，你也能对着这道炒饭中的极品大快朵颐。米饭中点缀着各种细碎的美味配料，融合了鸡汤的鲜美浓郁。下面这道菜谱是属于我的扬州炒饭，去掉了很难找到的海参和河蟹，但其他都是遵循传统做法。如果你想做完全地道的版本，就将25克干海参泡发后剁碎加入，再加25克河蟹肉，用小小的河虾代替海虾。

干香菇2朵
猪里脊肉25克
去壳小虾25克（新鲜冷冻均可，熟生均可）
西班牙火腿或中国火腿25克（稍微蒸一下）
熟鸡肉25克
竹笋25克（可不加）
小葱3根（只要葱绿）
大个鸡蛋1个（再加1个蛋黄）
煮熟放凉的泰国香米饭600克（煮之前250克）
食用油5大匙
新鲜或冷冻的豌豆/煮熟的青豆25克
料酒2小匙
鸡汤200毫升
盐和白胡椒粉

倒开水没过干香菇，浸泡至少半小时，泡发后去柄。将猪肉、虾、火腿、鸡肉香菇和竹笋都切成小丁。葱绿细切成葱花。鸡蛋和蛋黄打散，加入一点盐和白胡椒粉。米饭弄散，分成小块，方便翻炒。

锅中放入2大匙油，大火加热，加入猪肉丁和虾丁，稍微翻炒，到猪肉变成白色。加入火腿、鸡肉、香菇、豌豆（青豆）和笋丁，继续翻炒1~2分钟，直到锅中热气腾腾，“滋滋”作响。加入料酒，再倒入鸡汤烧开。加盐调味后起锅备用。

洗锅擦干，倒入剩下的油，继续加热，油烧热之后，加入打散的蛋液，晃动锅柄使其在锅底旋转。等到蛋液半熟，加入所有的米饭，翻炒，把饭块都弄散。等到米饭炒到热气腾腾，饭香四溢，在锅底发出“毕毕剥剥”的声音，加入起锅备用的配料（汤汁也要一起加入）。混合均匀后继续翻炒30秒左右，按照个人口味再加盐或白胡椒粉调味。加入葱花炒匀，上桌开吃。

美味变奏

酱油炒饭

这道简单的炒饭在江南很受欢迎。把吃剩的米饭炒一炒，加酱油调味即可。最理想的是使用风味浓郁的传统中国酱油；如果找不到，就使用咸鲜风味的生抽，再来一点点老抽上色，增加光泽。

原锅倭豆饭

'Japanese' Broad Bean Rice

宁波"缸鸭狗"饭店有一道十分美妙的饭食，用沉重的铸铁锅做好后直接端着锅子上桌。咸肉的鲜香浓郁渗透到米饭中，豆子也为美味锦上添花。这个特别的菜名来自当地方言，其中"倭豆"的"倭"是古时中国人对日本人的蔑称。据餐馆的菜单上介绍，"倭豆"这个名字起源于明朝，当时日本海贼每年夏天都会来骚扰舟山群岛的居民，盗走他们收获的所有蚕豆。某一年，对抢掠盗窃忍无可忍的居民给豆子下了毒，所有海贼都丧了命。为了纪念这次胜利，大家就把蚕豆命名为"倭豆"。

按照习俗，宁波人通常是在农历立夏那天吃这个饭。用豌豆或青豆代替蚕豆也可。

寿司米或泰国香米 250 克
培根（烟熏或未烟熏均可）/ 烟肉 75 克
猪油或食用油 1 大匙
去荚脱皮蚕豆 150 克（带荚 350~400 克）
葱花 1 大匙（只要葱绿）
盐

淘米，换几次水反复淘洗，直到淘米水变得清澈。将米倒入筛子中，彻底沥水。如果培根有外皮，切下来备用。将培根或烟肉切成 1 厘米厚的片或小丁，烧开一锅水，将肉迅速汆水后沥水。

取锅盖密封性好的厚底锅，放入猪油或食用油，大火加热。加入肉和外皮，翻炒到香气四溢。将炒过的外皮捞出扔掉。加入蚕豆，在香喷喷的油中翻炒。加入米和 300 毫升凉水，加盐调味（别忘了肉已经有一定的咸味了）。充分搅拌均匀，把锅底刮一刮。大火煮几分钟，不要搅拌，直到米表面出现小小的孔洞。盖上锅盖，把火关到很小，焖煮 20 分钟。撒上葱花，上桌开吃。

米饭鸡蛋饼

Leftover Rice Omelette

我曾在杭州餐馆老板戴建军位于浙南的有机农场驻留，有一天，一位年轻的厨师用剩饭做了一道甜味蛋饼做早餐。那道菜美味得出乎意料，加了米饭的蛋饼口味都接近蛋糕了。从那以后我就经常做这道菜，还发展出了各种不同的版本，有和最初一样的甜味，也有咸味。有时候剩下小份的饭会让你觉得很为难，这样来处理就很好。用量其实没那么重要，所以请尽情利用你手边的边角料，自由发挥吧。无论是甜是咸，都是令人愉悦的菜品，做早餐或当作一顿正餐都很好。

在那个 11 月清晨的农场，桌上摆着各种各样的早餐：粥，黑黑的腌黄瓜，榨菜炒肉丝，煎鸡蛋，蜂蜜红薯条，带皮蒸的玉米和小笼包，这个蛋饼只是其中之一。

大个鸡蛋 3 个
剩米饭 100 克
食用油 2 大匙

咸味版：
韭菜碎或葱花 1 把（只要葱绿）
盐

甜味版：
绵白糖 1 大匙

鸡蛋打在碗里，将米饭加入搅匀，按照你对甜味或咸味的偏好加不同的调料。

锅（炒锅或煎锅）中放油，大火加热。将蛋液混合物倒入，晃动锅柄使其在锅底旋转。关中火，盖锅盖，煎到蛋饼底面变得金黄后翻面。

蛋饼煎到两面金黄，基本熟透后离火。切成条或楔形，在盘子里堆成好看的样子。

菜泡饭

Soupy Rice with Chopped Greens

泡饭能将剩饭剩菜“化腐朽为神奇”。你只需要将昨晚的剩饭加一点现成的边角料，在高汤或水中加热，也许再来一点点猪油，增添浓郁的风味。自然，以这个主题为基础可以有很多“美味变奏”。我曾经在镇江吃过一个很美妙的版本，是用剁碎的青菜、咸肉和干香菇泡发做配料，而杭州人喜欢在泡饭中加一点风味强烈的酱油鸭。我在家常常用糙米做泡饭，口感还要更好，又爽滑又有嚼劲。泡饭中的米饭粒粒分明，口感和粥完全不同，因为粥里的米和水已经完全融为一体，变成糊状了。

做这样的菜根本不用称量配料，这个菜谱中的用量只是提供一个参考。液体要没过米很多，但不要过多。米煮了之后会涨起来，吸满汁水。如果你想直接把泡饭当作正餐来吃，就要根据自己的喜好调味。如果是配别的菜或一碟咸味小菜（比如腐乳块、水煮咸鸭蛋、腌菜）当主食，就不要加太多调味料。

新鲜香菇 100 克
上海青 175 克
猪油或食用油 1½ 大匙
高汤 600 毫升
剩米饭 300 克（煮之前 150 克）
盐和白胡椒粉

香菇去柄，切厚片，将上海青切成适合入口的小块。锅中放猪油或食用油，大火加热，加入香菇翻炒到软。加入上海青，翻炒到菜叶变软。起锅备用。

锅中倒高汤，大火烧开，加入剩米饭，把结块弄散，再次烧开后煮到热透。加入上海青和香菇搅拌，加盐和白胡椒粉调味。上桌。

青菜炒年糕

Stir-fried Rice Cake with Scrambled Egg and Dried Shrimps

“年糕”，寓意是“一年更比一年高”，春节期间的很多传统食物都有这样的吉祥寓意，不过现在全年都能吃到年糕了。这种食物黏软滑溜，做法是将煮熟的米用木棒捶打到光滑软绵，产生弹性，然后再塑形成糕饼，烹饪之前先切成片。宁波和上海产的年糕都很好。年糕在烹饪中的应用多而广：可以和各种各样的配料一起炒，也可以和菜一起煮汤；可以裹上红糖，也可以配细砂糖和海苔粉吃。很多中国超市都卖切好片的干年糕，必须要先在凉水中泡软。但我推荐你购买新鲜或冷冻的韩国年糕，这种年糕在中国超市里也越来越多见了，而且开袋即用。韩国年糕通常是椭圆形的片状或条状。

我想用冰箱里的边角料做一顿快手、美味且健康的晚餐时，常常会选择新鲜或冷冻的即用年糕。你可以在冰箱里常备一包（未开封的年糕冷藏就能保存很久），这样就可以在半小时之内做出一道令人满足的美味菜肴，单菜可成一餐。我在家通常是用富含蛋白质的食材（比如鸡蛋、少量的猪肉或鸡肉）来炒年糕，还要加上至少一种增加鲜味的配料（比如虾皮或香菇，要么加点培根），再来点新鲜的绿叶菜。

干香菇 4 朵
上海青 200 克
大个鸡蛋 1 个
食用油 3 大匙
虾皮 3 大匙
片状韩国年糕 350 克
高汤或水 150 毫升
盐和白胡椒粉

倒开水没过香菇，浸泡至少半小时。泡发后充分沥水，去柄切丝。将上海青横着切成 1 厘米左右的小段。鸡蛋打入小碗中，搅成蛋液。

锅中放 1 大匙油，大火加热。加入蛋液，翻炒到将熟而未熟的状态，起锅备用。开大火，再加入 1 大匙油，加入虾皮迅速翻炒到脆香，起锅备用。锅中加入最后 1 大匙油，大火加热，加入香菇丝炒香。加入上海青，翻炒到叶子变软。将片状年糕放在青菜上面，沿着锅边倒入高汤或水，烧开。盖上锅盖，关到最小火，焖2~3分钟，到年糕变软热透。倒入虾皮和炒蛋搅拌，加盐和白胡椒粉调味。立即趁热上桌。

美味变奏

“英式早餐”年糕

这个“美味变奏”是我自己的创造发挥。一个鸡蛋打散后炒到将熟而未熟的状态，起锅备用。将一些培根碎翻炒到香脆，起锅备用。用炒过培根的油把一段葱白炒香，加入泡发后切片的香菇，也翻炒出香味。加入切成小块的菜心或上海青，在热油中翻炒到叶子变软。加入高汤或水，按照前述菜谱中那样小火焖煮。最后，倒入炒蛋和培根搅拌，撒上一点细细的葱花，再加盐和白胡椒粉调味。

蛤蜊炒年糕

Stir-fried Rice Cake with Fresh Clams

你应该已经发现了，我很喜欢用年糕做饭，年糕那种抚慰唇齿的湿软黏糯的口感，有点像意大利团子[1]。这道菜我是在上海的光明邨大酒家吃到的，他们用的是条状年糕。年糕吸收了海鲜味的汁水，融合了米酒的香醇，煮得恰到好处的蛤蜊和青菜又使其更添新鲜可口。也许这可以看作上海版的蛤蜊海鲜意面。

上海人喜欢用切碎的荠菜，让整盘菜都布满斑斑点点的绿意。但我建议使用更容易买到的上海青。（如果你能找到荠菜，就切碎后在放蛤蜊和料酒之前加入锅中，不需要事先炒过。）如果想要奢侈一把，你可以再多加点蛤蜊。

上海青 175 克
小葱 2 根（只要葱白）
带壳小蛤蜊 600 克
料酒 1½ 大匙
条状韩国年糕 350 克
食用油 2 大匙
生姜 15 克（去皮切片）
盐和白胡椒粉

将上海青横切成 1 厘米宽的条（如果你用的是小头上海青，竖切成两半即可）。用刀面或擀面杖轻轻拍松葱白。

蛤蜊好好清洗，壳已经张开的就直接扔掉。锅中倒入料酒和 4 大匙水，盖上锅盖，大火蒸 2~3 分钟，直到蛤蜊“开口笑”。用漏勺捞出，煮蛤蜊的液体保留备用。用筷子将蛤蜊肉从壳中取出备用（愿意的话可以保留几个在壳中）。烧开一锅水，加入年糕，小火煮 1 分钟左右热透，起锅沥水。

锅中热油，大火加热。加入姜和葱白炒香。加入上海青翻炒一两下，再倒入沥干水的年糕，翻炒到上海青变软。加入蛤蜊肉和煮蛤蜊用的汁水，注意让蛤蜊的沙都沉淀到锅底。短暂翻炒到均匀后，加盐和白胡椒粉调味。

1 意大利团子是意大利的一种家常食物，用土豆泥和面粉揉制而成，煮熟后蘸酱料食用。——编者注

青菜肉丝瘪子团

‘Toothless’ Glutinous Rice Dumplings with Pork and Leafy Greens

最著名的糯米团子是甜味的：滑嫩晃动的球状体中包着甜甜的黑芝麻馅儿，这就是汤圆，是春节最后一天元宵节的传统食物。不过，江南人也喜欢吃咸汤圆，有肉馅儿的、榨菜馅儿的，或者像这个菜谱中一样，没有馅儿，但盛放在咸味汤汁中。

这些黏糯的米团子也有点像意大利团子，表面有凹陷，就像没有牙的人瘪下去的脸颊，所以才有了“瘪子团”这个有趣而特别的名字。瘪子团有甜口也有咸口，是苏州人最喜欢的小吃之一，特别是早餐。蔬菜配料完全可以按照自己的喜好来调整。大厨蒋美珍在苏州餐馆“吴门人家”的后厨教我做了瘪子团。

猪里脊肉 100 克
料酒 1 小匙
上海青 275 克
糯米粉 250 克
鸡汤 1 升
食用油或猪油 2 大匙
生姜几片（去皮）
盐和白胡椒粉

猪肉切丝，放在碗中，加入料酒和 ⅛ 小匙盐，抓拌均匀。上海青择好，切成适合入口的小块。

将糯米粉放入碗中，加入 175~200 毫升的温水，注意水量，将糯米粉和成有黏着力但比较硬的面团即可。揉到面团光滑后将其分成 2~3 条直径 3 厘米左右的长条，切或掰成 2~3 厘米宽的剂子，再揉搓成球状。用手掌将每个球压平，做成团子，用食指在中间按一个深坑。

烧开一锅水。加入团子，搅动一下避免粘锅，然后煮约 2 分钟，直到团子浮到表面。用漏勺捞出，放进一碗凉水中，备用。

鸡汤烧开保温。锅中放 1 大匙油，大火加热，加入肉丝，翻炒到刚熟的程度，起锅备用。将剩下的油倒入锅中加热，倒入姜炒香。加入鸡汤和上海青，烧开后加盐和白胡椒粉调味（别忘了糯米团子是没有味道的，所以汤要调得比较咸才行）。加入团子和肉丝，烧开热透，上桌开吃。

NOODLES

面食类

苏州有家老面馆，名叫“朱鸿兴”，第一家店是20世纪30年代开的。后来苏州作家陆文夫写了部中篇小说《美食家》，更是让这家面馆在文字中永生。小说中贪吃的主人公每天早上起来最盼望的事，就是去“朱鸿兴”吃一顿满足的早餐。柜台上方的墙上钉着一个个小木板，上面写着各种面食的名字：爆鳝面、大排面、鲜肉小汤包……我在苏州时，也喜欢去“朱鸿兴”吃早餐，一般点的是一碗普通的阳春面（见第258页），再来一碟子无上美味的慢火炖排骨或滑溜溜的小虾，还有一碟拍黄瓜或腌萝卜之类的小菜；如果实在太饿，会来一小笼汁水丰富的汤包。

整个江南地区都把米饭作为主食，面食则被视作“小吃”，不是一顿正经的饭，而是在家或在小店里匆匆下肚的食物。乡村地区的人们有时候会自己做面，揉个紧实的面团，擀开，折上好几层，再切成细细的面。城市里通常也有人做鲜面条吃。

江南地区一些有名的面食，采用的配料是当地独有的，在外面很难找到，比如杭州的虾爆鳝面；还有著名的蟹粉拌面和黄鱼面，阿娘面馆出品，就在上海原法租界某条绿树成荫的街边。阿娘面馆每天早上11点开门，5分钟之后，店里已经被食客坐满，大家快活而喧嚷地坐在桌前，翘首以待。

特别值得一提的是他们的蟹粉拌面，点缀着金橘色的蟹黄，再来点姜丝和醋，还有一丝幽微的甜味。南京人早餐喜欢喝鸭血粉丝汤，其中有粉丝和各种鸭杂，再加点油豆腐（那么多的鸭杂，应该是当地人吃盐水鸭的副产品）。

令人欣喜的是，江南地区一些经典的面食，在异国他乡也能很好地复制。开洋葱油面（见第256页）是我的厨房里常常出现的主食，杭州的片儿川面（见第260页）也可以当作一顿令人满足的午餐。

可以的话，请尽量买中国鲜面，不过用干面条也可以。碱水面颜色有点泛黄，口感弹牙，令人愉悦。这一章还收录了不同形状的手工面片，比如“猫耳朵”，做的过程有趣，吃起来也非常美味。

上海粗炒面

Shanghai Stir-fried Chunky Noodles

这道上海面食的主料是有弹性的粗面，有点像新鲜的日本乌冬面。老抽为其上色，略微断生的绿叶菜让其变得新鲜清爽。加肉丝会很美味，不过素食主义者不加肉丝也会吃得很开心。上海人常加的绿叶菜就是最鲜嫩的小头上海青，也叫“鸡毛菜”。我在家经常用嫩菠菜，因为绿叶菜一定要柔嫩到能迅速在热气中变软。据某些史料记载，这道面食是从上海移居到香港的人发明的。

这一碗面就能当一顿午饭，做起来快手，吃起来满足。我给的分量是 2 人份；如果加上别的菜，就是 4 人份。

猪瘦肉 100 克
鲜面或日本乌冬面 425 克
食用油 2½ 大匙
嫩上海青 200 克或嫩菠菜 2 大把
老抽 1½ 小匙
生抽 1 大匙
盐和白胡椒粉

腌料：
生抽 ½ 小匙
料酒 ½ 大匙
生粉 2 小匙
蛋液或凉水 1 大匙

猪肉切成细丝。加入腌料拌匀。

烧开一锅水，加面煮 2 分钟（鲜面和乌冬面已经是半熟的，所以不用煮太久）。煮好的面倒入滤水篮中，冲凉水。把水分甩干，倒 ½ 大勺的油，反复抓拌均匀，防止粘连。

锅中放 1 大匙油，大火加热。加入肉丝迅速翻炒到丝丝分明。肉丝刚熟即起锅，备用。必要的话将锅刷干净并做防粘处理，加入剩下的油，大火加热。加入面翻炒到热气腾腾，再加入生抽、老抽，并加盐和白胡椒粉调味。加入绿叶菜继续翻炒片刻到菜叶变软，最后加入肉丝翻炒均匀。上桌开吃。

开洋葱油面

Shanghai Noodles with Dried Shrimps and Spring Onion Oil

但凡列举江南菜谱，绝对少不了开洋葱油面。油融合了葱香，开洋（虾米）与酱油的结合十分提鲜，真是听起来简单，吃起来无法抗拒。

这道面我吃得实在太频繁，所以会大批量地做葱油放冰箱冷藏，尽管我都不确定葱油到底需不需要冷藏。我的冷冻柜里还常备鲜面，也就是说，要是我想吃开洋葱油面了，只需要10分钟，就能吃上这道美味小吃：只需要烧点水，直接把冷冻鲜面下锅，捞出来再拌上香喷喷的葱油和生抽。我常把这道面作为早餐、午餐和夜宵，有时候旁边会配一个凉菜。据说发明这道面食的人是上海城隍庙附近的一个小摊贩。菜谱用量是2人份。

开洋 2 大匙
料酒 2 小匙
小葱 4 根
生抽或日本酱油 4~5 小匙（按照个人口味添加）
食用油 6 大匙
你喜欢的干面 200 克或鲜面 300 克

开洋放在小碗中，加入料酒，再加入没过开洋的热水，浸泡半小时。用刀面或擀面杖轻轻拍松小葱，然后均匀地切成6~7厘米长的葱段。将生抽或日本酱油倒入最后盛面的碗中。

锅中放油，大火加热。加入葱段翻炒到略微呈金黄色。开洋沥水后加入锅中，继续翻炒到葱段变成深棕色，散发出强烈的葱香（但别炒煳了）。将小葱、葱油和开洋一起起锅备用。

烧开一大锅水，按照自己喜好的软硬度来煮面，然后将面充分沥水，放在面碗中。将小葱、开洋和葱油倒在面上，上桌。吃之前用筷子将所有配料搅拌均匀。

阳春面

'Springtime' Noodles

这是形式最简单的江南汤面，本地人会在家里做这道面。这道面只有普通的面加一碗清汤，再加老抽调味，最后来点芝麻油和葱花，面里没有肉、鱼或蔬菜。面条躲在散发着香味的深色面汤中，颇有“犹抱琵琶半遮面”的味道。

“阳春面”这个名字给人一种春天的感觉，不过有的史料说，这个“阳春”指的是“小阳春”，即孟冬（立冬至小雪节令）时节出现的一段温暖如春的天气。

这道面食可以作为小吃随便吃吃，也可以单独作为一顿饭吃，旁边来个一两道配菜。菜谱中的用量是 2 人份。

老抽 1 小匙
生抽 2 小匙
芝麻油 ½ 小匙
鲜汤 600 毫升
鲜面 300 克
葱花 2 大匙（只要葱绿）

将生抽、老抽和芝麻油平均分配到两个面碗中。将鲜汤烧开保温。烧开一锅水，加入面条，同时用筷子将其拨散分开，煮到自己喜欢的硬度。充分沥水。

将热汤倒在面碗中的调料上，将煮好的面平均分配到两个面碗中，撒葱花装饰。

肉丝拌川面

Hangzhou Late-night Noodles

午夜时分，杭州的一条小巷子里，戴建军带我找到了一家流动的摊子，卖的是当地人喜闻乐见的川面。做面的人头发蓬乱，满头大汗，像一个无情的搅拌机器。她往常年使用已经变得很黑的炒锅里甩了一把肉丝、豆腐、猪腰和猪心，加入一些面，倒生抽调味，再来一把新鲜的韭黄，那香味有些刺激，在初秋仍然温暖的空气中飘散。她的丈夫站在她身后点单收钱，一群食客坐在他们周围破破烂烂的桌边，在几乎完全黑暗的环境中等待着。我目不转睛地盯着那个女人，她仿佛在参加“街头小吃奥林匹克”，强健发达，不屈不挠，一刻不停地辛勤劳动，坚决而猛烈地翻炒着。

戴建军告诉我，这对夫妻追求的是“一碗面一勺”，所以才会这么美味。尽管女人特别辛苦，他们也算是赚了钱，足够把孩子送去上大学了。戴建军和我坐在摇摇晃晃的凳子上，“哧溜哧溜”地吃着劲道弹牙的面，感受着重味的下水和“上头”的韭黄香。

这道菜谱是我向那位如亚马逊女战士一般强悍的小摊贩的致敬。做这道面最好用有点泛黄的碱水面，味道比较特别，口感也比较弹牙。如果找不到碱水面，用鲜面或鸡蛋面也可以，看个人喜好。为了方便，我来了个自由发挥，一次做2人份，并且用蘑菇和榨菜代替了猪下水。菜谱用量是2人份。

猪瘦肉100克
豆腐干75克
榨菜60克
平菇50克
韭黄75克
小葱2根（只要葱绿）
鲜面300克
食用油2大匙
生抽1大匙
芝麻油1小匙
盐

腌料：
盐⅛小匙
料酒½小匙
生粉½小匙

猪肉切丝，加入腌料，再加1小匙凉水混合均匀。将豆腐干、榨菜和平菇切成细丝。将韭黄和小葱切成7厘米长的段。

烧开一锅水，加入面条，煮到自己喜欢的硬度，在冷水下冲洗后充分沥水。锅中加入1大匙食用油，大火加热。加入肉丝翻炒到刚熟，起锅备用。剩下的油加入锅中加热，倒入榨菜迅速炒香。加入豆腐干和平菇，翻炒到平菇刚熟。

肉丝再次入锅，加入面条，大力翻炒到所有东西混合均匀，加生抽和盐调味（榨菜已经很咸了，盐要适量）。等锅中热气腾腾，加入韭黄，迅速翻炒出香味。加入葱段，离火，倒入芝麻油搅拌均匀，上桌开吃。

片儿川面

Hangzhou 'Blanched Slice' Noodles

约一千年前，宋朝朝廷被迫从开封南迁至杭州，所以杭州的文化有些受北方的影响，这一点不仅能从烹饪中看出，也能从方言里听出一丝端倪。杭州人说话有些儿化音，这通常是北方方言的特征，和南方方言不太一样。这道典型的杭州面，名字里就有个儿化音：片儿川。面条、面汤、雪菜、猪肉和竹笋混合在一起，简单而叫人满足。最初，这个面叫作“片儿氽”，因为肉片和笋片会在开水里迅速氽一下；后来人们用发音相似的“川”代替了“氽”。

传说这道面食的灵感来源于曾在杭州做官的宋朝诗人苏东坡。他爱吃猪肉是出了名的，但他却写道：“可使食无肉，不可居无竹。无肉令人瘦，无竹令人俗。人瘦尚可肥，士俗不可医。”因为竹子是道德标准和诗情画意的传统象征。请尽管放心，吃了这道有肉有竹的面，你既不会瘦，也不会俗。这道面非常亲切，让人满足，一碗面就可当一顿饭。龙井草堂的大厨董金木向我展示了这道面的做法。菜谱用量可供 2 人食用。

竹笋 100 克
猪瘦肉 100 克
食用油或猪油 1 大匙
料酒 ½ 大匙
雪菜 100 克
生抽 1 大匙
老抽 ½ 小匙
鲜面 300 克
猪油 2 小匙（可不加）
葱花 1 大匙
盐

烧开一锅水。将竹笋切成骨牌块大小的薄片，稍微氽水，用凉水冲洗后沥水。将猪肉切成和竹笋差不多的薄片。烧开一壶水。

食用油或猪油入锅，大火加热。加入猪肉翻炒到片片分明，肉色变白时加入料酒。加入笋片，迅速翻炒后倒入雪菜。翻炒到热气腾腾，处处飘香，加入老抽和生抽，再加 300 毫升热水，熬成鲜汤。烧开后关小火保温。

在另一锅中烧开水，加入面条，用筷子搅拌防止粘连。面条刚熟即起锅，稍微过一下凉水，加入鲜汤中，必要的话再加点热水，要差不多没过面条。再次烧开后加盐，愿意的话可以再来点猪油增添香味。用夹子或筷子将面盛入面碗中。把鲜汤舀起来，浇在面上，把各种配料堆在顶上。撒上葱花上桌。

绩溪炒粉丝

Stir-fried Sweet Potato Noodles

几年前我在皖南旅行，尝过很多奇异又无比美味的菜肴，不过印象最深的，却是这道简单的绩溪炒粉丝。粉丝晶莹剔透，风味极佳，与豆腐干和猪肉一起炒，又融合了豆腐干丰富的香味与甜味。当地人称其为“徽州鱼翅”，因为透明弯曲的粉丝看起来很像奢侈的干鱼翅，富有的徽州商人曾经从中国的其他地区将其带回尝鲜。这既是一道家常菜，也是农村宴席上不可或缺的菜肴。按照当地传统风俗，婚宴上吃的粉丝不能切断，象征长命百岁，白头偕老。

绩溪出了很多名人，也出了很多天赋异禀的厨师，正所谓“卧虎藏龙”。我很荣幸，自己在绩溪的时候能够和六位“龙虎”坐下来共进午餐，其中两位是来自名厨世家的兄弟。那天端上桌的这道绩溪炒粉丝，是我在安徽吃过最美味的，这个菜谱就是我的复刻尝试。只要是绩溪厨师，就会坚称必须用那种饱满有弹性的绩溪特产红薯粉才能做成这道菜，但我向你保证，按照我的做法，用在任何中国城都能买到的红薯粉做出来的版本，只要不是绩溪人，都会爱吃。配上其他菜肴，作为一顿中餐的一部分，可供 4~6 人食用。

干红薯粉 100 克
五花肉 75 克（不带皮）
豆腐干 75 克
蒜 2 瓣
小葱 3 根（只要葱绿）
红灯笼椒¼个（去核去籽）
食用油 1 大匙
料酒 1 大匙
高汤 300 毫升
老抽 1 小匙
生抽 2 小匙
芝麻油 1 小匙
盐

红薯粉用凉水浸泡 2 小时或过夜。将猪肉和豆腐干切成 3~4 毫米粗的条。大蒜剥皮切片。将葱绿切成 5 厘米长的葱段。将红灯笼椒切丝。开始烹饪之前，先将泡好的粉丝放在滤水篮中沥水。

锅中放油，大火加热。加入猪肉翻炒到颜色变白。加入蒜和豆腐干，继续翻炒 1 分钟左右，到香味四溢。倒入料酒，搅拌均匀。加入高汤、粉丝、生抽和老抽，搅拌均匀后烧开。加盐调味。盖上锅盖继续煮约 2 分钟，直到粉丝几乎将高汤完全吸收。

揭开锅盖，搅拌一两下，防止粉丝粘锅。最后，加入葱段和红灯笼椒搅拌，让锅中热气迅速为其断生。离火，淋芝麻油搅拌均匀，倒在上菜盘中。

猫耳朵

Cat's Ears

中国人和意大利人最爱争论是谁先发明了面条（几年前，中国人宣称，青海北部一个考古现场出土了一碗有四千年历史的小米面条，所以无须争论，答案不言自明）。也许两国还应该再争论一下，是谁先发明了“猫耳朵面”。中国西北部的西安，兵马俑的故乡，有位美食作家曾邀请我到他家去美餐一顿家常的麻食，其实就是用常规的中国面团做成的小小猫耳朵面，面团切成小块，用大拇指搓成颇有特色的“耳朵”形状。

杭州也有著名的小吃“猫耳朵”，制作方法和西安完全一样，不过摆盘方式具有典型的江南风格：浸泡在浓郁的鸡汤中，点缀着翠绿的豌豆和深粉色的火腿丁，还有白白的鸡肉和象牙色的竹笋。这是一道很有杭州特色的菜肴，南北结合，默默诉说着公元12世纪宋朝南迁的历史，并为一种北方的主食赋予了南方菜的精致可口。我在皖南地区也巧遇过这些小小的“耳朵”。在那里，教我做这道菜的大厨凌建军把它们称为“白玉蛹”。做这道菜需要一把干净的梳子。作为一顿饭中的一道菜上桌，可供4~6人食用。

猫耳朵：

高筋面粉250克（多准备一些做手粉防粘）

盐½小匙

食用油½小匙

配料：

干香菇2朵

竹笋50克

煮熟的鸡胸肉75克

西班牙火腿或中国火腿50克（稍微蒸一下）

冷冻豌豆75克

鸡汤1.5升

盐和白胡椒粉

将面粉和盐混合，在中间挖一个小洞，慢慢倒入水，边倒边揉，不断将边上的面粉向中间聚拢，揉搓成光滑的面团，盖上湿茶巾，静置醒面15分钟。

面团一切两半，将其中一半放在撒了粉的案板上，将其擀成约4毫米厚的面片。刀上沾面粉，切成1厘米宽的条，再切成1厘米长的小方片，撒上面粉防粘。拿一把干净的梳子放在案板上，撒上面粉，然后把一块小方片放在梳齿上。用大拇指压住小方片，使其往和你相反的方向滚动，滚过梳齿，再往右边挪一下让其从梳齿上脱落。最后你会得到一个蜷缩的“耳朵”，表面有起伏的纹路。剩下的面片如法炮制，在此过程中记得撒面粉，不要让“耳朵”们粘连在一起。

烧开一大锅水。按照煮意面的方式，在水里放点盐。倒入猫耳朵，好好搅拌一下。煮开后继续煮1~2分钟，到“耳朵”们纷纷浮起来，然后倒入滤水篮中沥水，并用凉水冲洗到完全冷却。充分沥水，加入油混合均匀，使其包裹每个耳朵，起到防粘的作用。在冰箱里冷藏2小时。香菇倒开水没过，浸泡至少半小时到变软。

将竹笋切成1厘米见方的小丁，在开水中迅速汆一下，用凉水冲洗后沥水。香菇泡发后沥水，去掉香菇柄，切成小丁。鸡肉和火腿切成1厘米见方的小丁。将竹笋、香菇、鸡肉、火腿和豌豆放在锅中，加鸡汤烧开。往汤水中加入猫耳朵，再次烧开后煮30秒。加盐和白胡椒粉调味，上桌开吃。

家乡面疙瘩

Rustic Dough-wriggle Soup with Pickled Greens

这道快手汤面是整个江南地区都常见的家常小吃。面疙瘩的做法是用勺子或筷子挖起一小块松软的面团，直接丢进一锅开水中。"疙瘩"这个词，在英文中可译作"**swelling**"（凸起）或"**lump**"（块），听起来好像让人没什么胃口，所以我才自由发挥，将其译作"**dough wriggles**"（扭动的面团）。你会发现江南地区在这个疙瘩的基础上有很多"美味变奏"：比如我在安徽黄山附近吃到的一顿午饭，当地人称之为"面鱼"，做好的疙瘩滑溜如鱼，在清澈的汤水中和猪肉、竹笋、蘑菇一起游弋。在绍兴方言中，这种面食是以用来刮面片的筷子命名的。

传授给我这个菜谱的是杭州柳莺里酒店的牛永强师傅。如果你手上刚好有鱼汤，那么按照这个菜谱进行调味会非常美妙。不过我通常都是用鸡汤或鸡肉猪肉混合高汤来做这道菜。愿意的话，你可以在倒入雪菜和竹笋之前，往锅里加一些切成丝的猪瘦肉，增添风味（肉丝不需要提前腌制）。菜谱用量可以做4大碗，如果再加上别的菜，够6人份。

低筋面粉 400 克
小葱 2 根（只要葱白）
竹笋 50 克（可不加）
食用油 2 大匙
生姜 10 克（去皮切片）
雪菜 150 克（切碎）
高汤 1.6 升
盐和白胡椒粉

面粉放入碗中，在中间挖一个小洞，慢慢加入约325毫升凉水，一边用木勺搅拌，一边将边上的面粉往中间聚拢，最后得到不成形的湿面团。静置醒面10分钟。

用刀面或擀面杖轻轻拍松葱白。烧开一锅水。竹笋切薄片，汆水1分钟后充分沥水。

锅中放1大匙油，大火加热，加入姜和葱白迅速炒香，加入雪菜和竹笋，继续翻炒一会儿炒香。倒入高汤烧开。加盐和白胡椒粉调味，保温。

另取一口大锅，装水后烧开。将剩下的油淋在面团上，并涂抹在面团表面。取一个大的金属勺子，在前后表面上都抹一点油。将那碗面团举在烧开水的锅上方，用勺子从边缘开始挖出窄窄的面团，扔进开水中。一边舀面一边旋转面碗。很快水中就会充满面团，四处游弋，如同活蹦乱跳的鳝鱼。重复上述步骤，直到把所有的面团都用完。等到所有小面团都浮到表面，用漏勺捞出后放入事先准备好的高汤中。烧开后倒入汤碗，上桌开吃。

点心类

江南地区的包子、饺子和小吃数不胜数，叫人眼花缭乱，这些东西统称为“点心”。在上海古色古香的老街区闲逛，会经常看到厨师揭开巨大的蒸笼盖，里面是汤汁充足的生煎包，底面金黄焦香。扬州的冶春茶社早餐时分食客喧嚷，那里有我吃过的最精致美味的包子。宁波人则特别喜欢他们那水汪汪的糖桂花黑芝麻汤圆。

很多点心都是为特定的节日或场合准备的。比如象征家人团聚的汤圆，是春节最后一天的元宵节上吃的。还有用艾草将糯米粉染色制成的“青团”，传统上来说是属于春天伊始时清明节的食物，人们会在那天上坟祭祖。再往后，农历五月初五的端午节，人们会吃用长长的箬竹叶包裹糯米做出来的粽子。

农历八月十五的中秋节，人们会敬拜满月，吃有纪念意义的月饼。大部分的月饼都是红豆沙或甜五仁馅儿，不过江苏有苏式月饼，内馅儿是咸鲜肉，外皮轻盈酥脆。农历九月初九是重阳节，要吃重阳糕（花糕），一层层糯米和红豆沙堆叠在一起进行蒸制，有时候会做点五颜六色的装饰，煞是好看。

杭州有个特产“定胜糕”，十分美味，是将米粉放在特定模具中蒸制而成。传说这个小吃起源于南宋，是百姓为庆祝爱国英雄岳飞和他手下的将士们凯旋而制作的糕点。比定胜糕做法难上许多的是吴山酥油饼，圆锥体的外形，一层层的酥皮，撒上白糖，一碰就散。

类似的酥油饼还有很多种，它们都有用面粉和猪油做成的一层层酥皮。上海人特别喜爱酥脆的“蟹壳黄”，内馅儿是肥肉和小葱。还有如金黄色圆盘的“葱油饼”，是非常流行的街头小吃。如今上海最出名的葱油饼在原来的法租界，做饼人叫阿大。

所有的点心中，卖相最好也最为繁杂琐碎的，莫过于苏州的“船点”，现代社会已经很少见了。过去，江南美丽的湖区常常停泊着绘饰精美的木船，人们可以租船出游，配上歌舞姬和奢侈的餐点。人们听着小曲，看着歌舞，一边享用着做成水果、蔬菜和各种小动物形状的米制糕点。苏州民俗博物馆食文化展示厅中开了一家餐馆叫“吴门人家”，掌门人是饮食文化学者沙佩智，她曾邀请我去尝过传统的船点，其中有粉嫩“菱角”，两头的角很齐全，短小的绿茎也在；还有光闪闪的“蒜头”，内馅儿是金橘果脯；橙色的“葫芦”，是用南瓜泥与红豆沙做成的。

江南的点心如此之多，其中有些很棒的特产，值得单独一提。宁波有闪闪发光的灰汁团，是用糯米粉和过滤后的稻草灰溶液做成的；口感水水的，有点奇怪，带着强烈的碱味，感觉像是吃了烟花爆竹。宁波还有具有神话色彩的“龙凤金团”，圆圆的蒸米糕，揉进了松花粉，然后按压进刻有龙凤图案的模具。蒸制的糕团也是宁波的特产，因为自然发酵有种幽微的酸味，通常会经过进一步烤制后撒上白糖和苔菜碎。做大部分的点心都需要专业知识和技法，很多还需要高超的技艺。我在这里收录了一些江南人最爱，且不花费太多力气就能在家做成的点心。

包包子或包饺子，需要将一张圆面片的边缘捏到一起，里面包馅儿。一开始可能有点难，但只要掌握了基本技能，就能往里面加各种各样的美味馅料了。扬州的专业厨师能做出打了30个小褶的美丽包子，但你其实只需要把收口捏紧，保证馅料不漏即可。如果你是第一次做这样的包子或饺子，先少包一点馅儿，这样比较好包；等你比较熟练了，再增加馅料的用量。

生煎馒头

Shanghai Potsticker Buns

在上海过去的法租界，道路两旁种满梧桐树，在头顶形成绿葱葱的拱顶，阳光从树叶间射进来，把人行道照得斑斑驳驳。正是早餐的时间，乌鲁木齐路的小店和餐厅都热闹起来了。一家忙碌喧嚷的小食店里全是食客，他们喝着热豆浆，把油条撕成一块块泡进碗中。店门外，竹蒸笼叠成一座塔，里面摆满了糯米糕和白胖蓬松的猪肉白萝卜包子，全都被蒸汽形成的云雾围绕着，显得格外缥缈。一个女人守在烟酒店门口，正在炸着生煎馒头（生煎包），这也是上海最著名的小吃之一。这些生煎包底面金黄酥脆，常被中国人简称为“生煎”，算是上海小笼包的“哥哥”，看上去个头要大一些，味道更重一些，但同样叫人无法抗拒。外皮用发酵面团做成，内馅儿是多汁的猪肉，做法是“锅贴”法，即把生包子放在煎锅里，煎一会儿之后再用水蒸。

做这道小吃需要一个带有严密锅盖的平底煎锅，最好是厚底铸铁锅或不粘锅。菜谱用量能做大概 20 个生煎馒头。

白芝麻 / 黑芝麻（或者两者混合）1 小匙
低筋面粉 250 克（多准备一些做手粉防粘）
高筋面粉 50 克
活性干酵母 1 小匙
绵白糖 ½ 小匙
泡打粉 ½ 小匙
食用油 ½ 小匙（多一些备用）
葱花 3~4 大匙（只要葱绿）
镇江醋（做蘸碟）

馅料：
皮冻 100 克（见第 318 页）
生姜 25 克（不去皮）
小葱 1 根（只要葱白）
猪肉末 300 克（最好是五花肉）
料酒 1 大匙
生抽 1½ 大匙
盐 ½ 小匙
白胡椒粉 ⅛ 小匙
绵白糖 2 小匙
芝麻油 ½ 小匙

先来做馅料。将刀或叉子在皮冻上反复划，将其变成碎块。用刀面或擀面杖拍松姜和葱白，放在小碗中，倒入刚刚没过的凉水。将猪肉末放在另一个碗中，加入料酒、生抽、盐、白胡椒粉、糖和芝麻油，混合均匀，朝一个方向搅拌。慢慢加入 3 大匙的葱姜水，按照之前的方向搅拌。最后，加入皮冻碎，搅拌均匀。冷藏备用。开小火，在干锅中将芝麻炒香，备用。

来做面团。将两种面粉、酵母和糖在大碗中混合，在中间挖一个洞，慢慢加入约 150 毫升的温水，一边倒一边把边上的面粉往中间聚拢，加水要适量，形成柔软不粘手的面团即可。面团快要成形时，加入泡打粉和食用油，完全混合后将面团放在撒了薄薄的面粉的操作台上，揉搓 15 分钟左右，得到米白色的光滑面团。（也可以用电动搅拌机揉搓几分钟，得到同样状态的面团。）用湿茶巾覆盖，在温暖的地方醒发约 20 分钟。

▶

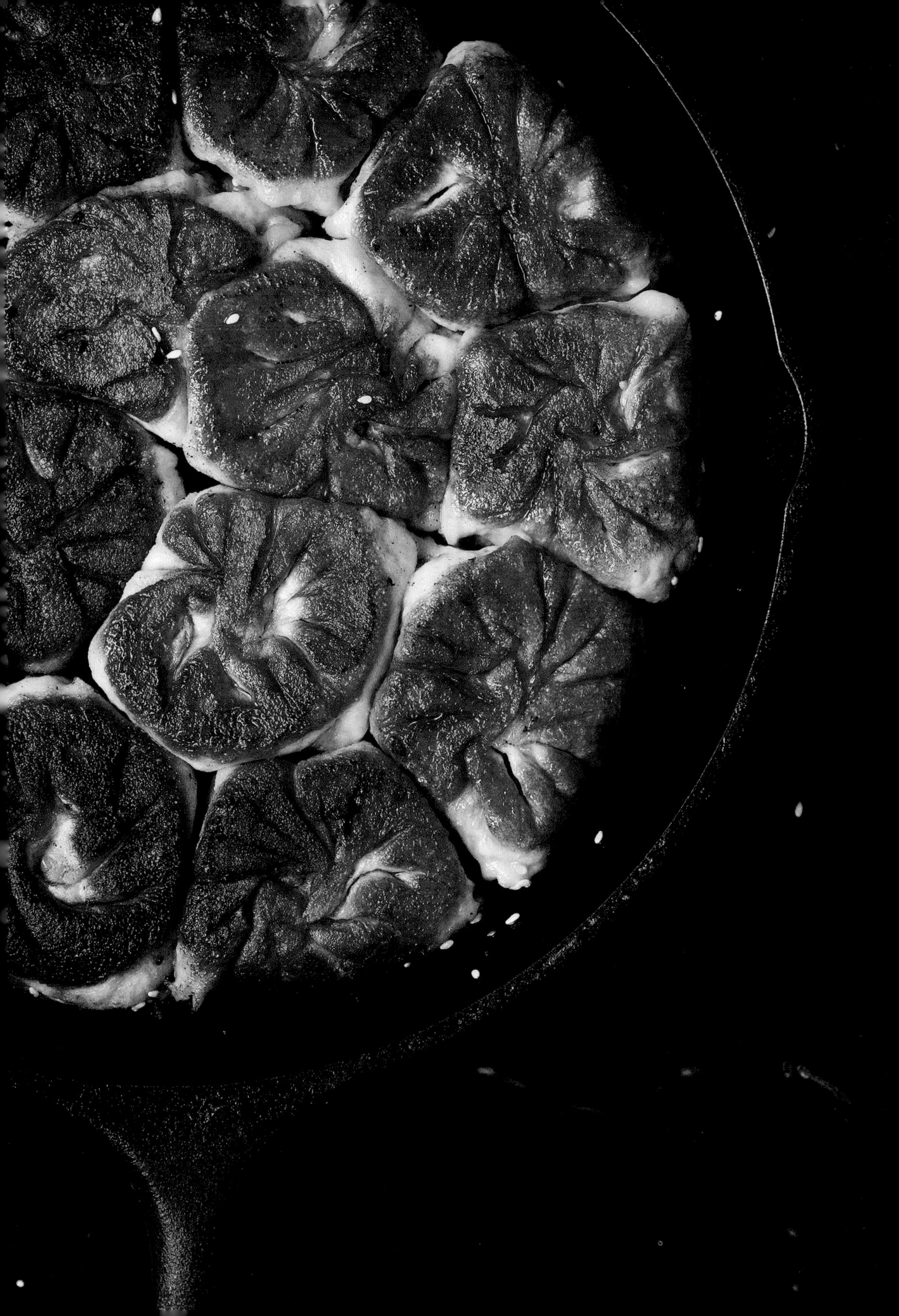

做包子皮。铺开一张油纸。将醒好的面团迅速揉搓一下，再切成2~3条，将每条揉成长条状，再切成核桃大小的剂子，每个约30克，并在上面薄薄地撒上一层面粉。将剂子切面朝上，用手掌压成圆饼状。将圆饼擀成直径约9厘米的面片，随时注意撒面粉防粘。

包包子。将面皮摊在一只手上，然后用比较钝的刀或竹抹刀舀一勺（25~30克）馅料放在面皮中心。用另一只手把边缘捏紧，把馅料紧紧包在皮中（见第281页）。收口一定要完全捏紧，要使劲儿。将包好的包子倒放在油纸上。盖上湿茶巾防干，剩下的面团如法炮制，把所有的面团用完。静置醒发20分钟。

包子醒发好之后，取厚底铸铁煎锅或不粘煎锅，放2大匙食用油，晃一下使油完全覆盖锅面。大火加热到油温较高时，短暂离火，将倒放的包子整齐地摆在锅中。相互之间要有接触交叠，这样才能完全覆盖锅面。继续加热，煎2~4分钟，直到包子散发香味，底部变得金黄。随时移动一下煎锅，确保均匀上色。包子上色之后，离火，沿着锅边，小心地倒入250毫升开水，脸要保护好，免得被倒水时的蒸汽烫伤。盖上锅盖，大火加热，煮6分钟。

揭开锅盖，放走蒸汽，再沿着锅边淋1大匙食用油。继续加热，到底面再次变得酥脆（你会听到令人舒适的滋滋声，那就说明做好了）。撒上葱花后继续盖上锅盖焖20秒左右。关火后撒上炒熟的芝麻。上桌时可以正着摆，也可以倒着摆，让客人们欣赏金黄的底部。配上镇江醋做蘸碟。

小笼馒头

Shanghainese Steamed 'Soup' Dumplings

上海小笼馒头，出了江南地区就被叫作“小笼包”或“汤包”。做得最好的小笼馒头可谓面点中的极品。用筷子夹住那螺旋般多褶的颈部，轻轻从竹蒸笼上提起来，蘸一蘸香醋，再放进瓷勺子温柔的怀抱中。加上一点姜丝，然后用筷子戳开它膨胀的裙边，咸鲜的汤汁便奔涌而出。

江南人爱吃汤包，而上海小笼包就是一种比较精致讲究的汤包。上海郊区南翔有座古代园林，叫作古猗园，周围有好多餐厅，都说自己做的是祖传的正宗小笼馒头。那里有专门负责包包子的女工，1 小时能包大约 400 个。在大闸蟹上市的秋日，他们通常会往猪肉馅料中加一点蟹肉，为小笼包平添一份金色的光彩。扬州有道特色小点，就是一个一笼的灌汤包，个头很大，皮冻包得多，得在夹起来之前先用吸管吸掉里面的汤汁。

小笼馒头多汁的关键，就是其中的皮冻，在蒸制过程中逐渐化成汤。制作皮冻时，你可以按照传统的方法，用猪皮或猪蹄来做；也可以走捷径，用吉利丁（明胶）来做凝固剂；后者要简单很多，做出来也叫人满意。注意，做这道点心是需要一些技巧的，中国人在家也不常做小笼包。菜谱用量大概能做 20 个小笼包。

高筋面粉 200 克（多准备一些做手粉防粘）
食用油 ½ 大匙（另外准备一些涂抹蒸笼）
镇江醋（做蘸碟）
生姜 30 克

馅料：
皮冻 200 克（见第 318 页）
生姜 25 克（不去皮）
小葱 1 根（只要葱白）
猪肉末 200 克（最好是五花肉）
料酒 1 大匙
生抽 1 大匙
盐 ½ 小匙
白胡椒粉 ⅛ 小匙
绵白糖 2 小匙
芝麻油 ½ 小匙

先来做馅料。用刀或叉子在皮冻上反复划，将其变成碎块。用刀面或擀面杖轻轻拍松姜和葱白，放在小碗中，倒入刚刚没过的凉水。将猪肉末放在另一个碗中，加入料酒、生抽、盐、白胡椒粉、糖和芝麻油，混合均匀，朝一个方向搅拌。慢慢加入 3 大匙的葱姜水，按照之前的方向搅拌。最后，加入皮冻碎，搅拌均匀。冷藏备用。

将 180 克面粉和食用油在大碗或料理机中混合，剩下的 20 克面粉放在小碗中。往小碗的面粉中倒一点开水，边倒边搅拌。加入适量开水，将小碗中的面粉变成黏湿、有光泽的面糊，然后将其倒入放有面粉和油的碗或料理机中，混合均匀后逐渐加入凉水，形成柔软但不粘手的面团。将面团揉搓到光滑，滚圆后用保鲜膜包好。静置醒面至少 30 分钟。将面团切成约 3 厘米宽的条，再切出大樱桃大小的剂子，每个约 15 克，并在上面薄薄地撒上一层面粉。将剂子切面朝上，用手掌压成圆饼状。将圆饼擀成直径约 10 厘米的面片，注意随时撒面粉到台面或

▶

擀面杖上防粘。

包包子。在竹蒸笼底部刷上油。将面皮摊在一只手上，然后用比较钝的刀或竹抹刀舀约 20 克馅料放在面皮中心。用另一只手把边缘捏紧，把馅料紧紧包在皮中（见第 281 页）。收口一定要完全捏紧，要使劲儿，然后往上捏成一个尖。将包好的包子放在涂了油的蒸笼上，两两之间至少留出 3 厘米的距离。

小笼馒头准备上桌了，将其大火蒸 8 分钟，可以分批蒸，或者将多个蒸笼叠放起来进行一次性蒸制。蒸的时候给姜削皮，切成薄片，再改刀成细丝。把醋和姜一起放入蘸碟中。小笼馒头连着蒸笼一起上桌，旁边摆上姜醋蘸碟。吃的时候，用筷子夹起一个，蘸下醋，然后放进小碗或瓷勺中，加入一点姜丝。用筷子戳破外皮，让汤汁流出，然后把勺子或碗举到嘴边，边吃包子，边喝包子汤。

菜肉大馄饨

Shanghai Pork and Vegetable Wontons

一天，我的朋友罗丝带我去看她的姨妈，对方住在上海虹口区苏州河岸边一个有些混乱破败的小棚屋里。我们爬上一段窄窄的木阶梯，来到豁然开朗的明亮客厅，里面坐满了罗丝的姨妈、舅舅和表亲们。我们在那里喝着清心去火的菊花茶，主人荀乃凤则向我们传授做上海馄饨的方法。

馄饨这种小吃，遍布中国，无处不在，只是名字、形式和馅料各有不同。南粤称之为“云吞”，四川叫“抄手”，上海则是“馄饨”。上海有两种馄饨最出名：第一是小馄饨，将一点点肉末松松地包进一张小小的馄饨皮中，和汤一起上桌；第二就是这道菜谱中的大馄饨，我总觉得比小馄饨更刺激些。

大馄饨的馅儿通常都是细切的荠菜，算是洋白菜的一个“野亲戚”。荀女士在荠菜里掺了猪肉末、虾和一点点香菇，做成十分美味的馅料。出了江南就很难找到在售的荠菜，所以我在家都用羽衣甘蓝汆水代替，那风味倒是叫人想起荠菜清新的草香；有时候我也会用菠菜汆水来代替，也很美味。很多中国超市都有大馄饨皮卖。同样的馅料还可以用来包饺子和包子。菜谱用量大约能包 20 个大馄饨。

大馄饨皮 200 克
食用油或猪油 1 小匙
紫菜几撮
虾皮 1 大匙
榨菜碎 2 大匙
葱花 2 大匙
高汤 750 毫升（或煮馄饨的汤）
盐和白胡椒粉

馅料：
干香菇 3 朵
羽衣甘蓝 250 克或菠菜 / 荠菜 150 克
生姜 20 克（不去皮）
小葱 1 根（只要葱白）
猪肉末 200 克
盐 1½ 小匙
绵白糖 1½ 小匙
料酒 ½ 大匙
芝麻油 1 小匙

干香菇倒开水没过，浸泡至少 1 小时至软。如果是用羽衣甘蓝，则去掉硬茎，只要软叶子。准备一大碗冰水。烧开一锅水，加入甘蓝叶煮约 5 分钟，直到叶子变软。充分沥水后浸入冰水，使其完全降温。沥水后尽量挤干水分，细细切碎。（如果是用菠菜或荠菜，也按照同样的方法处理，不过煮的时间要缩短，稍微汆水即可。）

用刀面或擀面杖使劲拍松姜和葱白，放在小碗中，倒入刚刚没过的凉水。将香菇去柄，切成香菇碎。肉末放在碗中，加入香菇碎、盐、糖、料酒和芝麻油，再加 4 大匙浸泡姜葱已经吸收风味的水。充分搅拌混合，直接上手来搅拌是最容易的。加入切碎的绿叶菜，再次充分搅拌混合。

烧开一大锅水，另取一个小盘，装满凉水。将馄饨皮放在掌心，舀满满 1 大匙（25~30 克）混合肉馅儿放在皮中央，往里

▶

面压一压，用手指沾水，在馄饨皮周边抹一圈水，把馄饨包起来，收口捏紧。将包好的馄饨放在干燥的台面上。剩下的皮和馅儿如法炮制。

紫菜撕碎。把配料中除高汤外的所有东西放在深碗里，加盐和白胡椒粉调味。另取一锅把高汤烧开并保温。将馄饨投入烧开的水中，轻柔搅拌防止粘连，煮大约 5 分钟。每次水烧开后，就加 1 小杯凉水来为其降温，这样馄饨不至于因挤撞得太厉害而破掉。（加水应该加 2~3 次，馄饨才算煮好了。）煮好的馄饨会浮到表面上。不确定的话可以弄开一个，看看馅儿是不是熟了。

馄饨快要煮好时，将热高汤倒入深碗中。用漏勺捞出煮熟的馄饨，投入碗中。（不用高汤的话，就把馄饨和煮馄饨的汤一起舀入碗中。）

包子

Basic Steamed Buns

面团：
低筋面粉 250 克
活性干酵母 1 小匙
绵白糖 ½ 小匙
泡打粉 ½ 小匙
菜籽油或融化的猪油 1 小匙

馅料：
你喜欢的馅料 1 份
（见第 283~286 页）

扬州的卢宅，曾经是当地一位富有盐商及家人的府邸。如今，在卢宅的后厨，一队厨师正抓紧清晨的大好光阴包包子。他们周围摆着一个个大盆，里面装着不同的馅料；桌子边上摞着堆叠的竹蒸笼。一位年轻的厨师微微晃动着身体，仿佛不费吹灰之力，就能迅速将中心放着馅料的面皮包出漂亮的小褶子，最后折成"鲤鱼嘴"，捏紧收口。

全中国都吃包子，不过在主要种植小麦的北方，这是一种主食，那里的包子个头很大，料很足。而扬州面点师傅们做的蒸包子，则有着南方特有的雅致与讲究。当地的包子咸甜馅儿都有，是早茶的一部分，算是一种点心。包包子是需要掌握诀窍的，最好是看看视频，或找人当面教你，都比看书效果要好。不过，一旦你掌握了手法，做起来就非常容易，而且会上瘾。

通常，我包完包子后，会剩下一些面团和馅料。如果剩下的是素馅儿，可以凉拌了吃；而少量的肉馅儿可以炒一炒，配饭配面都好。如果剩下了面团，可以做成几个馒头。肉馅儿包子可以配上小碟的镇江醋，味道不错。万分感谢大厨付丙帮助我写出这个菜谱。根据包子大小，菜谱用量可做 12~14 个包子。

取一个大碗，或直接找一个干净的料理台面，混合面粉、酵母和糖。在中间挖一个小洞，慢慢倒入约 150 毫升的温水（理想温度在 27℃左右）。将周围的面粉往中间聚拢，得到柔软但不粘手的面团。面团差不多成形时，加入泡打粉和油，混合均匀。将面团放在干净的台面上，稍微揉搓一下，到所有原料混合均匀，盖上湿布，在温暖的地方静置醒发 20 分钟。醒发好后稍微捶打面团排气，充分揉搓到颜色发白，十分光滑。盖上湿布，再次静置醒发 15 分钟。在竹蒸笼底部薄薄地刷上油。剪出 14 块 6 厘米见方的油纸。

醒好的面团再迅速揉搓一下，然后搓成两个长条，直径大约为 4 厘米。切下 30 克一个的剂子，切面朝上，用手掌压平成圆饼状。擀成直径 9 厘米的面片，中间厚，两边薄。左手（如果你习惯右手使力的话）持一块面片，将 1 大匙馅料舀在面片上，往中间压一压。用右手将面片边缘拉起来，围绕着馅料弄出褶皱，一边折一边用左手旋转一下。如果要包两种以上的馅料，最好给包子做个记号，比如把包子头折成一个尖或者压平等等，来标识不同的馅料。

捏紧包子的收口，放在小方油纸上，摆入抹了油的竹蒸笼里，互相之间一定要留出空隙，因为蒸制的过程中包子会膨胀。盖上盖子，在温暖的地方发酵 20 分钟。锅中放满水，大火烧开，放上蒸笼，盖好盖子，蒸大约 8 分钟，包子吃起来会很有弹性。（具体的蒸制时间要看你包子的大小。内馅儿要热透，面要熟透，但保留那么一点弹性。要是蒸制过后的包子软塌塌的、平平的，那就是蒸过头了。）

萝卜丝包

Yangzhou Slivered Radish Buns

包子皮面团 1 份（见第 280 页）
白萝卜 1 根（约 900 克）
无骨去皮五花肉 150 克
猪油或食用油 2 大匙
姜末 1 大匙
葱花 1 大匙
料酒 1 大匙
生抽 4 小匙
绵白糖 1 小匙
盐

喝早茶、吃点心，并非广东人独有的传统。扬州运河边的冶春茶社每天早上都在迎接蜂拥而至的食客，他们是来享用各种包子等美味可口的早茶点心的。茶社外的院子里，退休的老人们听着本地的戏曲，手里拿着一罐罐绿茶。在河边狭长的亭台之中，深色的木桌子上摆满了竹蒸笼、茶杯，还有小碟小碟的小菜、酱菜和佐料。

一天早上，我就在那里吃早茶，点了小碟的虾子茭白、蜜枣、镇江肴肉、腰果香菇和烫干丝——这些只是前菜。还有一笼笼张着口的烧卖，状如钻石的甜脯糕，需要用吸管吸出汁水的大汤包，还有一系列美妙精致的蒸包子。

这个菜谱的用量可以做 12~14 个包子。这也是我最喜欢的包子之一，将蔬菜和香喷喷的猪肉融合在一起，美味多汁。这种包子是扬州厨师赵浩教我做的。

白萝卜削皮后切成厚度约 3 毫米的片，然后切成丝。加入 1 大匙盐，混合均匀后静置至少半小时。五花肉放入锅中，倒凉水覆盖，大火烧开后关小火炖煮到熟透。从水中捞出放凉，然后切成 5 毫米见方的肉丁。萝卜丝沥水后再使劲挤一挤，尽量把水分都挤出来。

锅中放猪油或食用油，大火加热，加入肉丁，将其炒香且边缘变得金黄。加入姜末和葱花迅速炒香。将料酒沿着锅边倒入，任其发出“滋滋”声。离火后加入萝卜丝、生抽和糖，再加 ¼ 小匙的盐，混合均匀。静置放凉，包入包子皮中，上锅蒸（见第 280 页）。

美味变奏

豆沙包

红豆沙馅儿的包子，是江南地区最受欢迎的甜味包子之一。红豆沙在中国商店可以买到，当然也可以自制（见第 325 页）。包包子的手法和蒸制的方法如前（见第 280 页）。

猪肉包

用生煎馒头的配方做一份猪肉馅儿（见第 270 页），但不要加皮冻。包包子的手法和蒸制的方法参照上一个菜谱（见第 280 页）。

雪菜包

将大量雪菜和豆腐干丁及笋丁翻炒，按照个人口味加盐和糖调味，做成馅料。包包子的手法和蒸制的方法参照上一个菜谱（见第 280 页）。

左页图：香菇素菜包（左上）；三丁包（右上）；萝卜丝包（下）。

香菇素菜包

Shanghai Vegetarian Buns

这道多汁的素菜包是上海特色，不仅在素食馆中有，在很多知名的餐馆也是榜上有名。这种包子用来做早餐很是健康可口，可以单独吃，也可以送粥。最简单的香菇素菜包，馅料可以只用氽过水的绿叶菜和香菇，但我喜欢加一点竹笋或豆腐干。有些菜谱中还建议加点油面筋、黄花菜和木耳。主材可以用多种多样的蔬菜，比如荠菜及大部分的青菜和白菜，我觉得羽衣甘蓝就特别好。菜谱用量可做 12~14 个包子。

做包子皮的面团 1 份（见第 280 页）
干香菇 3 朵
羽衣甘蓝 500 克
鲜笋或腌笋 40 克
豆腐干 40 克（白味、五香或烟熏均可）
食用油 2 大匙
姜末 1 大匙
绵白糖 2 小匙（另外再加 1 小撮）
芝麻油 2 小匙
菜籽油 2 大匙
盐

香菇放在碗中，倒大量开水浸泡至少半小时。将甘蓝叶从茎上剥下，茎扔掉。烧开一锅水，加入甘蓝叶煮约 5 分钟，直到叶子变软。充分沥水后浸入冰水，使其完全降温。沥水后尽量挤干水分，细细切碎。另外烧开一锅水，加入竹笋氽水约 1 分钟，然后在凉水下冲洗，充分沥水后切成小丁。将豆腐干也切成小丁。香菇沥干水，保留泡香菇的水。香菇去柄后切成小丁。

锅中放食用油，大火加热。加入姜末、香菇丁、笋丁和豆腐干翻炒，到姜和香菇的香味飘散出来。加入 2 大匙泡香菇的水，再加 1 撮糖，并加盐调味。翻炒搅拌，直到液体蒸发，离火后加入甘蓝碎。加入剩下的糖、芝麻油和菜籽油，彻底混合均匀，加约 1¼ 小匙的盐。别忘了面团本身是没有加盐的，所以馅儿应该比单独吃的时候咸一点。馅儿做好之后包包子，蒸包子（见第 280 页）。

三丁包

Yangzhou 'Three-cube' Buns

乾隆皇帝下江南的故事家喻户晓，他最不能抗拒的就是扬州，那里有诗情画意的秀美风景，雅致精妙的宅院园林，当然还有精美上乘的饮食。当地有个传说，这位美食家皇帝给负责准备他早餐的厨师提出了非常精确的要求和命令，说自己的御膳应该“滋养而不过补，美味而不过鲜，油香而不过腻，松脆而不过硬，细嫩而不过软”。故事里说，厨师们面对这样复杂刁钻的要求，都目瞪口呆，慌乱得不知如何是好，直到其中一位想了个好主意：做一个包子，馅儿里面的食材都切成小丁，有“滋养而不过补的”海参，“美味而不过鲜”的鸡肉，“油香而不过腻”的猪肉，“松脆而不过硬”的冬笋，还有“细嫩而不过软”的虾仁。乾隆皇帝对这道天才的“五丁包”赞不绝口，不久后这种包点就成为扬州盐商等富贵阶层举办宴席的最爱。

后来，扬州富春茶社一名点心师傅希望能让普通老百姓尝一尝这种帝王权贵才有权享受的美味，因此去掉了其中两种很昂贵的配料，于是就有了“三丁包”，馅料只有猪肉、鸡肉和竹笋。三丁包美味多汁，咸鲜喷香，和扬州这座城市本身一样，令人无法抗拒。菜谱用量大约能做12~14个包子。

做包子皮的面团1份（见第280页）
干香菇3朵
鸡胸肉或鸡大腿肉100克（带皮或不带皮均可）
不带皮猪五花肉175克
鲜笋或腌笋75克
猪油或食用油1大匙
姜末½大匙
葱花½大匙（只要葱白）
料酒½大匙
高汤225毫升
生抽2小匙
老抽¾小匙
绵白糖1½小匙
生粉（4小匙）和凉水（3大匙）混合
芝麻油1小匙
盐

香菇放入碗中，倒大量开水浸泡至少半小时。烧开一锅水。加入鸡肉和猪肉，再次烧开后关小火，炖煮25分钟左右，到肉刚好熟透。静置放凉。烧开一小锅水，加入竹笋，氽水1分钟，捞出后放在凉水下冲洗，之后充分沥水。将鸡肉切成8毫米见方的均匀小丁，猪肉和竹笋切成更小一些的丁。香菇去柄后细切。

锅中放入猪油或食用油，大火加热，加入姜末和葱花，迅速炒香。加入香菇和笋丁，在有香味的油中翻炒，然后加入猪肉丁，翻炒出肉香。加入料酒，彻底翻炒一遍，然后加入鸡肉丁、高汤、生抽、老抽、糖和盐，烧开。生粉和凉水搅拌均匀，分次加入，一边加一边搅拌，使得汁水浓稠。离火后加入芝麻油搅拌。静置完全放凉，馅料会逐渐凝聚在一起，更方便包。剩下的步骤就是包包子，蒸包子（见第280页）。

荷叶饼

Lotus Leaf Buns

荷叶饼是用做包子皮的面团做成的，塑造成荷叶的形状，是很多味道浓郁的肉菜的传统伴侣，比如东坡肉、粉蒸肉和霉干菜扣肉。荷叶饼可以提前做好，冷冻起来备用。塑形需要一把干净的梳子或者齿刀。菜谱用量可做 15~20 个荷叶饼。

（见 288~289 页图）

做包子皮的面团 1 份（见第 280 页）　食用油少量

揉好面团，醒面。在蒸笼内部抹一层油。将面团放在撒了薄薄一层面粉的台面上，稍微揉搓一下，然后搓成直径 3 厘米左右的长条。用刀切成 4 厘米长的剂子，每个大约 25 克。手上稍微沾一点面粉，将每一段剂子翻转，使其切片朝上，用手掌压平，再擀成直径 8 厘米的圆面片。所有剂子均如法炮制。

取一张圆面片，在表面上很轻很轻地刷一层油，把一根筷子放在圆面片的中心，帮助你将其对折。将对折后的半圆放在台面上，用干净梳子或齿刀在边缘按出荷叶的纹路。用梳子或齿刀的背面将每道纹路的侧面稍微往里聚拢一下。将半圆直线边的中心修剪一下，做出荷叶的“茎”。将荷叶饼放在涂了油的蒸笼上，静置醒发 20 分钟。

将荷叶饼大火蒸 8 分钟左右，熟透即可。可以立即上桌，也可以等放凉后放入冰箱冷藏或冷冻。上桌前再蒸一下，热透即可。

甜品类

传统的江南餐食中，是没有上甜品这个环节的，但整个江南却有大量精致美味的甜味包子、酥皮点心和糕点，更别提甜汤与甜羹了。甜味的汤羹通常会在宴会尾声时上桌；而婚礼喜宴上则少不了蜜饯果脯，象征婚姻甜甜蜜蜜、琴瑟和谐。除此之外，甜味的吃食通常都是小吃，或者作为更广义的饭菜存在。苏州和无锡嗜甜的名声早就传开了，很多西方人认为应该是咸味的菜肴，到了他们那儿就全变甜了，比如糖醋鱼、红烧肉（用冰糖炖）、糖烤松仁凉拌火腿丝。在上海，如果饭桌上有一桌子开胃小菜，自然是咸味菜居多，但很多时候少不了糖渍金橘或苔菜炸花生，上面撒着白砂糖。

嗜甜名声传得最广的江南城市，莫过于苏州。在古城中心的道观玄妙观附近，当地人在采芝斋糖果店门口排起了长队，买五颜六色的糕点和玫瑰云片糕这类应季甜点。玫瑰云片糕是传统的早春祭祖用品，到现在也是春天的季节限定食品。再去到位于江苏省更南部的南京，那里也有很多美味的甜品，比如红糖莲子羹、桂花糖芋苗，后者加了藕粉，散发着浓稠甜香的光泽。

整个江南有很多售卖糖果糕点与甜品的街头小贩和商店。在上海著名的老牌商业街南京路，各类食品店不仅卖传统的小吃零食，还会卖西式风格的蛋糕和酥皮糕点，比如甜味的苔菜饼干。在绍兴的一条古运河边，我看到有个人在做和美国的“签语饼”类似的东西，用上下两个圆形的金属模具压住面糊，放在炉火上加热。之后趁还没变硬，将薄薄的蛋饼卷起来。这说不定是“签语饼”的前身，当然你咬下去不会发现什么签，只有酥脆焦香的坚果味和甜味。

江南很多传统的甜味吃食不会像西方的甜点那样叫人发腻，只是有那么一丝幽微的甜，比如杭州龙井草堂有时候会端上桌的桃胶鸡头米羹。这道羹汤充满了诗情画意，有神秘的水下植物，还有桃树在特定季节以呼吸凝结的精华，调味只是稍微加了点蜂蜜。在西湖岸边休憩的人们喜欢喝一碗西湖藕粉，浓稠有光泽，撒上糖桂花和蜜饯丝，美妙极了。

大部分江南甜品用的都是蔗糖，浙江和江苏就是蔗糖的重要产地；也可能加饴糖，那是属于古中国的甜味剂，经常用来制作果仁脆糖。要是有口福，你说不定能像我在浙江农村时一样，尝一尝野蜂蜜，这种深琥珀色的糖浆风味十分奇异丰富，带着老木头、焦糖和野花的芬芳；又有一股烟熏味，仿佛夜晚守在篝火旁；还有泥煤味，仿佛在品尝威士忌。这一章收录了部分我最喜欢的江南甜品。

八宝饭

Shanghai Eight-treasure Glutinous Rice

半圆的造型，闪闪发光的甜糯米，镶嵌着宝石一般的果脯与果仁，中间悄悄包裹着深色的红豆沙，这道卖相与味道皆美的“布丁”，是上海人最爱的甜味菜肴之一，也是整个江南地区逢年过节都会吃的传统菜肴。“八宝”指的是用来装饰的果脯、坚果与果仁（“八宝”也有咸味版，见第 74 页的八宝辣酱和第 114 页的八宝葫芦鸭）。传统做法是用猪油，但我更喜欢用椰子油，赋予八宝饭一种清幽而诱人的芬芳，也适合素食主义者吃。

关于八宝饭的装饰，尽管发挥你的创造力好了。照片中我用了 5 个枣子，5 个杏脯，1 把金色的葡萄干，一些蜜饯樱桃和 1 把即食莲子。你想怎么试验都行。很多中餐厨师会加松仁或五颜六色的果脯丝，老式的蜜饯效果也会不错。这个菜我自己有个非常喜欢的版本，是在上海的“福 1088”吃到的，他们混合了黑白糯米，饭里面是枣泥；每人一小份，会配上一杯温热的核桃羹。

做这道菜需要蒸笼、细布和刚好能够装下所有配料的耐热碗（容量在 750 毫升左右）。

糯米 250 克
绵白糖 100 克（另外准备 3~4 大匙）
猪油 / 椰子油 40 克或花生油 4 大匙（油多准备一些备用）
红豆沙 150 克
自己选择一系列果脯、坚果、果仁做装饰（见菜谱介绍）

淘洗糯米，多换几次水，到水变得清澈。将糯米在凉水中浸泡至少 4 小时或过夜。如果你用的是非常干的干果，要用热水泡软。像红枣那种体积比较大的干果，要切半去核。

在蒸笼中铺上细布，糯米沥干水后放入蒸笼，铺平整，但不要太紧。大火蒸 20 分钟到糯米变软。趁糯米饭还热，倒入碗中，加入 3~4 大匙糖调味，再加油混合均匀。

在一个耐热碗中抹上薄薄一层油。将果脯、果仁或坚果漂亮地铺在碗底。将大约一半的糯米饭小心地铺上去，边缘留一点缝隙。将红豆沙放在米饭上，然后将剩下的米饭填满整个碗，压平整。用小盘子盖住碗，大火蒸 25 分钟。

趁蒸饭时把剩下的 100 克糖放入 100 毫升水中，小火融化后煮 1~2 分钟变成糖浆。饭蒸好以后，去掉小盘，换上菜盘盖住碗，小心地翻转过来，八宝饭就漂亮地立在盘中了。将糖浆淋上去，上桌开吃。

酒酿圆子

Pearly Rice Balls with Sweet Glutinous Rice Wine

整个江南地区的人们都很喜欢这道抚慰唇齿肠胃的甜汤，里面有糯米小圆子，有金色的蛋花，还散发着酒酿的芬芳，据说女人生孩子之后吃这个特别好。宁波方言将其称为“浆板圆子”，按照传统是在冬至那天吃。而苏州人会加入去皮后的橘子，在大年初一那天吃。菜谱用量大概能做 6 碗。

枸杞 1 大匙
糯米粉 125 克（多准备一些做手粉防粘）
绵白糖约 5 大匙（按照个人口味添加）
生粉（4 大匙）和凉水（6 大匙）混合
大个鸡蛋 1 个（打散）
酒酿 125 毫升
糖桂花 1 大匙（可不加）

枸杞用凉水浸泡半小时至软。将糯米粉放入碗中，逐渐加入足够的温水，和成硬度接近泥子且不粘手的面团。将面团分成小块，搓成去壳榛子大小的圆球，放在撒了糯米粉的案板上备用。

烧开 1 升水，加入糯米圆子，小火煮到它们都浮到水面上。按照个人口味加糖，搅拌融化。生粉和凉水搅拌均匀后分次少量逐渐加入锅中，随着汤汁变浓稠不断搅拌，注意加入的生粉和凉水的量，使汤汁变得稍微有些稠厚、有丝滑的流动感即可。关最小火。将蛋液在汤汁表面上洒一圈，稍等片刻，等蛋液变成蛋花，然后加入酒酿、枸杞和糖桂花，搅拌均匀。上桌开吃。

银耳羹

Sweet Silver-ear Soup with Goji Berries

微甜的汤羹常在三餐之间充当小吃，或充当宴席最后的助兴小吃。有些甜羹充满了中国风情，在我眼里仿佛美丽的童话。一次，朱引锋师傅在浙南地区带我“觅食”。我们采到了“竹燕窝”，一种蓬松如海绵的真菌，长在某种竹子的下面。我们把竹燕窝洗干净带回去，加了新鲜的椰奶和冰糖，做成竹燕窝羹；口感柔和，如丝如缕，确实很像吃真正的燕窝。江南还有些著名的甜羹，会用新鲜的栗子配上芬芳的桂花，还有鸡头米配花生和枣子。

有些食材出了中国就很难找到，但我介绍的这个菜谱，所需食材在大部分中国食品店都能找到，也能给你同样的愉悦。这道甜羹有着滋补的功效，汤汁浓稠，漂着柔软的银耳，点缀着酒酿和红色的枸杞，飘散着酒香。喝一口，那种被抚慰的感觉实在是太妙了，据说很润肺。银耳羹味甜而不腻，无论喝冷的还是热的都很清爽。菜谱用量可以做 8 小碗。

完整的银耳 2 朵（40~50 克）
冰糖 125~150 克
枸杞 3 大匙
酒酿 4 大匙
糖桂花 1~1½ 大匙（可不加）

倒大量的凉水覆盖银耳，浸泡 1 小时左右至完全膨胀。用刀或剪刀将每朵银耳中间发紧发硬的芯修剪出来扔掉，变色的部分也丢弃不要。用手撕成小块。充分清洗银耳中的泥沙，然后沥干水。

将洗净沥水的银耳放在锅里，倒 2 升凉水没过，烧开后用很小的火炖煮约 1.5 小时，到银耳变软，汤汁浓稠。加入冰糖，搅拌使其融化。小火炖煮约 30 分钟，不时搅拌，防止银耳粘锅。煮好的银耳放在一旁备用。要达到最好的效果，应该静置过夜，让其慢慢凝聚。银耳柔软而摇曳生姿，汤汁慵懒而浓稠丝滑。

上桌前 1 个小时左右，倒凉水没过枸杞，将其泡发。上桌前不久，将银耳羹煮开，不时搅拌，如果太浓稠就再加点热水。最后，加入枸杞、酒酿和糖桂花搅拌。上桌开吃。

宁波汤圆

Ningbo Glutinous Rice Balls with Black Sesame Stuffing

包了黑芝麻馅儿的大个糯米圆子被称为“汤圆”，其起源可以追溯到宋朝时期。按照传统，汤圆是在春节最后一天的元宵节上吃。

据说，江南最好的汤圆出自宁波的“缸鸭狗”小吃店，汤圆是店里最著名的小吃（这个餐馆的名字很怪，来源于它的创始人，绰号“江阿狗”，他于 **1926** 年开了这家店）。早春时候，店里的汤圆可能是绿色的，用艾草汁做成，可以抵挡春困春乏。汤圆也可以做成咸馅儿的，比如荠菜鲜肉汤圆之类。菜谱用量可盛 **6** 碗。

黑芝麻 50 克
中筋面粉 3 大匙
绵白糖 50 克
猪油或椰子油 75 克
糯米粉 250 克（多准备一些做手粉防粘）
食用油 1 小匙
干桂花或糖桂花，最后撒在表面（可不加）

芝麻放在干燥的锅中，小火炒香，然后磨成粗粗的粉末（可用研磨机或者杵臼）。用同样的方法炒一炒面粉，炒到有烤面包的熟味儿。将芝麻粉、面粉和糖放在碗中混合均匀。将猪油（或椰子油）小火融化，然后放入刚才的碗中搅拌均匀。静置放凉后，放冰箱冷藏至凝固。将凝固好的馅料搓成葡萄大小的圆球，撒上糯米粉防粘。冷冻到硬。

糯米粉放在碗中，慢慢加入食用油和足够的温水，和成硬度接近泥子且不粘手的面团。将面团分成小块，搓成比馅料更大的圆球，放在撒了糯米粉的台面上备用。用大拇指在每个球中间按一下，使其呈凹陷状。将冻硬的馅料球压入凹陷处，把周围的面围起来完全包紧，做成汤圆。

烧开一锅水，加入汤圆，小火煮到它们都浮起来，然后捞出。每碗放 **4** 个汤圆，再加热热的煮汤圆水。如果有的话，撒一点干桂花或糖桂花。

南瓜饼

Pumpkin Cakes

扬州古城王氏老宅的厨房里有个巨大的老式灶头。灶头用砖和刷白的陶土垒成，在厨房的一端伫立着，相当壮观和威严。灶头上一共有5个放锅的凹陷处，下面是炉膛，后面有小洞，用来放调料；灶头上方是两根大的烟囱，直通屋顶。灶头上方有个可以俯瞰整个厨房的地方，那是灶王爷的神龛。灶王爷（灶君）是中国家庭的监督神。每年，他会将这些凡人的表现报告给玉皇大帝，由后者来决定是奖是惩。为了“贿赂”和讨好灶王爷，中国家庭有每年腊月二十三祭拜供奉、送灶王爷上天的传统。大家会在他的神龛前点燃蜡烛和香，烧烧纸钱，最重要的是供奉一点甜糯的东西给他吃，意在请他“封口”，如果不能，至少多美言几句。

这道美味的南瓜小饼就是呈给灶王爷的完美供品：外表金黄爽脆，内部柔软黏糯，馅儿很浓郁香甜。可以按照主菜谱包红豆沙馅儿，也可以做第325页的枣泥馅儿。

红豆沙150克
糯米粉275克（多准备一些做手粉防粘）
南瓜片500克
绵白糖约1大匙（按个人口味添加）
食用油（油炸用量，另外多准备2小匙）

红豆沙分成10克一份，搓成圆球，撒糯米粉防粘，搓好备用。南瓜去皮，挖出南瓜子，切成厚片，放在碗中，碗放进蒸笼，蒸到南瓜完全变软。静置放凉。

将南瓜捣成泥，也可以在搅拌机里打成泥。按照个人口味加糖（不同的南瓜本身的甜度也不同）。等南瓜不烫手了，加2小匙食用油，再分次加入糯米粉，每次都搅拌到完全融合，最后和成质感像泥子的比较硬而不粘手的面团。不需要加水，因为南瓜本身水分含量就很高了。静置醒面10分钟。

掰下一块杏子大小的面团，重量约35克，揉成圆球后轻轻用手掌按压成圆饼，把中间压下去一块，将红豆沙球按进去。将边缘的南瓜面团完全包裹住红豆沙，再搓成球后按压成约1.5厘米厚的圆饼。剩下的面团和馅儿都如此操作。

油炸用油加热到150℃，开中火，将南瓜饼分批油炸约8分钟，到表面金黄，状态应该是饼周围的油微微冒泡，并不剧烈。要慢一点炸，让馅料（红豆沙）里的猪油慢慢融化，而且避免爆浆漏馅儿。趁热上桌开吃。

苔菜桂花年糕

Sweet Ningbo Rice Cake with Seaweed

这道给人惊喜的独特甜点，是宁波特色菜。年糕条被包裹在糖粉和苔菜碎之中，还有微微的桂花香。这种咸鲜味和甜味的结合，经常出现在江南的菜品中：从上海点心店常卖的苔菜甜糕，到宁波的又一特色苔菜米馒头。我第一次吃苔菜桂花年糕是在宁波的状元楼酒店，行政总厨陈效良非常热心地允许我进入后厨，学习这种糕点的做法。这道糕点在一顿中餐的尾声上最合适，也可以和咸味菜肴一起上。

食用油 400 毫升
年糕 300 克（条状或圆片状均可）
糖粉 3 大匙
糖桂花酱 1½ 大匙或干桂花 1 大匙
海苔碎 1½ 大匙

锅中放油，大火加热到 150℃，小心地把年糕划入油中，炸 2~3 分钟，到年糕微微膨胀。炸年糕的时候要用锅铲将它们互相分开。用漏勺捞出年糕备用。小心地把油倒入耐热容器中。

锅中放入糖粉、糖桂花（或干桂花），开大火，立刻加入年糕，翻炒 10~20 秒，让糖融化并包裹住年糕。将海苔碎遍撒在年糕上，使劲翻炒 10~20 秒，直到均匀包裹且散发香味。立即上桌，趁热吃。

DRINKS

饮品类

江南最出名的饮品莫过于龙井茶和绍兴酒，但这里还有很多不一般的美味饮品。龙井茶通常是特指从杭州近郊龙井村采的茶，要用并非滚开但依然很烫的水来冲，茶香雅致幽远，既清爽提神又安神静心。最受追捧的龙井茶是在早春清明前采摘的最柔嫩的“明前茶”，茶叶迷说，泡这种茶必须用附近虎跑泉的水，味道才最佳。

最上乘的绿茶价格昂贵到令人咋舌，但整个江南地区日常也是习惯喝茶的。到别人家去做客或去餐馆吃饭，最先捧到你面前的就是一杯茶，供你清口提神；运货司机或银行出纳总是随身带着一罐茶，忙碌工作的间隙泡一杯，喝着提神醒脑。总的来说，饭前饭后以及两餐之间，江南人都会喝茶；有时候也会用茶拌餐，特别是扬州丰富的早茶（这就是江苏人的和广东人类似的饮茶传统了）。有时候和茶一起上桌的，还有干果、坚果等各类茶点。

江南的农村还保留着古代的喝茶传统。有一次，我在浙江的乡村抓了一早上的鳝鱼之后，被邀请到一个农舍，当作贵宾款待，主人家给我上了一碗绿茶，十分浓稠，里面有炒过的青豆、一些干胡萝卜碎以及咸咸的炒熟芝麻。这种饮品既是一碗汤，又是一杯茶，又脆又有嚼劲，还清爽提神。

除了茶叶，杭州人还喜欢喝花草茶，小小的干菊花蓓蕾在水中泡开，就是常说的“胎菊”或“小白菊”。这种菊花茶有降火静心的功效，主要在夏天喝。

两千多年来，绍兴一直是米酒的重要产地，米酒早已经融入传统的绍兴生活中。南宋时期，诗人陆游曾经描写过绍兴无处不在的酒馆。在绍兴老式的酒馆中，人们会点些下酒菜，比如八角蚕豆、五香麻雀腿、酒糟鱼和炸臭豆腐等等。去绍兴咸亨酒店的老店走走，你还能捕捉到这种老式酒馆的遗风，那里供应的是绍兴酒以及典型的当地下酒小吃和小菜。

最经典的绍兴酒就是“黄酒”，一种未经蒸馏的琥珀色酒液，酒精含量与雪莉酒相近。各种黄酒甜度不同，半干型的半甜黄酒被认为是最适宜饮用的。中国北方人有时候会加点干梅子和姜去温一温绍兴酒，而绍兴人喝酒时不会加配料，常温喝或者稍微加热一下。传统上黄酒是盛在白镴壶中的。半干的绍兴酒，特别是花雕，会用于烹饪醉鸡或佛跳墙等奢侈的筵席菜，这两道菜的传统做法都是直接放在陶酒罐中上桌。更为便宜和常见的绍兴酒就是用于普通烹饪的料酒。当地人都说，有节制地喝黄酒能达到养生活血的功效，黄酒是很好的补品。

绍兴酒的生产始于10月，献祭酒神后便开始。糯米经过浸泡、蒸制后，加入湖水发酵，将发酵好的米糊进行碾压，提取出澄清的酒液，经过高温杀菌后倒入酒坛，封存熟成。存放和熟成黄酒的酒坛是矮胖矮胖的，口比较小，用荷叶、笋壳、泥巴和酿酒剩下的酒糟封口存放。绍兴酒有不同的种类，比如“元红酒”、“加饭酒”和“花雕酒”。装花雕酒的坛子上常常装饰有繁复多彩的吉祥雕花，花雕酒因此得名。

江南也出产多种多样的蒸馏酒，我特别喜欢的一种是杨梅酒，将玫红色的杨梅浸泡在清澈的高度酒中，直到酒液变得浓稠，浸染了杨梅的紫酱红。

除了当地出产的饮品，中餐普遍和啤酒很搭，江南菜也不例外。如果你想用葡萄酒配中餐，最好选择白葡萄酒，香槟最棒了；最好避开木桶酿的霞多丽。如果特别想喝红酒，最好选择单宁比较低的清爽果味酒。

龙井茶

Dragon Well Tea

一个阳光灿烂的上午，我在杭州西湖边闲庭信步，太阳照得湖面波光粼粼，湖岸上桃树与柳树婀娜成荫，枝叶间传来声声蝉鸣。湖面上悠游着小小的篷船，船夫们手持单桨，划过水面行进着。北岸上有两位女士在一座木凉亭中唱着传统的越剧小调，周围有几个业余乐手为她们伴奏，有的吹奏着竹笛，有的拉着二胡。几位长者在她们身边围坐，捧着茶杯，听着唱词中机敏巧妙的问答，哈哈大笑。我来到一座老宅花园中的茶社，找了个位子坐下，透过一片荷塘看着那一条条堤坝和小巧的石桥。我周围坐了很多退休老人，喧嚷地聊着天，啜饮着绿茶，还嗑着瓜子儿。

龙井茶是最富有杭州特色的饮品，喝龙井茶最好的地方，就是西湖边，或者悠闲漂在湖上的游船中。做龙井茶只选龙井山间最嫩的茶树叶，人工采摘。做好的茶叶用热水一泡，矛头形状的茶叶就舒展开来，散发出略带坚果味的香气，茶味幽远清新。

将1大匙龙井茶叶放在马克杯或茶碗中。倒入2~3厘米深的水，要用刚烧开但稍微冷却了一会儿的热水（水温在85~90℃，如果你没有温度计，就把刚烧开的水倒入一个冷的空杯子里，静置30秒左右，再倒入装茶叶的杯子里）。浸泡到液体染上茶叶的颜色，然后再用同样温度的水装满杯子或茶碗。

茶叶基本上会沉入杯底或碗底，这样你就能尽情啜饮上面的清茶了。可以不停地添水，茶叶泡几次后茶味才会泡尽。

红枣姜茶

Jujube and Ginger Tea

我在上海有家特别喜欢的足疗店，店里会给客人上这种果茶，在寒冷的冬日喝上一杯，真是温暖又愉悦。你可以加糖或蜂蜜增添甜味，但我喜欢不加糖喝。无论是冷是热，喝起来都不错。

枣子是秋季成熟的果子，新鲜的吃起来很美味，有点像袖珍的苹果；而表皮起皱、颜色深红的干枣子，可供全年食用，一般用在甜点与滋补菜肴中。江南地区的人们从新石器时代开始就在吃枣子——考古学家从今宁波附近的河姆渡遗址出土了红枣、大米、菱角和葫芦。菜谱用量大概可做 **1** 升红枣姜茶。

308 页的照片中，有浸泡的红枣、冰糖和生姜；泡好的茶在 309 页下方。

干红枣 100 克
生姜 20 克
蜂蜜或冰糖，增加甜味（可不加）

将红枣剥开去核。放在锅中，加 1.5 升水，烧开后盖上锅盖，浸泡几小时或过夜。

生姜切片后加入红枣中，全部烧开后小火煮约 45 分钟。愿意的话可以加蜂蜜或冰糖调味。过滤后趁热或放凉喝。

美味变奏

红糖姜茶

将大量去皮切片的生姜在水中浸泡至少 10 分钟，到液体吸收了姜的辛辣味。按照个人口味加红糖调味。这种饮品在冬天喝特别暖身暖心，据说妇女经期喝很有好处。你可以按照自己的喜好调整姜味的浓淡。

酸梅汤

Dried Chinese Plum and Hawthorn Infusion

中国有很多诱人的饮品都是用果干做成的。苏州的吴门人家餐厅有一种深色酸甜的热果汁，是用杏干和蒸制脱水后的红枣干做成的。

还有一种美味又清爽提神的饮品，是杭州人的最爱，即冷饮“酸梅汤”。这种饮品充满果香，加冰糖调味，主材是乌梅干、山楂和甘草，这些都可以在中国超市里买到。外皮皱巴巴的乌梅通常都是整个卖，而樱桃大小的山楂则会在风干前先被切片。酸梅汤通常是冷藏后再喝，直接倒在冰块上或调入鸡尾酒中也很棒。做好后冷藏可以保存几天。这个做法来自杭州大厨陈晓明。菜谱用量大约能做 1 升。

乌梅干30克（10~15颗）
片状山楂干 30 克
甘草 5 片
冰糖（按照个人口味添加）

倒凉水没过乌梅、山楂和甘草，浸泡 4 小时或过夜。浸泡好之后清洗配料，然后放入锅中，倒 1.5 升水，烧开后小火煮 30 分钟。按照个人口味加冰糖。过滤后放凉冷藏再喝。

RIVER BRIDGE

南瓜汁

Warm Pumpkin Juice with Honey

杭州的龙井草堂经常会用应季新鲜水果做果汁，比如野生猕猴桃做的淡薄荷绿色果汁、枇杷做的淡金色果汁、带点冷青色的甘蔗汁或如牛奶般纯白的马蹄汁。中国人在蔬菜和水果的分界上向来没那么严格，所以也会有温热的玉米汁、豆苗汁或南瓜汁，稍微加一点蜂蜜增甜。这些果蔬汁可以在饭前或饭中喝，能够润喉安神。

南瓜在中国被广泛种植，且被做成多种多样的菜肴。乡村地区的人们会把南瓜的嫩叶作为菜来炒；困难时期还曾将南瓜加入米饭中，让米饭量更大，吃起来更饱。南瓜本身可以炒、蒸或做成甜饼，也可以用来做这种金黄滑腻的饮品，它会如绸缎一般从你的喉咙滑下。菜谱用量是 4 人份。

308 页左下方的照片是“太子南瓜”（Crown Prince pumpkin）；309 页上方是做好的南瓜汁。

南瓜 550 克（去皮去籽）

蜂蜜约 4 大匙（或按照个人口味添加）

将南瓜放在不锈钢蒸笼中，大火蒸至完全变软。等南瓜降温到不烫手的程度，从蒸笼中拿出，将蜂蜜放在小锅中，从蒸锅中倒入等量的水，小火加热，溶化蜂蜜。

趁南瓜还有热度，放进搅拌机，加一点蒸锅里的水，搅拌到顺滑，流动性接近稠奶油。按照个人口味添加蜂蜜水。上桌。

美味变奏

玉米汁

将甜玉米煮熟或蒸熟，剥下玉米粒，搅拌成顺滑如奶油的玉米汁。愿意的话可以加蜂蜜水调味。

胡萝卜汁

做法和南瓜汁一样，不过只需要加一点蜂蜜水，有那么一丝丝甜味即可。

豆浆

Fresh Savoury Soymilk

在西方人眼里，豆浆的地位微不足道，只不过是不喝牛奶的素食主义者或乳糖不耐受患者获取营养的替代品。在中国，豆浆是种很常见的早餐饮品，通常会配上油条，有人还会用豆浆泡油条吃。新鲜的豆浆好看又美味。我喝过的最好的豆浆，是在杭州龙井草堂筵席的开头端上来的石磨豆浆。服务员首先鼓励座上客们尝尝没有调味的豆浆，感受一下原味，然后请客人按照自己的喜好调味啜饮。有些人喜欢加糖喝甜豆浆；我自己则总是选择加咸味调料：酱油、虾皮、葱花、腌菜和分成小段的油条。这样一来，豆浆就成了一种汤，而且特别美味。

做好的豆浆如果没有马上喝掉，冷却后的豆浆表面上会结一层皮；用筷子挑起来晾干后，就得到了豆腐皮，可以做汤，也可入炒菜。

做豆浆需要一张干净的细布。如果没有油条（我就经常没有），不加就是了。菜谱用量大约能做 800 毫升豆浆，或者 4 小碗。

干黄豆 200 克
植物油 2 滴（多准备一点，用来涂锅）

调味（可不加）：
绵白糖（按照个人口味添加）
或
生抽
虾皮
葱花（只要葱绿）
榨菜碎
油条段

倒大量的凉水没过黄豆，放在阴凉的地方浸泡过夜。泡好后倒掉浸泡的水，将黄豆好好清洗干净。

烧开 1 升水，加入植物油（这样可以控制豆浆起泡）。将黄豆和 500 毫升烧开的水放在搅拌机中，搅拌到顺滑。

在一个锅内薄薄地涂上一层油，在筛子上铺细布，将豆浆过滤到锅中。把细布的边角全部提起来，使劲挤压，尽量把液体全都挤压出来。在此过程中将剩下的热水取一部分，来清洗一下筛子中的沉淀物，再继续挤压。最后把剩下的热水倒入过滤后的豆浆中，烧开，期间不断搅拌，防止粘锅。煮 7~8 分钟。放在各个碗中，按照个人喜好调味，用勺子像舀汤一样舀着喝。

如果要喝咸豆浆，我建议每小碗豆浆加 1 小匙生抽或有机酱油，再加虾皮、葱花和榨菜各 1 小匙（有油条的话再加少量油条）。

常备配料

这一章收录了江南菜中最常用的一些高汤、调料和腌制品的做法。高汤不仅是很多汤菜的灵魂，还常常用在各种各样的菜肴中，增添浓郁的风味。过去，做腌菜几乎是江南地区家家户户日常生活的一部分。时至今日，农村地区的大部分人家，以及居住在城市里的老一辈人，还会自制腌菜、酱菜。

如果冬日寻访那些江南古镇，你可能会看到墙边和晾衣绳上"张灯结彩"地挂满了腊肉、咸肉、腊鸡、腊鸭（上面布满了花椒），还有一节节粗短的香肠，粉色的瘦肉和象牙白的肥肉错落相间，如同大理石。在杭州还能看到色如红木般诱人，闪着光泽的酱鸭。无论是城里的人家还是乡下的农舍，都有一排排肚子鼓鼓、坛口窄窄的腌菜坛子，每个坛子上面都盖了一个倒扣的碗，坛沿盛着一圈水。打开坛盖，可能会发现酸菜、酸萝卜安静地浸泡在甜醋中；也可能是酱腌黄瓜，颜色深得接近黑色了。

江南的腌菜和酱菜有很多故事和传说，最辛酸凄美的大约要数培红的故事了。她在绍兴一个大财主家做帮厨丫头，绍兴有种很受欢迎、很像雪菜的腌菜就是以她命名，被称为"培红菜"。故事中说，财主对培红和其他用人都不好，只给他们发霉发臭的食物吃，大家都吃不下。培红想出了一个办法，将蔫儿掉的绿叶菜进行腌制，变成叫人垂涎三尺的美味腌菜。大家吃了好吃的，精神和胃口都好起来了。但是吝啬的财主发现了这个秘密，嫌他们吃太多，一气之下就把培红打死了。大家为了纪念这个姑娘，就把这种菜命名为培红菜，让她在食物的名称中永生。

在宁波等沿海地区，人们喜欢将鱼类及其他海鲜进行风干处理。将海鳗剖开身体，抹上盐，悬挂风干后只加一点米酒蒸制，就能成为很美味的开胃小菜。将黄鱼等海鱼抹上盐后风干，做成气味刺鼻的“鲞”，用在蒸肉或豆腐中，能赋予菜肴独特的个性。

宁波的咸蟹也很出名：生蟹在加了盐和花椒的高度酒中浸泡几日，开瓶即食。一些最为奇特也最叫人着迷的腌菜来自绍兴，那里的“臭霉”菜肴最为著名。其中之一就是臭苋菜梗，是将长老的苋菜梗切成段进行发酵，直到臭味浓烈，部分化为一摊臭烘烘的绿色液体。到了这一步，苋菜梗就可以拿出来蒸了，通常是配猪肉或豆腐。臭苋菜梗绝对是“甲之蜜糖，乙之砒霜”的食物，我个人是吃上瘾了。苋菜梗发酵后留下的恶臭汁水也如魔幻汤剂一般，可以用来发酵豆腐、冬瓜等其他食材，集齐一大家子臭味美食。

日常饮食中，上海腌萝卜是最容易在家中做也最能给你成就感的腌菜。做好后放在罐子里，放入冰箱冷藏，平时作为开胃小菜、配菜或送粥小吃都不错。

江南菜中还经常用到雪菜，大部分中国超市都能买到现成的，但还是值得试试自己做的，因为新做好的雪菜更加新鲜，颜色也更鲜艳。

高汤

Stock

中国厨界有句老话，“厨师的汤，唱戏的腔”，二者都是用以表达自己艺术理念的手段。在廉价的味精于 **20** 世纪登场以前，高汤一直是非常重要的提鲜调味料。高汤可为汤菜和烧菜打底，少量使用还能最大限度地激发蒸菜、酱汁和炒菜的咸鲜味。在当代中国，那些最好的餐厅依然坚持不用味精，而按照传统方法熬高汤来调味。

熬高汤并没有什么必须遵守的铁律，好的高汤可能颇具个人特色，甚至含有秘方。旧时的大厨们是出了名的“留一手”，会趁学徒们不注意的时候，把自己的独门配料放入高汤中。过去十多年来，我和整个江南地区的很多厨师都探讨过高汤熬制的配料和方法，“偷”到些有用的秘诀。特别感谢原杭州传奇酒家“楼外楼”的大厨，现在在杭州龙井草堂工作的名厨董金木，他和我分享了一些高汤的配方。也是在龙井草堂，我得以完全敞开心扉和眼界，感受高汤之美，因为草堂一直坚持用最好的自然配料，绝对摈弃味精。

高汤又分为两大类：清汤和浓汤。清汤通常用鸡肉来熬煮，比较理想的是风味十足的老母鸡；也可以用鸡肉和猪肉混合熬煮。制作清汤最重要的步骤是，食材被完全烧开之后，要用最小的火炖煮至少两小时，有时候甚至还要多上几个小时，直到汤表面很轻很轻地冒泡，汤汁保持清亮。最好的清汤是完全清澈透明的，看不见一丝油星。传统做法是利用肉泥，把杂质都吸收到汤顶部。其实根本不用这么麻烦，你只要一直保持最小火来熬汤，之后用细目筛或细布过滤，再过夜放凉，让油脂凝固在顶部，直接将其去除即可。

浓汤（奶汤）的配料含有丰富的胶原蛋白，比如猪蹄、猪皮或鱼骨。将这些配料小火炖煮一段时间后，开中火烧汤，让脂肪和胶原蛋白乳化到汤水中，汤色略微浑浊，口感丝滑如奶。好的浓汤应该让人唇齿留香。浓汤主要用于筵席菜的烹制，也可以为一些比较廉价的菜增添奢华感，比如白菜、豆腐和绿叶炒菜等等。如果是在家做浓汤，你可以在基础高汤熬到最后阶段时，加一点猪油进去，大火煮开，直到脂肪乳化，融入汤汁。

中餐厨师会将食材自然味道中令人不悦的部分进行处理，让高汤的味道细腻精致，愉悦人心。比如，他们会设法去掉鱼的腥味、异味和牛羊肉的膻味等等。大部分食材都要先在开水中汆一下，冲洗之后再用来熬高汤。厨师们用来去除腥膻异味的另一个办法，是加入姜和小葱，有时候还会加点花椒或别的香料。

熬鱼高汤的时候，可以先把鱼骨和葱姜一起在猪油中煎一下，倒入一点料酒，加入大量的开水，然后盖上盖大火煮 **5~10** 分钟，到脂肪乳化，就会得到一锅奶白的浓汤。中国最好的鱼汤是用鲫鱼熬的，很不凑巧，这种鱼在欧洲很难找。

下面我列出一些经典高汤的菜谱，你可以根据自己的方便和需求进行发挥。如果你有高压锅，可以很迅速地做出美味的高汤，选择低压煮 **40** 分钟或者高压煮 **30** 分钟即可。

鲜汤

Everyday Stock

日常烹饪中，我通常会用散养土鸡的鸡架来熬制鲜汤，如果想让汤再浓郁一些，我会加入猪骨或鸡翅。

鲜汤我有时候是现做现用，或者做好后按每次的用量分装好，冷冻起来。做汤菜的时候，鲜汤可能是主要的配料，我建议你学我这样来制作和使用鲜汤。也可以从当地店铺买现成的上好鲜汤。如果只是用少量鲜汤调味，那用高档浓汤块调个鲜汤，也能蒙混过关。如果用浓汤块的话，一定要注意别的咸味调料的用量。

生姜 30 克（不去皮）
小葱 2 根（只要葱白）
生鸡架 3~4 副
猪骨或其他动物的骨头少量（可不加）

用刀面或擀面杖轻轻拍松姜和葱白。烧开一大锅水，加入鸡架、猪骨或其他骨头，再次烧开后大火煮 1 分钟左右。倒入滤水篮中沥水，把原来的水倒掉，用凉水冲洗。锅洗净。

鸡架和骨头放回锅中，倒清水没过后烧开，撇去浮沫，加姜和葱白。关小火炖煮 2~3 小时，不要盖锅盖。过滤后将固体食材扔掉，保留鲜汤。彻底放凉后冷藏或冷冻保存。

美味变奏

鸡汤和鸡油

和鲜汤的制作方法相同，但食材只用鸡架或整只鸡。鸡汤冷藏之后，表面上会凝结一层脂肪，把这层脂肪捞出来单独存放，就是鸡油，也能为菜肴提鲜：蒸鱼、煮汤或炒菜快要做好时，加入 1 大匙鸡油，会使菜肴的味道变得更为鲜美。我通常会将鸡油一层层薄薄地冻起来，这样可以破成小块，直接加入锅中。

筵席高汤

Fine Banquet Stock

在高档餐馆或者遇到特殊场合，厨师会做上乘的高汤（也称为上汤），用鸡肉、猪肉和其他丰富的食材（比如瘦火腿、干贝，有时还有鸭子或鸽子）一起熬煮而成。有些厨师会把鸡肉或猪肉先煎炸一下再熬煮，使得香味更为浓郁，但根据我的经验，此举并不常见。

可以的话，尽量找老母鸡来熬汤；老母鸡也尽量找品质好的散养土鸡。如果能加入两个昂贵奢侈的干贝，你的高汤会异常鲜美。

散养土鸡 1 只
猪排骨 600 克
中国火腿或西班牙瘦火腿 60 克
生姜 50 克（不去皮）
小葱 2 根（只要葱白）
干贝 2 个（可不加）
料酒 2 大匙

烧开一大锅水。加入鸡肉、猪排骨和火腿，大火烧开后继续煮 1~2 分钟。倒入滤水篮中，倒掉之前的水，用凉水充分清洗。锅也要洗干净。

食材全部放回锅中。倒大量的水没过后烧开。用刀面或擀面杖轻轻拍松姜和葱白。汤水烧开后尽量撇去浮沫，加入干贝、姜、葱白和料酒。烧开后关最小火，不盖锅盖炖煮至少 3 小时，如果可以，应该炖煮更长时间。过滤出固体食材扔掉。可以用细布来过滤，汤色会更为清亮。完全放凉后冷藏保存。

素鲜汤

Vegetarian Stocks

江南菜会用肉汤为很多素菜提味增鲜，但佛寺的素斋餐馆会端上纯素的菜肴。下面给出一些做素鲜汤的建议。

美味变奏

快手素鲜汤

这个配方和做法来自上海玉佛寺的素斋馆，他们把素鲜汤加入面汤和馄饨汤中。做法很简单，在热水中放生抽和一点芝麻油（1 升水大概加 2½ 小匙生抽和 ½ 小匙芝麻油即可）就做好了。很简单，但咸鲜味很足。

豆豉鲜汤

1 升水加 50 克清洗并沥干水的豆豉，烧开后小火炖煮约 20 分钟。愿意的话可以将豆豉过滤出来扔掉。

豆芽鲜汤

豆芽经常用于制作素汤底。黄豆芽比更常见的绿豆芽更长更粗，在中国很容易买到，在西方却踪迹难觅。所以你可能需要自己来发黄豆芽。要做出豆芽“奶”汤，需要烧开一锅水，加入大量的豆芽，盖上锅盖，煮 10~20 分钟，直到汤的风味变得浓郁。要做清汤，就烧开水后加豆芽，大火再次烧开后关最小火，不要盖锅盖，炖煮 30 分钟。将清汤过滤出来，或者将豆芽做成汤菜。（黄豆本身也可以用来熬汤，但需要煮很长时间才能煮软到人能消化，大概需要 4 个小时。）

榨菜鲜汤

将榨菜丝或榨菜片在开水中大火煮几分钟，就会得到一锅有咸酸味的鲜美汤水。这个鲜汤可以用来做简单清新的蔬菜汤。具体例子见第 214 页。

其他美味变奏

还有其他常用于蔬菜汤中的配料，比如新鲜竹笋（和豆芽一样煮一下就行），还有香菇。如果想得到浓郁的蔬菜鲜汤，就将豆芽、去壳竹笋和泡发的香菇组合起来使用。

皮冻（简易版）

Easy Jellied Stock

皮冻是小笼包和生煎不可或缺的灵魂配料。传统做法是用富有胶质的猪皮或猪蹄来熬煮，但也有简单很多效果却差不多的做法，就是往一锅上好的高汤里加点吉利丁。做包子的皮冻如果有剩，加入羹汤、粥饭或炒菜中，都能起到提味增鲜的作用。

鲜汤或鸡清汤 500 毫升
（见第 315 页）
吉利丁片 4 片
盐和白胡椒粉

将汤烧开后加盐和白胡椒粉调味，放在一旁备用。等汤冷却到可以入口的温度，将吉利丁片在凉水中浸泡约 4 分钟到软，放入温热的汤中溶化。将汤静置到完全放凉，然后放冰箱冷藏过夜，凝固即可。

皮冻（传统做法）

Traditional Jellied Stock

这是传统的皮冻做法，就是将猪蹄中自然产生的胶质通过长时间的熬煮提取出来，风味浓郁美妙。你可以一次做很多，把用不完的冷冻起来，以后再用皮冻来为汤羹、烧菜等菜肴增加鲜味。

猪蹄 2 根（约 750 克）
鸡架 2 副
生姜 30 克（不去皮）
小葱 2 根（只要葱白）
料酒 1 大匙
盐和白胡椒粉

买猪蹄的时候让肉贩帮你把猪蹄竖切成两半。拿回家充分清洗，将猪蹄和鸡架放在大锅中，倒凉水没过后烧开。大火煮 2 分钟后捞出，沥干水并充分清洗。锅也要清洗干净。用刀面或擀面杖轻轻拍松姜和葱白。

将猪蹄和鸡架放回锅中，倒 3.5 升凉水没过后烧开。撇去浮沫，加入姜、葱白和料酒。重新烧开后关小火，炖煮 3 小时。

过滤汁水，将猪蹄和鸡架扔掉。大火煮汁水使其蒸发，减少到约 1 升，加盐和白胡椒粉调味。静置完全冷却后在冰箱中冷藏过夜，或冷藏到凝固即可。

猪油

Lard

猪油是江南烹饪中非常奇妙的配料，可以为汤羹、炒菜和面食增加浓郁的风味与丝滑的口感。猪油也被广泛用于甜食中，特别是酥皮点心和风味浓郁的馅料。你可以在超市里买到猪油，但也可以自己做，虽然很花时间，做起来却并不难。而且我觉得自制的猪油风味更清爽，没那么冲。

做猪油的最佳材料是猪板油，就是猪内脏周围的肥肉；但背部或腹部的肥肉也可以用。肉贩一般不会把猪的肥肉摆出来，但如果你能提前预订，他们通常是可以提供的。如果你做的猪油很纯净，没有瘦肉，放冰箱冷藏或冷冻可以保存很久。我喜欢把猪油弄得尽量薄一点再进行冷冻，这样很方便分成小份，用于炒菜和汤羹中。为了节省时间，你可以直接让肉贩把肥肉剁碎。

猪板油 / 猪背部肥肉 / 猪腹部肥肉 2 千克（可能的话请剁碎）

烤箱预热到 120℃。如果猪板油没有剁碎，就先切成 2 厘米宽的条，再切成 2 厘米见方的块。放进一个能放入烤箱的宽口锅里，加入 50 毫升水。锅不要盖锅盖，直接放进烤箱，低温慢烤约 4 小时，每 30 分钟搅拌一次。锅中一开始会发出湿软的气泡声，之后是温柔的嘶嘶声，再接下来会有些翻腾，流出淡金色的液体。最后，肥肉会变得酥脆，颜色如同蜜糖。（这些酥脆的猪油渣可以保存下来，加入其他菜肴中，增加香脆的口感和鲜美的味道。）

用铺了干净细布的筛子将融化的猪油过滤出来。倒入蒸馏杀菌后的密封罐里，放入冰箱冷藏；或等放凉后舀入耐用保鲜袋，再冷冻。

面筋

Wheat Gluten

“面筋”这个词，不但充分表现了这种食材很强的拉力，也暗含了做这种食材要投入的劳力。因为要把面团变成面筋，是需要花大力气的（至少做手工面筋要花很大力气）。不过，时不时地做一次，倒也很值得，因为自制面筋的味道和口感都比商店里卖的要好上很多。将一个面团变成面筋，然后拿去煮或者炸，也是很好玩儿的，这个过程会给你很多惊喜。

这个菜谱做的是炒菜用的面筋，但也可随意用在别的菜肴中。油面筋加入红烧肉中会很美味，可以吸收浓郁的肉汁；油面筋还可以和各类青菜一起炒。注意，面团一定要尽量揉得光滑，然后尽量多地提取粉浆，这样你的面筋才会光滑、轻盈、蓬松。

省钱小贴士：愿意的话，你可以把最初几遍洗面团的奶白色黏稠液体保留下来，可能有**400~500**毫升。静置任其沉淀，然后小心地去掉上层的清水，留下厚重的粉浆。加个鸡蛋打散，再加葱花和盐，就可以煎成薄薄的蛋饼，两面金黄，可以做早中晚餐的配菜。（中国北方人会把这种粉浆铺成薄薄的一层层，蒸制凝固之后切成面条状，称之为“凉皮”。）

高筋面包粉 1 千克　　盐 2 小匙

将面粉和盐筛入大碗中，或筛到一个干净的台面上，在中间挖一个小洞。逐渐加入适量的温水，揉成一个比较硬的面团，在此过程中要一直把周围的面团往中间聚拢。揉面，把面团揉到十分光滑的程度（也可以用料理机来揉面）。盖上湿茶巾，醒面至少 1 小时。

将面团放入大碗中，加入大约 100 毫升凉水，然后用手在水中使劲揉搓面团。你会发现液体很快变得奶白奶白的：这就是从面团中分离出的淀粉遇水变成了粉浆。等液体变得浓稠，颜色白得像奶油了，就过滤掉。湿面团还是放在碗里，继续多次加水，每次加水前都要使劲揉搓面团，尽量把淀粉都提取出来，变白的水都过滤掉。确保你把面团中比较硬的部分都揉搓软了：那些就是含有淀粉的地方。

继续揉搓洗面，直到水变得很清澈，你手里剩下一团柔软湿黏的象牙色面筋。整个过程可能需要 1 个小时左右，最后应该得到 300~350 克面筋。

素肠

Vegetarian 'Intestines'

这是佛家素食绝妙的"障眼法"，不仅能骗过眼睛，还能骗过舌头，因为那一截截的素肠确实有肠的弹牙口感，实在太逼真。我的大厨朋友李建勋和他的母亲何玉秀教我做了素肠。将这些素肠像普通的面筋一样切块，加入素菜中即可。你需要至少一双没有上过漆的木筷子或竹筷子。菜谱中用量可做 3 节素肠。

要做简单的水煮面筋，只要把面筋切成樱桃大小的块，扔进开水中煮 4 分钟，直到它们浮到水面上即可。煮好后浸凉水，放冰箱冷藏。

面筋 ½ 份（见第 321 页）

烧开一锅水。将一块拳头大小的面筋切成 3 段。用一双没有上漆的木筷子或竹筷子把 3 段面筋夹在一起，把其中一块面筋拉起来，绕着筷子包一圈，尽量拉长。最后面筋要像凸起的绷带般，几乎包裹住整根筷子，层与层之间不要有空隙。

将包好的筷子放入开水中煮 4~5 分钟，然后捞出放入凉水中浸泡。等凉到不烫手的程度，将筷子从素肠中抽出来，然后将素肠切成厚度为 5 毫米左右的面圈儿。一直泡在凉水中备用。素肠冷藏可以保存两三天，冷冻起来能保存更长时间。

油面筋

Fried Gluten Puffs

油炸面筋有点奇幻，小小的面筋一进入滚油，就会夸张地膨胀起来，像胀鼓鼓的飞艇，一直膨胀到原来体积的 5~6 倍，变得轻盈、脆嫩、蓬松。

油面筋做好后通常会入炒菜，也可以剁碎后加入素包子馅儿或素饺子馅儿。有时候还可以把肉末塞进油面筋里，做"油面筋塞肉"。油面筋冷藏可以保存一周，冷冻起来能保存更久。菜谱用量大约能做 18~20 个油面筋。

面筋 ½ 份（见第 321 页）　食用油（油炸用量）

将面筋切成大樱桃一般大的小块。将油炸用量的油加热到 180~200℃。分批将小块的面筋放入热油中。互相之间不要离太近，避免粘连。炸的过程中不时搅拌一下，确保上色均匀。大约炸 2~3 分钟，到面筋膨胀，外表金黄，浮在油的表面上。捞起沥油备用。

右页图：素肠（左）；刚做好的面筋（右上）；油面筋（右下）。

酒酿

Fermented Glutinous Rice Wine

酒酿是最简单的家常自制米酒，有酸甜味，酒香袭人，经常用于江南和其他地区的甜食中。这东西名字很多，江南称之为“酒酿”，是将蒸过的糯米和特殊的菌种与酵母（融合成为酒曲）混合在一起，放在温暖舒适的地方，任其发生反应。几天之间，酒曲里的菌种将大米中的淀粉变成糖，酵母再将糖变成酒精和乳酸，最后得到的是湿润的泥状糯米，以及芬芳扑鼻的液体。酒酿的特别之处在于不用过滤，而是液体和米一起使用。中国超市里有现成的酒酿卖，但自制的当然更美味。做好后冷藏可以放很久很久。

做酒酿需要一个干净的玻璃罐或陶土罐，都要有盖；还需要一个蒸笼和一块干净的细布。

长糯米 250 克

酒曲 1 个（约 10 克）

糯米在凉水下淘洗到水变清澈，再倒水没过，浸泡 3~4 个小时或过夜。米沥干水后放在铺了细布的蒸笼里，整齐地铺开一层，但不要挤得太紧。大火蒸 20 分钟到糯米变软。烧开一壶水后静置放凉。

将糯米从蒸笼中取出，铺散开，助其更快冷却。将酒曲用杵臼捣成粉末状。等糯米凉到微温的程度，将捣碎的酒曲撒在糯米上，混合均匀。将混合物放入玻璃罐或土罐中。在糯米中间弄出一个空洞，一直要通到容器底部，让汁水在这个洞中形成。洒上 3~4 大匙放凉的开水，然后用干净的茶巾或比较松的盖子覆盖罐子，放在温暖的地方发酵，理想的温度是 30℃。（浙江有位专做酒酿的农民曾经警告我，温度千万别超过 35℃，不然酒酿就会变酸。）

根据环境和温度，静置几天后，酒酿就做好了。静置一天后可以检查一下状态：做好的酒酿，米粒会变得柔软湿滑，但还算成形；液体应该芬芳扑鼻，只有一丝丝幽微的酸味。达到这个状态之后，灌满凉开水，盖上盖子密封，冷藏备用。

红豆沙

Red Bean Paste

小红豆 300 克
绵白糖 300 克
猪油或椰子油 150 克

红豆沙，用小小的红豆、猪油和糖做成，是整个中国各类甜点的主要馅料。自制的红豆沙非常好吃，不过做起来确实累人。所以你可能更愿意在中国商店里买现成罐装的。自制的红豆沙冷藏或冷冻都能放很长时间。可以用椰子油代替猪油，虽然没那么正宗，但效果也是一样的好。菜谱用量大约能做 400 克红豆沙。

红豆用凉水浸泡过夜，充分清洗后沥水，放在锅中，加大量的凉水，烧开后撇去浮沫，小火炖煮 30~45 分钟到完全变软。过滤出红豆，煮豆水保留。

将煮软的豆子在网筛上按压，让皮剥落，按照需要加少量煮豆水，让豆泥顺利从筛子中过去。（你可以用一个捣杵和质量过硬的筛子来完成。这个过程很麻烦。你最后得到多少红豆沙，得看筛子的质量和你有多少耐心。）

烧开一壶水。在深锅中融化猪油或椰子油。加入红豆、糖和 75 毫升热水，小火加热到糖溶化，在此过程中不停搅拌。开大火，继续不停搅拌，直到豆沙变得浓稠光滑，水分基本蒸发，还是不停搅拌，并且刮一刮锅底避免粘锅。熬好的红豆沙是不粘锅的，能很干净地从锅底舀起来。搅拌的时候一定要小心，注意安全，因为热红豆沙会冒泡并飞溅。做好的红豆沙放入容器中晾凉，冷藏保存。

美味变奏

枣泥

这算是红豆沙的一个变种，非常美味可口，是用干红枣做的，在很多时候可以代替红豆沙，比如做南瓜饼（见第 298 页）和八宝饭馅料（见第 292 页）。做枣泥要准备 300 克干红枣，切开，在水中浸泡 1 小时，沥干水后放入碗中，大火蒸约 30 分钟到红枣变软。放凉到不烫手的程度后，从蒸笼中拿出，去核，然后过筛去皮。将过筛的枣泥放在锅中，加 70 克猪油或椰子油、100 克糖和 75 毫升水。中火加热，不停搅拌，让糖溶化，水分蒸发（和主菜谱中一样）。大约能做 450 克枣泥。

酱萝卜

Shanghai Soy-pickled Radish

这种脆嫩多汁的腌菜很令人上瘾，冰箱里常备一罐非常好，可以随时拿出来解馋。我在上海的时候，经常把它当作一种开胃小菜，和其他菜肴一起吃。在家里我也经常拿出几片来做早餐送粥吃，或者和非中餐食物搭配，比如配冷肉或奶酪。就那么一两片，就能为整餐饭画龙点睛。一定要用新鲜、紧实和干净的白萝卜来做酱萝卜，最好是冬天打过霜的，那些萝卜会比较甜。千万不要用内部有很多孔洞或者口感比较绵软的白萝卜。有些人会在卤水中加入一两个干辣椒。餐厅里通常会把酱萝卜片在盘中摆成同心圆，如同盛开的花朵。

右页图：酱萝卜（上）；腌萝卜皮（中）；雪菜（左下）；绍兴霉干菜（右下）。

新鲜、干净、紧实的白萝卜1根（约750克）
盐2小匙
芝麻油（上桌前放）

酱菜卤水：
生抽90毫升
凉开水100毫升
绵白糖4大匙
大红浙醋或玫瑰醋3大匙

白萝卜清洗干净，不要削皮，去头去尾，去掉所有的根须或变色有脏污的地方。竖切成两半，然后将刀斜过来，切成厚5毫米的片。将萝卜片放在不会起反应的容器中，加入盐混合均匀。上面放一个小盘子，再用重物压住小盘子，放在冰箱或阴冷处静置24~48小时，压出大部分水分。

将所有做卤水的料全部混合在一起，搅拌使糖溶化。萝卜片沥干水，再尽量把水分都挤出来。取一个不会起反应的容器，将萝卜片浸泡在卤水中。小碗压住，保持所有萝卜片都浸泡在液体里，冷藏2天后揭封开吃。酱萝卜冷藏至少能保存几个星期。

将部分萝卜片从卤水中取出，加少量的芝麻油，上桌开吃。

美味变奏

腌萝卜皮

很多江南人都喜欢吃腌萝卜皮，因为口感比萝卜本身更紧实，脆得更有特色。取3根白萝卜，按照主菜谱所说去掉头尾并修整。将每根白萝卜放在案板上，从一面刮下厚皮，最厚的部分要带上至少1厘米厚的肉。将萝卜旋转90度，重复这个步骤。再重复两次，得到一根长长的去皮萝卜，整体是个长方体；还有4根长长的厚厚的萝卜皮。萝卜可作他用（用来煮汤或烧菜都会很美味，切丝后凉拌也不错）。将萝卜皮放在案板上，斜切成1~2厘米宽的条。按照主菜谱的做法，先盐腌出水，再用卤水来浸泡。

糖醋泡姜

Sweet-and-sour Pickled Ginger

这是杭州龙井草堂出品的风味小菜，叫人口舌生津：又酸又甜，还带着生姜的辛辣。做法是杨爱平大厨传授给我的。这道菜可以作为一道开胃小菜，早餐时送粥；也可以在吃两道菜的间隙来一片，清个口，起到西餐中雪葩的作用。很多中国人都说夏天吃姜对身体好，因为有这么一句老话："冬吃萝卜夏吃姜，不劳医生开药方。"

新鲜饱满的嫩姜 200 克
盐 1 小匙
大红浙醋 8 大匙
绵白糖 6 大匙

生姜去皮，竖切成厚度为 5 毫米的姜片，再切成 5 毫米宽的姜丝。加入盐混合均匀后静置 1 小时，稍微去除一点辛辣味。烧开少量的水，静置放凉。

把盐腌生姜产生的水分都过滤掉，把姜放在凉开水中清洗。尽量挤干水分。放在不会起化学反应的坛子或罐子里，放入醋和糖，浸泡至少 2 天后食用。做好的泡姜至少能在冰箱里保存几个星期。

美味变奏

生抽泡嫩姜

这个菜谱来自我在上海的良师益友何玉秀。她认为这道菜最好在早上吃，别在晚上吃。可以用于早餐送粥，或者配包子。将 200 克饱满的嫩姜去皮后竖切成比较薄的姜片，如主菜谱所述盐腌后清洗，挤干水分，然后放入果酱罐子。将 4 大匙生抽和 1 大匙糖、2 大匙凉开水混合，倒入罐子浸泡嫩姜。浸泡至少 2 天后食用。

雪菜

Snow Vegetable

这种咸酸可口、风味强烈的腌菜是江南厨房的主材之一，制作起来极其简单。江南地区的人们用雪里蕻来制作雪菜，但在国外工作的江南厨师用萝卜叶和小头芥菜也达成了非常令人满意且类似的效果。刚做好的腌菜色泽翠绿明亮；一两个星期后，它们会变成更深更暗的绿色。雪里蕻之所以有这么个有趣的名字，是因为它在寒冷的下雪天里会长得特别好。当地人说，这种蔬菜应该在立春之前趁叶子还柔嫩的时候进行采摘和腌制。

这是最容易制作的江南腌菜之一，有无数烹饪上的用途。它与鱼和海鲜是绝配——试着用腌菜罐里的汁液蒸鱼或蛤蜊，再加一点料酒、拍松的姜和小葱，就能做出一道简单而美味的菜。

一旦你发现做雪菜是多么容易且有成就感之后，可能就会和我一样，总会做一些备用。这是一种快手腌菜，非常新鲜，做了之后一个星期就能吃了。我是在大厨胡忠英和朱引锋的指导下写出这个菜谱的。

小头芥菜 / 雪里蕻 / 萝卜叶 750 克　　盐 1 大匙

把菜彻底洗干净，然后把它们穿在衣架上或绳子上，挂在凉爽的地方风干一夜。（很多人建议在腌制之前先把菜晒半天；愿意的话，你可以把它们挂起来或者铺在竹垫子上，放在强烈的阳光下晾晒。）

第二天，把菜粗切成 1 厘米宽的块，放在一个大盆里。撒上盐，然后将盐和菜揉在一起，动作与和面类似（热热的芥末味可能会让你的眼睛有点泛泪）。揉至盐完全被菜吸收，菜叶看起来湿湿的，汁液已经渗出来了。

把菜装入无菌的玻璃罐中，盖上盖子密封。用木擀面杖的一头把它们紧紧地压入罐子中，这样它们就被自己流出的一层薄薄的液体覆盖了。盖上盖子，放在室温下发酵。每天打开一次罐子，以便在最初的发酵过程中使气体逸出。腌菜应该逐渐产生一种咸酸的美味，具体的时间要取决于温度，但我发现在室温下放一周就可以了，天气热的时候时间用得少一些，冷的时候就长一些。雪菜做好后，冰箱冷藏可以放一两个月，也可以冷冻保存。

霉干菜

Shaoxing Dried Fermented Greens

霉干菜，又叫“乌干菜”，是绍兴烹饪的核心与灵魂。那浓郁刺激的风味有点像酱油，但又有幽微的酸味，令人清爽愉悦。

绍兴厨师茅天尧热爱霉干菜，甚至专门为它写了两本书。他说霉干菜就像麻将里的通配牌，想怎么打就怎么打，烹饪上的用处实在是多得不胜枚举。最著名的用法是和五花肉一起慢炖（见第 **91** 页），但迅速浸泡一下之后，也可以用来炒菜、做汤、做饺子包子馅儿。过去，霉干菜是穷人吃的食物，主要是为廉价的食材（例如土豆等）增鲜（见第 **200** 页）。有时候人们会将霉干菜直接在水中煮开，做成风味十足又富有营养的汤水。

很多蔬菜都可以用来做霉干菜，包括卷心菜、芥菜、雪里蕻和上海青，每一种都会产生不同的颜色和香味。（绍兴某市场上的一个小贩说，他知道 **40** 种霉干菜；他做的霉干菜，有一种的气味让我想起乌龙茶，还有一种泛着深色光泽的菜让我想起酵母酱。）很多时候，霉干菜会和笋干一起做成“笋干菜”。

经过最初的腌渍之后，绿叶菜被放在太阳下面晒干，颜色会变深，风味会进一步强化，直到尝起来几乎有蘑菇的味道了。它们可以无限期保存，味道会随着时间推移而更为熟成。做好的霉干菜散发出的香味非常奇妙，而且迷人。

芥菜或雪里蕻 1 千克　　盐 4 小匙

把菜彻底洗净，然后穿在衣架上或一根绳子上，挂在阴凉的地方晾干一夜。

第二天，把菜切成 5 厘米长的段。如果有粗茎，就纵向切成薄片。把所有菜都放进一个大盆里，撒上盐，然后将盐和菜一起揉搓，动作与和面类似（热热的芥末味可能会让你的眼睛有点泛泪）。揉至盐完全被菜吸收，菜叶看起来湿湿的，汁液已经渗出来了。

把菜装进无菌的玻璃罐中，压紧压实。用一个盘子压在表面上，再压上重物或重石（我用的是老式的秤砣）。用干净的茶巾盖住罐子，放在阴凉的地方，在室温下发酵几天，直到菜变成深绿色并散发出令人眩晕的发酵香味。一定要用盘子把菜都盖住和压住，否则最上面一层可能会发霉。

选一个阳光强烈的日子，用筷子把菜从罐子里夹出来，然后在竹垫子上薄薄地摊上一层，或者摊在铺了干净茶巾的托盘上。把打结的地方全部解开，这样干得更快。让阳光直射菜，时不时地翻动一下，均匀晾干（如果阳光不够强烈，可能会产生发霉的味道）。遇到天气变化或者是晚上，要把菜转移到室内。重复这个过程，直到菜完全晒干，应该需要几天，具体时间取决于天气。做好的菜妥善包装，存储备用。

（见第 327 页照片）

椒盐

Sichuan Pepper Salt

这种经典的蘸碟主料是花椒，和盐一起小火炒制到两者都散发美好的香气。这种干碟配烤肉和炸物特别好，但也可以用来蘸甜点和酥皮点心，甜味和一点点的咸麻味融合起来是很令人愉悦的。

这个干碟最好做完马上用，那时候是风味最佳的。你也可以做好之后放在密封罐里储存，但花椒的味道会随着时间流逝而消散。

花椒 ½ 大匙

盐 1½ 大匙

将盐和花椒放在干锅中，用很小的火轻轻翻炒几分钟，到厨房里飘散着炒花椒的美妙香味，盐稍稍变黄。将椒盐混合物放入臼中，捣成细粉。用茶滤或小筛子将粉末过滤，去掉没有捣碎的花椒壳。放密封罐中储存。

甜面酱（蘸料）

Sweet Fermented Sauce Dip

甜面酱泛着深色的光泽，可以用作各种食物的蘸碟，比如鲜黄瓜条；也可以和烤肉一起上桌，作为风味佐料。做好后室温下可以放很久很久。

食用油 1 大匙
甜面酱 5 大匙

白糖 1 大匙（按个人口味添加）

烧开一壶水。锅中放油，中火加热。加入甜面酱翻炒 1 分钟左右，到散发香味。加入 50 毫升热水烧开。加糖调味。继续翻炒到酱料变得稠厚，浓稠度和番茄酱相似，起锅备用。

鼎中之变。
精妙微纤，
口弗能言，
志弗能喻。

吕不韦《吕氏春秋·本味篇》（公元前3世纪）引传奇厨师伊尹。

PLANNING A MENU

开菜单

准备一份完整的中餐菜单，并没有什么必须遵守的铁律，关键在于要在食材和烹饪方法中寻求平衡和谐，让客人们吃得开心又满足。所以如果有一碗浓油赤酱的红烧肉，就最好配上点清淡爽口的蔬菜；如果有多汁的汤菜，最好来点令唇齿愉悦的油炸干菜来平衡。每道菜的主材、颜色和烹饪方法最好不要重复。

在江南吃饭，最先上桌的一般都是凉菜，其中大部分都可以提前准备。接着再从厨房送出一道道热菜，到尾声端上汤和米饭。在中国，一顿饭吃到最后，上桌的通常不是甜点，而是水果。如果是在普通人家吃饭，主人可能给你一整个水果，送上一把水果刀自己削；餐馆则通常会送上已经切好并漂亮摆盘的水果。西方概念中的“甜品”并非传统中餐的一部分，但愿意的话你也可以端上一些糖果蜜饯。我喜欢中西结合，端上应季的水果，旁边摆点巧克力、果仁蜜饼或者其他美味甜点。客人来的时候，你也可以端上绿茶和茶点（果脯和坚果之类）以示欢迎。

从厨师的角度来讲，提前准备好凉菜总没错，因为凉菜可以在临近开宴时直接上桌；最好再准备一道文火慢炖的汤或烧菜，可以提前准备，开饭前重新加热即可。（还有，一定要记住，增加凉菜和炖菜的分量，比增加炒菜的分量要容易很多，参见第347页的炒菜注意事项。）还要牢记，一个融合了中国其他地方菜系的菜单中加上江南菜，也是很棒的组合。我通常会在一餐饭中同时推出江南菜和川菜。

菜量

这本书里的大多数菜都是应该配饭的，而不是单独吃，所以我基本上没有列出几人份。为一顿中餐开菜单时，重中之重是要确保每个人都能有足够的米饭，而配菜的数量就比较灵活了。

总的来说，一般是一个人一道菜，此外再加一道菜，如果你想慷慨一点，再多加点菜也行。这种计算方法的好处是，要是有别的客人突然出现，你只要多加一把椅子、一副碗筷就行了。

除此之外还有面食，通常是一碗面就可当作一餐饭来吃（面食类的菜谱中我说明了几人份）。另外就是一些甜品，以及点心、包子什么的，这些我都列出了菜谱用量大概能做的成品数，到底吃多少通常要看个人的胃口。

INGREDIENTS

调味品与食材

ESSENTIALS
必不可少的配料

有一些配料是江南厨房中必不可少的存在，也是本书很多菜谱中用到的。这些配料很好找，大部分的中国超市都有售。之后会对每种配料进行详细介绍。

生抽和老抽：在做菜或准备蘸碟时，也可以用更为浓郁的日本酱油代替生抽。

镇江醋：这种深褐色的米醋在大部分中国超市都有卖。

料酒：普通料酒适用于大部分菜肴，但如果一道菜中的酒是非常关键的增添风味的配料，请用能直接喝的酒。

芝麻油：中国商店和大超市都能找到纯炼芝麻油。每次调味时只会加一点点，所以一瓶能用很久。

生粉或玉米淀粉：大部分中国超市都能买到生粉，也可以用玉米淀粉。

部分香料：基础的香料就是桂皮和八角。

干香菇

生姜和小葱

SEASONINGS, SAUCES AND COOKING WINES
调料、酱料和烹饪用酒

食盐
salt

精盐最适合做此书收录的菜。

胡椒粉
white pepper, ground

中餐烹饪中很喜欢用白胡椒粉，所谓的“白味”菜肴经常要用到这种调味料。白味菜肴菜色很淡，不加酱油，如果加黑胡椒粉也会显得白玉有瑕，破坏卖相。我的菜谱都是遵循中餐传统做法，但如果你想用黑胡椒粉，请随意。

高汤
stock

高汤是汤菜和烧菜不可或缺的重要配料，也会用在其他菜肴中增味提鲜。我自己的鲜汤是用鸡架和（或）猪骨做成的，做好以后分装冷冻（见第314-317页）。也可以用罐装的无盐鸡汤或块状浓缩肉汤（后者会比较咸，酌情减少菜谱中盐的用量即可）。本书里收录的菜谱若无特殊说明，宜用鸡汤或鸡与猪骨混合汤。有的菜中除了鲜汤，其他都是素食配料，素食主义者只要用素鲜汤代替即可。

酱油
soy sauce

酱油的做法是将黄豆煮熟后进行发酵，有时候会加小麦，与含有霉菌孢子的曲精混合，浸泡在盐水中，这个过程可以分解黄豆中的蛋白质，催发美妙的风味。过去，传统的江南厨师只使用一种酱油，既有咸鲜味，颜色又深，但现在很多厨师都习惯使用粤式的生抽和老抽了。我的菜谱里用的也是这两种比较容易买到的酱油。（我在家有时会用一种有机日本酱油，有点类似传统的江南酱油，没有加小麦，用来做蘸料尤其美味。如果你想用日本酱油，就代替菜谱中的生抽。）不管你用什么样的酱油，一定要确保是自然发酵的。

生抽
light soy sauce

生抽是黄豆发酵时首先产生的液体，流动性很强，味道很咸。生抽主要用于烹饪中增添咸鲜味，也可以做蘸料。标有"特级""头道"之类字眼的生抽确实比普通生抽要美味很多，多花一点钱也值得。

老抽
dark soy sauce

提取生抽之后，就可以从发酵的黄豆中提取出更为浓稠的老抽了。老抽状如糖浆，颜色极深，也没有生抽那么咸，烹饪时主要用于上色。我在家用的是一种草菇老抽，是我很喜欢的一家上海餐馆推荐给我的。

绵白糖
white caster sugar

除了做果脯蜜饯，白糖也作为调味品用在江南菜中。就算一道菜的主味不是甜味，也会用很少量的白糖来与其他的调料进行"和味"。我的菜谱中提到白糖，若无特殊说明，通常都指的是绵白糖。不久前，中国厨师们还习惯用"糖色"给烧菜和酱汁上色，但这一方法后来逐渐式微，因为炒"糖色"需要把糖炒煳，有人担心可能产生致癌物质。现在上色都是用老抽了。

冰糖
rock sugar

冰糖有种芳醇低调的焦糖风味，通常会加在文火慢炖的烧菜或补汤中。有的冰糖很大块，需要用杵臼捣碎后再行使用。

镇江醋
Chinkiang vinegar or brown rice vinegar

江苏省镇江市出产全中国最著名的醋之一。镇江醋由糯米发酵，加入醋酸菌种，使其颜色变成深棕，有种浓郁醇厚的风味，非常"上头"。不知为什么，镇江醋总会让我想起风味稍微清淡些的意大利黑醋，如果找不到镇江醋，你也可以用这种醋代替。

大红浙醋，玫瑰醋
red or rose rice vinegar

这种醋颜色比镇江醋要浅，因为泛着微微的玫瑰红，所以有了这么个好听的名字，因为是浙江的特产，所以又叫浙醋。可以用于烹饪，也可以放在桌上做直接加的调料。

甜面酱
sweet fermented sauce

这种浓郁的深色酱料是用面粉和盐发酵而成的，有时候会加些酱油，风味浓郁，有朴实的泥土芬芳，还有一丝隐隐的甜味。这种酱常入菜，也可以做蘸料。它的英文名字很令人困惑，有时候是"sweet bean sauce"（甜豆酱），有时候是"hoisin sauce"（海鲜沙司）。所以最好是找中文名字，这样才能买到对的。江南厨师通常会用风味类似的豆瓣酱，但为了简单方便，我这本书中只用了甜面酱。

蒜茸辣酱
chilli and garlic sauce

总体上来说，江南菜都不辣，但上海人特别喜欢在一些菜中加点幽微的辣味。蒜茸辣酱是达成这种调味的好帮手，你也可以用三巴辣椒酱或其他的泡椒酱。

料酒，黄酒，绍兴酒
Shaoxing wine

用糯米发酵的酒呈现一种独特的琥珀色，中国人称之为"黄酒"，是绍兴最著名的特产，已经享有两千多年的美誉。所有的中国超市都能买到普通的绍兴料酒，少量使用完全足够了（也可以用半干型雪莉酒代替）。不过，如果是用酒来做关键调味料，比如东坡肉和醉鸡，就要用平时喝的上好绍兴酒，比如花雕酒。

花雕酒
huadiao wine

最好的半干型绍兴酒有时候会被储藏在雕了花的酒坛里，所以有了"花雕酒"这个名字。在高档的中国超市应该能找到花雕酒，还有加饭酒和女儿红。"女儿红"这个名字来源于江南习俗：在女儿出生时埋一坛酒在地下，等她红妆出嫁时挖出来喝。这3种酒都可以用在东坡肉或醉鸡这样的菜中。

高粱酒，白酒
sorghum liquor

由高粱和其他谷物制成的烈性酒十分辣口上头，通常在正式晚宴上用于敬酒，只是偶尔用于烹饪。在江南，少量的高度酒可以用来给"醉"菜增香，也可以用来改善素菜的味道。我在家用的是55度的红星二锅头。

酒酿，甜酒，醪糟
fermented glutinous rice wine

这种温和、酸甜、芳香的酒是由煮熟

的糯米和特殊的酒曲发酵而成的，酒曲呈球状，在高档的中国超市有售（见下）。酒酿很容易辨认，因为里面含有发酵后变软呈泥状的糯米。它在中国有各种各样的名字，在江南被称为酒酿。酒酿在家自制很容易（见第324页），主要用于甜食。

酒曲
wine yeast

这是将煮熟的糯米转化为发酵米酒所需的基本原料（见上）。出售的酒曲呈球状或片状，用之前要用杵臼捣碎。

SPICES
香料

八角，大茴香
star anise

八角通常会和桂皮搭档，是江南烹饪中的关键香料。风味强烈，用量要谨慎。

桂皮
cassia bark

通常和八角成双成对地出现，是长条状的，来自中国的桂树，风味和肉桂接近。中国超市几乎都有桂皮出售，也可以用肉桂代替。

香叶
bay leaves

香叶叶如其名，通常会和其他香料一起使用，特别是在五香味的菜肴中。

草果
tsao-kuo or black cardamom

这些深色的脊状豆荚，和肉豆蔻一般大小，有一种凉爽的豆蔻风味，经常和其他的中餐香料混合。英语中有时将其称为假豆蔻或黑豆蔻，但通常货架上的名字都叫 tsao-kuo（草果）或 amomum tsao-kuo（豆蔻草果）。用之前要用刀面或擀面杖轻轻将其稍微敲开。

五香粉
five-spice powder

这种调味料由各种香料（不一定是5种）混合制成，通常有花椒、桂皮、八角和茴香籽。

山柰，砂姜
sand ginger

这种香料长得像干姜，但实际上是用同一科另一种植物的根茎晒干制成的，在中国被称为砂姜或山柰。它有辛辣的香味，用于混合香料，也可以用作一些菜肴的调味料，比如叫花鸡。

甘草
dried liquorice root

甘草是切片卖的，大部分中国超市有售。

花椒
Sichuan pepper

花椒在江南被用于盐腌食物和椒盐的制作（见第331页）。

干辣椒
dried chillies

江南人偶尔也会用干辣椒做菜，尤其是在上海以及农村和山区。做江南菜不要使用辛辣的泰国和印度辣椒，要选择更温和芬芳的四川品种。

PICKLED AND CURED VEGETABLES
腌菜

雪菜
snow vegetable

腌制的雪里蕻被称为雪菜，被广泛用于很多江南菜肴中，增添清爽的酸味，使菜肴获得又刺激又可口的风味。雪菜的原料是一种叶片杂乱的芥菜（属十字花科），通常要腌制后才能食用。这种在隆冬时节收割的蔬菜，在汉语中被称为“雪里蕻（雪里红）”，寓意“在雪中繁茂”或“雪中的红色”，字不同意思也不一样。西方的中国超市里出售的都是剁碎后再包装的雪菜。我在家里自己做的雪菜用的不是雪里蕻，而是在中国城买到的小头芥菜（见第329页）。国外的中餐厨师有时会用萝卜叶做雪菜。在我的菜谱中，雪菜都是已经经过剁碎处理的。

霉干菜
Shaoxing dried fermented greens

这种深色的干腌菜是将各种绿叶菜盐腌后晒干，直到变得像大片舒展的茶叶。叶子在使用前先要在水里稍微浸泡一下。霉干菜经常会和竹笋一起煮，然后再晒干，制成“笋干菜”，使美味的层次更为丰富。霉干菜可以无限期保存。中国超市里有卖。但不要和客家人和广东人常用的味道更甜、性状更湿润的梅菜搞混了。买不到也可以自己做（见第330页）。

榨菜
Sichuan preserved vegetable

这是一种脆爽的咸酸味腌菜，四川是

其最著名的产地，不过江南地区也有生产，可用于装饰、炒菜和做汤。"榨菜"，顾名思义就是"被压榨的蔬菜"，因为盐腌后的蔬菜先要经过挤压，去掉多余的水分，再进行调味，装进罐子里发酵。这种腌菜通常装在罐头或塑料袋里，在中国超市里出售，被称为"四川榨菜"。使用前应该好好冲洗，冷藏能保存很长时间。

CURED MEAT, FISH AND EGGS 腌肉，腌鱼，腌蛋

火腿
ham

火腿因其浓郁的鲜味和漂亮的粉色，在江南烹饪中得到广泛应用。最好的火腿产自浙江金华，在西方是买不到的，但西班牙塞拉诺火腿是很好的替代品。在美国的中国超市可以买到当地制作的中国火腿。中餐厨师通常会在切之前把火腿先蒸熟，否则成片或成条的生火腿在烹饪过程中会卷起来，摆盘时就不那么雅致漂亮了。我在家通常是买一块厚厚的西班牙火腿，蒸一下，切成小块，冷藏或冷冻备用。

咸肉
salt pork

咸肉和火腿一样，经常被用于给蔬菜增加鲜味，但咸肉价格更便宜，所以家常烹饪中更经常用到咸肉。与火腿相比，咸肉味道更清淡，颜色更淡，口感更柔软，有些家庭到现在还会自制咸肉。中国的咸肉通常需要在凉水中浸泡过夜，减少咸味。我在家一般会用腌猪肉、非烟熏火腿或意大利烟肉做中餐的咸肉菜，我说的这些都不需要预先浸泡。

虾米，海米，开洋，虾皮
dried shrimps

干虾有一种强烈的咸鲜味，大小质感不一，但总体上可以分为两大类。第一种是颜色苍白、像纸一样薄的袖珍虾，被称为"虾皮"。它们可以直接加到菜里，但稍微翻炒一下就更香更美味了。第二种是颜色更为粉嫩、肉更饱满的干虾（又称开洋、虾米、海米），在烹饪前应该用热水浸泡，最好是加少许料酒。干虾冷藏或冷冻可以保存很久。

鲞
salted fish

晒干的盐腌黄鱼味道浓烈刺鼻，是浙江人的最爱，能够很好地衬托新鲜的食材。在中国超市里可以买到极干的黄花鱼，最好在使用前浸泡几个小时或过夜，使其软化。我在家喜欢用冷冻的越南盐渍鲭鱼，味道相似，口感更柔软，所以不需要浸泡。注意，这些鱼气味真的很刺鼻！

干贝，瑶柱
dried scallops

干贝能增添鲜美的风味。这种食材很昂贵，还有个听起来比较尊贵的名字叫"瑶柱"。

咸鸭蛋，腌蛋
salted duck eggs

将鸭蛋浸泡在由灰烬（泥浆）与盐制成的浓郁卤水中，可以增加风味，延长保存时间。煮熟后的咸鸭蛋会被切成两半，作为开胃小菜或送粥。咸鸭蛋在大多数中国超市都能买到。江苏高邮以其双黄咸鸭蛋而闻名。

DRIED, BRINED, TINNED 干货，卤货，罐装食材

香菇，花菇
shiitake mushrooms

干香菇风味悠远，是中餐烹饪中主要的鲜味调料之一，素食菜肴中用得尤其多。使用前，要用热水浸泡至少半个小时，之后沥出来的泡菇水也可以用来提升菜肴的风味。香菇柄通常会被切掉丢弃，但也可以用来做素鲜汤。一些干香菇上有纵横交错的裂缝，被称为"花菇"。

木耳
wood-ear or Chinese black fungus

这些滑溜溜的黑色真菌长在湿润的老木头上，仿佛一个个小耳朵，所以才有了"木耳"这个名字。木耳的主要作用是增添色彩，以及带来脆嫩滑溜的口感。干木耳要在热水中泡发，把硬的部分都去掉。一点点干木耳在泡发后会膨胀成很多。

银耳
silver-ear fungus

这是非常漂亮的真菌，也是传统的补药配料。干银耳看上去轻薄如纸，有些泛黄，充分泡发之后就成为滑溜、透明的波浪状物体。银耳基本上是做甜味菜肴的。

竹笋

bamboo shoot

多种多样的新鲜竹笋是中餐烹饪中最精妙的乐趣之一，江南菜中经常用到鲜竹笋，但遗憾的是，这种食材在西方总是芳踪难觅。各种各样的干笋也被用在江南菜中，在国外同样很难找到。西方可以买到的大多是盐腌笋，装在罐头或塑料袋里出售，与新鲜的竹笋几乎没有可比性。所以，我的菜谱很少把竹笋作为主材，只用它们来增添脆嫩的口感，使得颜色更丰富一些。我在中国以外发现的最好竹笋是日本杂货店出售的单独包装的冬笋。无论是包装竹笋还是新鲜竹笋，使用前都应该汆一下水。开封的腌笋可以泡在淡盐水中，冷藏保存几天。

黄花菜

day lily flowers

这些修长的金黄色干花就叫黄花菜，通常用于佛教素斋和药膳中。要找那种柔软的淡金色黄花；存放时间越长，颜色就越深，也会变硬。在使用前至少要浸泡半小时。如果季节对了，在中国有时可以找到鲜黄花。鲜黄花可以快速汆水后翻炒，比如与肉丝、竹笋一起炒。

荷叶

lotus leaves

江南地区会用新鲜的荷叶来包裹肉、鱼和禽类，之后通常是进行蒸制。荷叶有种引人入胜的清香，能够在烹饪过程中渗入食材中。高档中国超市可以找到巨大的干荷叶，可以在开水中迅速浸泡后使用。烹饪之后，荷叶是不吃的，可以加入粥中，使粥也沾染清香，并且呈现荧绿的颜色。

莲子

lotus seeds

正值采摘季节的莲子总是和莲蓬一起卖，剥出来可以像干果那样直接吃。中国之外的地方只能图方便，象牙色的莲子都是去了皮真空包装的，或者就是干莲子。干莲子在使用前应该先用凉水浸泡过夜，真空包装的鲜莲子则可以直接使用。莲子自古就寓意“多子多福”，因为其名字谐音“连子”。

枸杞子

goji berries

这些小小的鲜红色浆果，是枸杞树的果实，主要种植于中国北方。枸杞最近在西方被冠以“超级食品”的名头畅销，而在中国，枸杞长久以来就被被视为一种补品。它们在中国某个方言中叫“狗奶子”，听起来和学名很像，但意思是“狗的乳头”，看看枸杞的样子，你会觉得这名字非常贴切。

红枣

jujubes

这些表面起皱的深红色干果，也被称为大枣，经常用于甜食和补品。秋天是新鲜枣子成熟的季节，鲜枣呈淡绿色，带有褐色的斑纹，果肉清爽脆嫩，就像更甜、更软的苹果。大多数中国食品店都有干枣卖。每个枣都有一个橄榄形状的核。

乌梅

Chinese dried black plums

这种芳香的干果可以在中国超市里买到。可作为零食吃，也可做成提神的饮料。

山楂干

dried hawthorn fruits

山楂果可以做成果丹皮，一种像薄饼一样的零食；也可以做成颇具西班牙特色的果酱；它们还被用来制作混合果汁。大型的中国超市可以买到切片山楂干。

红豆

adzuki beans

中餐烹饪中的红豆是指红小豆（赤小豆），经常被用在甜食中，尤其是红豆沙（见下文）。煮之前应该用凉水浸泡过夜。

红豆沙

red bean paste

红豆做成的酱，在中国被称为“红豆沙”，是最受欢迎的甜食馅料之一。它是由捣碎的红豆、猪油和糖制成的。东亚食品店可以买到罐装红豆沙，你也可以自己做（见第 325 页）。

糖桂花

osmanthus blossom jam

黄色的桂花小小的、香香的，是中国甜食中最重要的调味料之一，尤其受长江下游地区人们的喜爱。它们通常以果酱的形式（糖桂花）出售，上面点缀着小花。

龙井茶

Dragon Well tea

龙井茶是杭州特产，不仅是一种色味俱美的饮品，也会用在某些菜中，比如第 158 页的龙井虾仁。也可用其他散叶绿茶代替。

SEAWEEDS
海藻类

紫菜
laver seaweed

干紫菜被做成黑而皱的圆饼状出售，掰下一点点，加进汤里，就会膨胀得很厉害。紫菜有一种微妙的鲜味和一种令人愉悦的爽滑口感，幽深的颜色也能和淡色食材形成很好的互补。

苔菜，苔条，浒苔
branched string lettuce

这是宁波的特产，风味鲜美，香味美妙，生长在沿海地区浅滩的草叶上，晒干后上市售卖。我从来没有在中国以外的地方发现过苔菜，但日本的海苔倒是味道类似，是绝佳的替代品。有些菜中不会把苔菜弄碎，那就无法用海苔代替了，所以我建议你要么直接去掉它，要么像英国的无数中餐馆那样，把甘蓝变成“脆海苔”！这个建议听上去不靠谱，但效果出奇地好（见第 34 页）。

RICE AND FLOUR
米和粉

粳米
white rice

在江南和整个中国南方，素白、不糯的粳米是大多数人的主食。中国人喜欢略微黏稠的品种，比如长粒泰国香米，用筷子夹起来很容易。在江南，人们喜欢吃谷粒圆润饱满的寿司米。我也经常用寿司米配江南菜。

糯米
glutinous rice

生糯米比大米看起来颜色更白、更浑浊，煮熟后质地更黏稠。中餐中常将糯米用于甜食，而且总是浸泡后蒸制。中国超市里卖的糯米大多是长粒的，但短粒的日本“甜米”更接近江南用的那种。你可以用任何一种，不过日本甜米的外观和口感更地道。

糯米粉
glutinous rice flour

糯米粉加水和成泥子一样的面团，可以做成很多甜品。

高筋面粉，低筋面粉
chinese high-gluten and low-gluten flours

中国超市出售的面粉有不同的筋度，各有其不同的用途。高筋面粉最适合用来做饺子皮，而低筋面粉最适合做馒头、包子。有些菜谱会将这两种面粉混合使用。你可以用高筋面包粉和中筋面粉来分别代替这两者，但中国面粉更细、颜色更淡、效果更好，所以我更推荐中国面粉。

红曲粉
red yeasted rice

一千多年来，中国人一直在用红曲酵母对大米进行发酵。红曲米呈深紫色，可以作为一种天然食用色素，能染出引人注目的粉红色。要用红曲米做菜，可以磨成粉末，或者在热水中浸泡几分钟，然后滤去亮粉色的汁液。

米粉，蒸肉粉
rice meal

米粉的制作方法是将米和香料一起干炒，磨成粗粗的粉末。它主要用于包裹食材，再上锅蒸制。可以自己做（见第 94 页）或在中国超市里买，通常被称为“蒸粉”。

年糕
New Year’s rice cake

年糕在中国不同地区有不同的版本。上海和宁波的年糕通常是用非糯米做的，先蒸熟，然后捶捣成光滑有弹性的面团，再被做成扁平的长条状，通常还会印上吉祥的图案。令人高兴的是，这种年糕现在可以在西方的高档中国超市买到。我在家能找到的最好的年糕是韩国年糕，有的是冷冻售卖，有的冷藏保存。这种年糕已经切成了片或条，开袋即用。如果你只能找到干年糕，使用前要用冷水浸泡过夜。

生粉
potato starch

白色无味的淀粉在中国统称为“生粉”，是中餐中让菜肴变得汁水稠厚的关键配料，也会用来为煎炸食物裹粉。有各种各样的生粉，比如玉米淀粉、豌豆淀粉和土豆淀粉。我用的是土豆淀粉，大部分中国商店都有卖。如果你用的是成分略有不同的玉米淀粉，用量要在我的基础上再加一半。

NOODLES AND DUMPLING SKINS
面条和面皮

面条
wheat noodles, fresh or dried

江南地区的面条通常是把面团切成或挤压成相当细的条。面团中可能会加入碱水（氢氧化钠），赋予面条一种独特的香味、泛黄的色泽和弹牙的口感。实践我的菜谱时，你可以用鲜面或干面，普通面或碱面，随你的喜好。我喜欢吃不加鸡蛋做成的面条，不过鸡蛋面也不错。

上海面
Shanghai noodles

这是一种上海特产，在江南的其他地区都很少见，是有弹性的粗面条，有点像日本的乌冬面。在某些中国超市的冷藏区可以找到。也可以用日本乌冬面来代替。

红薯粉
sweet potato noodles

这种半透明、呈现褐色色泽的面条，制作方法是将红薯淀粉做成热腾腾的面糊，再拿一个布满孔洞的容器，将面糊通过这个容器投入开水中。红薯粉本身没有味道，但口感爽滑弹牙，令人愉悦。市面上出售的都是干红薯粉，使用前要先在凉水中浸泡几小时或过夜。

馄饨皮
wonton wrappers

普通的馄饨皮可以在高档中国超市的冷藏区找到。通常被称为"上海馄饨皮"的那种更大更厚（面积约 10 平方厘米），如果你找不到，就用普通的馄饨皮代替。

OILS AND FATS
油

食用油
cooking oil

炒菜以及整体上的中餐烹饪，都需要风味中性、烟点较高的食用油。我在家用的是风味清新的有机菜籽油，偶尔也用花生油，这两种我都推荐。（江南传统的食用油是茶籽油，是用油茶树富含油脂的种子提炼的。现在，茶籽油已经很难找到，价格也相对昂贵，所以只会作为一种很特殊的油，在少数菜肴中增添丰富的坚果味和营养。它有时被称为"东方橄榄油"。）

猪油
lard

少量的猪油可以给蔬菜增添些许奢华感和鲜香味。许多江南厨师将其作为炒菜油，要么单用，要么和植物油混合；或者用来丰富蒸菜和汤面的口感。你也可以在汤里加猪油，简单地煮一下，使猪油乳化，将液体变成柔滑的奶油状。猪油也被用来做糕点和糖果。自己做猪油很容易。（见第 320 页）

芝麻油，香油
sesame oil

烤过的芝麻油呈现深焦糖色，被少量用于调味，但不会大量用来烹饪。高温会破坏它的香味，所以都是在烹饪尾声才加入热菜中，也可加入凉菜中。芝麻油要买纯的，不要买调和的。大超市和中国商店都能找到好的芝麻油。

鸡油
chicken oil

鸡油是用鸡的脂肪熬制而成的金黄油脂，鲜味绝美。做法是将散养土鸡鸡架上黄色的脂肪小火加热到出油，而固体油脂变成棕色的酥脆油渣，过滤即得到鸡油。还有种做法是把鸡汤冷藏后，将凝固在表面的那层脂肪捞出，就是鸡油了。我的鸡油都是冷冻成薄薄的一层，这样可以破成汤勺大小的块，在起锅上桌前直接加入汤菜、炒菜和蒸鱼中。

椰子油
coconut oil

椰子油并非江南传统的食用油，但用在甜食中非常美妙，可以代替传统的猪油，做出完全素食的甜食。

TOFU
豆腐

豆腐是江南饮食的重要组成部分，也是佛教素斋的灵魂食材。最简单的做法是：将干黄豆浸泡后加水碾碎，过滤出的液体制成豆浆，然后加石膏或矿物盐等凝固剂一起加热，将豆浆凝固。新鲜柔软的凝乳可以直接食用，也可以挤压成更坚固的形式，进行油炸、熏制、调味或发酵。中国的豆腐摊上卖的豆腐品种很多，以下是本书用到的几种。

白豆腐
plain white tofu

白豆腐的制作方法是压制豆浆凝乳使其保持形状，可以用刀切成厚片或方块，但同时又很柔嫩。豆腐在大多数中国商店都能买到，通常是包装好的，浸润在水中。在烹饪之前，要把豆腐浸泡在很烫的淡盐水中，静置5~10分钟，将其热透，并提振风味。豆腐开封后，用剩下的必须一直浸泡在清水里，一天左右就要全部用完。

豆花
silken tofu

豆花是由未压制的豆浆凝乳制成的，口感细腻，如同奶油，可以加入甜味或咸味的调料一起吃。豆花在中国和日本食品店都有出售。

豆腐干
firm tofu

豆腐干的制作方法是挤压还不太硬的豆腐，尽可能排出水分，使其变得坚硬，质地接近奶酪。豆腐干可以切片或切丝且不变形，用于炒菜很合适。

烟熏豆腐干
smoked tofu

用木材熏制的豆腐干会有一种奇妙的味道。把它切成片或丝，可以和许多不同的蔬菜一起炒，和芹菜或韭菜一起炒尤其美味。它也可以用于凉拌。

香干
spiced tofu

浸泡在加了香料的卤水中，用老抽或糖色上色的豆腐干，就是香干。香干也可以被切片或切丝，用于炒菜，也可单吃。

千张，百叶
tofu sheets

千张（百叶）是象牙色的，制作方法是把新鲜的豆腐凝乳用细布压成薄薄的一层（注意千张上面的纹路，这就是细布留下的印痕）。千张可以用来将剁碎的食材包成包袱或柱状，也可以切成缎带状，用来凉拌或烧菜。

豆腐皮
dried tofu skin

这些半透明的金色薄片是将凝结在豆浆表面富含蛋白质的豆皮晒干而制成的，日本人称之为“yuba”。它们在江南烹饪中被广泛使用，最著名的是用于制作素鸭和素鹅，也可作为各种油炸美食的外皮。豆腐皮需冷藏或冷冻保存。一定要确保你准备的豆腐皮多于实际用量，因为有些皮可能是碎的。碎皮可以在热水中浸泡，然后加入汤、烧菜和炒菜中，增加一点蛋白质。如果豆腐皮太硬，不够柔韧，可以在上面铺一条干净的湿茶巾，或者蒸1分钟左右。

豆腐乳，南乳，红腐乳
fermented tofu and red fermented tofu

这种调味品很像奶酪。制作方法是先任由大块的豆腐发霉，然后把它们装入瓶中，与盐、酒和香料一起发酵。腐乳通常直接用来送粥与汤饭，但也可以用于烹饪。腐乳有很多种类型，最具江南特色的被称为南乳或红腐乳，浸润在红曲米染成深粉色的盐水中，我在菜谱中称其为红腐乳。

GLUTEN
面筋

面筋是从小麦粉面团中提取出来的，通过在水中揉面，洗去所有的淀粉，只留下纯蛋白质。色泽微黄的面筋可以煮或油炸，也可以在使用前先进行发酵或蒸制。面筋有种令人愉悦的柔软口感和弹性质地，能充分吸收风味，经常用于素斋。自制面筋见第321页。

水面筋，油面筋
boiled or fried gluten

鲜面筋煮过之后再进行烹饪，就被称为水面筋；炸过之后就被称为油面筋。中国超市里有油面筋出售，在烹饪前应该用开水稍微浸泡一下。日本商店里应该也能买到油面筋，名字叫“seitan”。

烤麸
leavened wheat gluten

烤麸是独属于上海的特产，做法是将面筋发酵，然后大块蒸制，看起来有点像海绵蛋糕。它有一种令唇齿愉悦的面包口感，能够吸收鲜美的风味。除了上海和某些城市的上海人社区，很难找到新鲜的烤麸，干烤麸倒是比较容易找到，使用前要先浸泡。

GREENS
绿叶菜

青菜，上海青，小棠菜
green pak choy

上海青是江南地区最常见的蔬菜之一。令人高兴的是，在中国以外的地方也很容易买到上海青。在上海，这种蔬菜和其他绿叶蔬菜的嫩叶被称为“鸡毛菜”。上海青的叶子颜色比其他常见品种的青菜要浅，它有丰满的白色茎，周围的叶片则是深绿色的。

大白菜，黄芽菜
chinese leaf cabbage

大白菜是最重要的冬季蔬菜之一，可以吃新鲜的或腌制的，可以生吃或煮食。

塌棵菜
tatsoi or Chinese flat cabbage

这种深色叶片、形状松散如花朵的卷心菜在上海很受欢迎，现在越来越多地出现在西方的中国超市和农贸市场上。

蒿菜，茼蒿
garland chrysanthemum leaves

菊花科中的皇冠雏菊的叶子可以食用，有一种清新的草本风味，用于凉拌、汤羹和炒菜。有两个品种，不同形状的叶子，用哪一种都可以。这种蔬菜现在越来越多地出现在西方的中国超市里。

芥菜
mustard greens

芥菜有着又大又宽的绿叶，略带芥末味，通常是腌制之后再食用。芥菜叶完全长成后往往形态会有些扭曲。小头芥菜可以代替雪里蕻来做雪菜，效果也不错（见第 329 页）。

莴笋，青笋
celtuce/stem lettuce/asparagus lettuce

这是一种生菜，叶子稀疏，茎如树，在江南地区被广泛食用。莴笋叶子非常美味，但真正吸引人的是茎，脆嫩可口，有着美丽的玉石色和精妙的风味。青笋应该先去皮，再用于凉拌、做汤、炒菜和烧菜。

豆苗
pea shoots

这些柔弱如须的小苗曾经被认为是奢侈的应季珍馐，现在还是比较常见了。用来炒菜或者加入汤中都非常美味。

苋菜，米苋
amaranth leaves

苋菜有绿色和紫色两种，在中国南方很受欢迎。西方的中国商店里，紫叶镶绿边的那种最常见。翻炒后的苋菜会产生非常美丽的粉红色汁液。上海人喜欢炒绿油油的嫩苋菜叶子，将之称为“米苋”。在绍兴，长得过于蓬勃的苋菜梗会被发酵制成一种非常特别的臭腌菜（见第 313 页）。

ROOTS AND SQUASHES
根菜和瓜菜

白萝卜
white Asian radish

长长的白萝卜是中餐中很重要的蔬菜，做成腌菜或用来凉拌、做汤和烧菜都很美味。要选择饱满、硬实、外皮光滑的白萝卜。

佛手瓜
chayote

这种绿色的瓜属于南瓜科，原产于美洲，因其细腻、脆嫩的瓜肉与亮绿色的外形而深受中国厨师的喜爱。

瓠瓜（夜开花）
shiny green gourd

这是一种很受欢迎的中国蔬菜，在国外很难找到。去皮去籽后，可以用来凉拌、炒菜和做汤，都非常美味。

冬瓜
winter melon

这些巨大的瓜有深绿色的外皮，还结着一层薄薄的白霜，内里瓜肉柔嫩苍白。冬瓜通常用于汤和烧菜。大多数商店都卖现成切好的冬瓜，大小比较合适。

丝瓜
silk gourd

丝瓜有两种：表皮光滑的和有棱角的。去皮烹饪后，丝瓜肉变得柔软有弹性，所以经常用于羹汤中。

芋艿，芋头
taro

芋头在西方是一种被低估的蔬菜，但在中国南方却很受欢迎。被剥皮并煮或蒸后，这种粗硬的褐色球茎口感宜人，就像更白、更滑的土豆。尽可能选择较小的芋头，在去皮的时候要戴上橡胶手套，因为生芋头的皮中含有一种微毒素，会导致皮肤瘙痒。芋头可以在中国、加勒比地区和非洲食品店买到。

WATER VEGETABLES
水生蔬菜

藕
lotus root

藕其实是荷花的水下茎，口感爽脆，

可以被切成好看的镂空藕片。藕可用于炒菜、做汤和凉拌，也可以切碎后捏成肉丸，增添脆嫩口感。浙江人还把藕做成了藕粉，搅成糊状享用。

荸荠，马蹄
water chestnuts

新鲜马蹄有种爽脆、明朗的口感和非常恬淡的甜味。削皮后可以直接当水果吃，也可以入菜，增加脆嫩口感。可以的话请使用新鲜马蹄，罐装的口感倒是挺脆的，但风味不足。

茭白
wild rice stem

这是一种水草的膨大茎，质地脆嫩，味道鲜美，在江南烹饪中被广泛使用，既作为蔬菜单炒，又可以在各种炒菜中提升脆嫩口感，增加颜色层次。在西方的中国超市有时可以买到茭白。它还有一个名字叫“水竹”。

FRESH AROMATICS 新鲜调味料

韭菜
Chinese chives

韭菜修长、扁平，状如长矛，有着清爽而辛辣的风味，用于炒菜和饺子馅儿，非常美味。中国食品店有售。

韭黄
yellow chives

韭菜就像菊苣或大黄一样，一旦晒不到阳光，颜色就会变淡，长得更为修长，最终成为韭黄，形成一种美妙的辛辣风味。韭黄可与肉、禽、鸡蛋或豆腐干一起炒，味道鲜美。在中国以外的地方，它们比韭菜更难找。

韭菜花
flowering chives

韭菜开花的修长茎可以单独摘下来，捆成一把把售卖。韭菜花通常是和肉类、鸡蛋或豆腐干一起做炒菜。

葱，小葱
spring onions

江南厨房中不可或缺的调味料并非洋葱那种鳞茎植物，而是有着白色尾巴的绿色细长小葱。在中国有大葱（用于腌制和烹饪）和小葱（用于装饰）之分。总的来说，如果你用的是一般的小葱，最好是用柔软的葱绿部分来做装饰，用比较结实的白色部分来烹饪。

姜，生姜
fresh ginger

姜常常和小葱搭档，是江南烹饪中最关键的调味料之一。购买生姜的时候，尽量买丰满、表面光滑、看起来新鲜的。

大蒜
garlic

与川菜和北方菜相比，大蒜在江南菜中的作用相对较小，但有些菜中也会用到大蒜，尤其是上海的本帮菜。

香菜
coriander

江南菜中会用香菜来装饰，也会将其用于凉拌。

OTHER VEGETABLES 其他蔬菜

鲜百合
fresh lily bulb

这种漂亮的蔬菜有那么一点像蒜头，有的中国超市会将其以真空包装的形式冷藏出售，可在冰箱中保存数周。它有一种又细腻又脆嫩的奇妙口感。使用时，将鳞茎上的瓣剥下来，并清洗干净，变色的部分全都不要。如不立即使用，可用冷盐水浸泡。

青豆
fresh green soybeans

鲜嫩的青豆特别美味，颜色也绿得生机勃勃。常见的青豆是冷冻的，有的带荚，有的不带。中国人把带着毛茸茸豆荚的青豆称为毛豆，而英语中常见的是它们的日本名字“edamame”。

蚕豆
broad beans

江南人钟爱新鲜的蚕豆，很多开胃小菜、汤羹和炒菜都会用到蚕豆。在大部分菜肴中，蚕豆在烹饪前都要先去壳去皮。要给蚕豆去皮，先在沸水中氽水1分钟左右，用凉水冲洗，然后从皮中挤出来即可。好消息：一些中国超市的冷冻区会有已剥皮的蚕豆卖。

很多食材的照片都在我的个人网站上，请访问 fuchsiadunlop.com。

EQUIPMENT

炊具厨具

COOKING VESSELS
炊具

炒锅和锅盖
wok and lid

炒锅非常适合炒菜，因为底部窄，锅边高，开大火时翻动食物很方便。传统的中国炒锅底部是弧形，只能在煤气炉或专门的电磁炉上使用。如果没有煤气炉，就用平底炒锅。现在有些锅表面有不粘涂层，但我还是更喜欢传统的无涂层碳钢锅或铁锅。如果是家用，我推荐直径30~35厘米的炒锅。有的炒锅是“双耳”锅，有的只有一个长锅柄，有的可能两者皆有。长柄锅比较容易移动，而双耳锅会放得比较稳。炒锅不仅可以用来炒菜，还能用来烧水煮菜、蒸菜蒸饭、干烧和油炸。如果你要在炒锅中倒热水或油，一定要确保其稳定性，可以用锅架（见下页）。如果没有炒锅，炒菜的时候要用边缘比较高的煎锅。如果是用炒锅来蒸东西，就需要锅盖。在文火慢炖或迅速煮开的时候（比如收汁或让高汤浓稠时），锅盖也是很有用的。

开新锅
preparing a new wok

如果是在中国超市里买传统的碳钢锅或铁锅，先用钢丝球从里到外彻底擦一遍，再用洗洁精水好好刷一遍，洗净，擦干，放在大火上烧。等锅身烧得非常热了，倒一点食用油进去，再用厨房纸遍抹锅内。等锅渐为冷却之后，再用新的厨房纸和油重复两次前面的动作。做好这一切，你的锅就开好了，可以用于烹饪了。随着日积月累的使用，锅的颜色也会逐渐变深，锅内部会逐渐起一层底，越用越不粘。

养锅
maintaining your wok

炒锅用完之后，在自来水下迅速刷洗，通常就能干净了。清洗热锅时最好用有自然纤维的锅刷，如果是用塑料锅刷，要先用凉水稍微把锅底冷却一下。如果有食物粘在锅底了，需要使劲刷，那可能会破坏锅面的那一层自然起的保护膜。如果是这样，要按照上面的方法重新开一下锅。如果用锅烧了水或蒸了东西，也要再重复一遍开锅的步骤。如果你没有好好养锅，生了锈，就用钢刷刷掉锈，充分清洗后重新用油养锅。

带盖竹蒸笼，金属蒸笼
bamboo or metal steamer with lid

在中国超市里可以以很优惠的价格买到一摞摞的竹蒸笼和配套的盖子。将蒸笼架在开水上，烧开水的锅要架稳。蒸笼可用于蒸包子、蒸饺子和各种各样的菜。如果你带盘蒸菜，一定要确保蒸笼里有足够的空间让蒸汽循环。也可以用金属蒸笼，但这样盖子上很有可能会形成水珠，滴在没盖住的食物上。

砂锅
clay pot

中国人经常用砂锅来做文火慢炖的汤菜和烧菜。大部分传统的砂锅内部都上了釉，但外部却没有上釉，所以很脆弱。砂锅的耐热力很好，但受不了温度的突然变化，所以应该缓慢温柔地加热。第一次使用传统砂锅前，需要将锅身和锅盖在凉水中浸泡过夜。中国超市里还能买到全部上釉的锅，这种锅就没那么脆弱，用来做汤菜和烧菜也很好。用砂锅做成的菜通常是连锅子一起上桌，注意放个隔热锅垫保护你的桌子。

电饭锅
electric rice cooker

电饭锅很值得买，因为它每次都能煮出完美无缺的米饭，让你可以腾出手专心做其他菜。功能更完备的电饭锅可以煮粥、糯米饭、糙米饭以及白米饭。

UTENSILS
厨具

菜刀
Chinese cleaver

你可以用任何锋利的刀来切菜，但中餐菜刀是最理想的。中餐中常用的菜刀，比屠宰用的刀更薄、更轻。乍一看可能有点吓人，但它确实是一个很棒的工具，用惯了就离不开。除了切菜，你还可以用扁平的刀面来拍松生姜；还能用作铲子铲起食物，转移到任何地方。如果你要切骨头，你还需要一把更重的砍刀。

锅铲
wok scoop

锅铲是炒菜的理想工具，能帮助你舀起并翻动食材。大多数中国人在家都用锅铲来炒菜。

炒勺
Chinese ladle

专业的中餐厨师都不喜欢用铲子，而喜欢用炒勺，因为它用途很广泛：不仅可以在锅中翻搅食物，还可以当成碗来混合调味料，也可以把水或油舀起来。

漏勺
strainer

金属漏勺，又被称为“蜘蛛漏勺”或“撇渣器”，可以将食物从热水或热油中捞出。

盘夹
plate tongs

将还很烫手的碗盘从蒸笼中端到桌上时，这些金属夹子是最有用的工具了。高档的中国超市有售。

擀面杖
rolling pin

中国擀面杖比较小而轻便，通常是从中间到两头逐渐变细。擀包子饺子皮时特别称手好用。

竹筷子，木筷子
bamboo or wooden chopsticks

筷子可以用来拨开油炸食物，也可以夹菜尝菜。中国超市里能买到那种很长的烹饪用筷。

OTHER EQUIPMENT
其他工具

蒸架
wok rack

炒锅里放上这种小小的三脚架，就变成了蒸锅。把蒸架放在锅底，倒入和蒸架表面齐平的水，烧开。将一盘菜（可以不加盖，也可以用碗或锡箔纸盖一下）放在蒸架上，盖上炒锅锅盖蒸制即可。

锅架
wok stand

如果有个圆底炒锅，就需要一个锅架来维持稳定，不管是放在炉灶上还是台面上。

锅刷
wok brush

用竹条做的锅刷来刷热锅（如果锅底还很烫的话，塑料锅刷可能会变形）是最好不过的了。

磨刀石
whetstone

中国超市的货架上，长方形的磨刀石通常是和菜刀摆在一起出售的。磨刀石都是一面粗一面细。使用时先把它弄湿，然后挤一滴洗洁精擦拭。放在一块湿布上，与台面边缘成直角。菜刀应该倾斜于磨刀石，刀面几乎要靠在石头上了，在磨刀石上前后推刀，同时左右移动，这样可以保证各个地方都磨到。把刀翻过来，还是以刚才的角度前后左右移动，一直磨到刀刃变得非常锋利。如果你的刀一开始就比较钝，可以先用磨刀石较粗的那一面磨，再用较细的那一面，使其变得更加锋利。

竹垫
bamboo mat

竹垫在许多中国超市都能买到，慢炖时可以用来防止食材粘在砂锅或平底锅的底部。使用时把它们剪成需要的大小，放在锅底，然后再加入配料。竹垫可以反复清洗和使用，不过通常不太耐用。

油温计，糖温计
oil or sugar thermometer

在判断油炸用油是否达到合适的温度时，温度计特别有用（当然，如果有了足够的经验，你也可以不用它来判断油温）。

技法

CUTTING
刀工

刀工艺术是中国烹饪的基础。大多数食材都会被切成适合筷子夹取的形状。炒菜时，均匀地切菜也能确保每一块食物都能在同一时刻得到均匀加热。精确的刀工还能提高菜肴在视觉和触觉上的美感。造诣高的中国厨师能将食材切得一模一样，叫人咋舌。当然，如此的精确度在家庭烹饪中并不常见，但还是应该尽量把食物切得均匀。好好切菜除了在烹饪中能带来好处外，安静、有条不紊地切菜也是中餐烹饪的一大乐趣。如果你要切肉，尤其是比较肥的肉，最好事先冷冻一两个小时，变硬后切起来会容易很多。关于切菜的各种形状，中餐中有一整套词汇，下面我列举一些最重要的。

片
slices

片分很多种，有小小的"指甲片"，比如蒜片或姜片；还有比较大的"骨牌片"，和又宽又薄的"牛舌片"。

丝
slivers

小葱切段，然后把它们纵向切成很细的丝。有的食材可以先切成片，堆叠在案板上，再切成丝。

葱花
spring onion 'flowers'

将葱绿横着细切，切成葱花，可以用作清新的装饰。

细切（末、蓉）
fine chopping

大蒜和生姜通常被切成小的"米粒"，而火腿可以被切成末作为装饰。

滚刀块
roll-cut chunks

萝卜、芋头、竹笋等蔬菜都可以切成滚刀块，这样能够增加表面积。将蔬菜放在案板上，将菜刀呈一定角度，斜切下一大块，将蔬菜朝自己滚动四分之一，重复切的动作。有点像削一根粗粗的铅笔。

条
strips

将食材切成比较厚的片，再改刀成条。

拍
smacking vegetables

用刀面或擀面杖将食材拍松，有助于释放风味或吸收汁水。

小丁
small cubes

将食材切成比较厚的片，再切成条，然后改刀成小丁。

SALTING
盐腌

含有大量水分的蔬菜，比如萝卜，可以切成小块，用盐腌制半小时左右，然后挤压出水分。盐腌赋予蔬菜一种介于柔软和脆爽之间的美妙口感。

BLANCHING
氽水，焯水

切好的蔬菜通常会在正式烹饪前短暂过一下沸水。要么是为了断生，炒起来熟得比较快；要么是为了去除苦味或涩味，比如白萝卜。绿叶菜氽水后体积会缩小，放在尺寸较小的家用炒锅中炒起来会比较方便。竹笋之类的蔬菜氽水是为了去除天然的毒素。氽水还可以为罐装或袋装食材提味，比如腌笋或豆腐干。氽水时要注意，菜不要煮太久了，应该保持一定的爽脆。如果蔬菜氽水后不立即进行进一步的烹饪，通常会用凉水冲洗一下，然后沥水备用。

MARINATING
腌渍

中餐厨师腌渍食材，一方面是为了让其风味更为精妙细腻，为其去腥；另一个目的是奠定一种底味和底色。像盐、料酒、姜和小葱这样的调味料用于腌渍，为的是第一个目的；用酱油的目的则通常是后者。如果食材切得比较小，用于炒菜，则不需要很长时间的腌渍：把主材切片或切丝，加入腌料拌匀备用即可。这个过程中可以准备别的配料。

COATING IN STARCH
挂浆

正式烹饪之前，肉、鱼、海鲜或禽类经常会挂上用生粉和水（或鸡蛋）和成的面糊。有时候，食材裹上薄薄的一层面糊，以中火或小火先过一遍油（还有种比较不常见的处理方法是在微沸的水中过一遍），之后再下锅炒。被包裹在其中的食物会有一种柔软嫩滑的口感。比较浓稠的面糊可能会用作油炸挂浆，让食材在滚油中依然保持鲜嫩多汁。有的食物在下锅油炸前可能会裹一层干生粉。

STIR-FRYING
炒

炒是中国最重要的烹饪方法之一，餐馆后厨与家厨都是如此。炒菜速度快，经济实惠，而且能很好地保持蔬菜爽口的脆嫩和肉类与禽类的多汁。如果你想用一个锅做好几个菜，炒也是完美的烹饪方法，因为你可以迅速做好一系列简单的菜，中间只需要快速冲洗一下炒锅即可。

炒还有细分的方法，比如“滑炒”，指食物裹上生粉，以小火或中火炸过之后再迅速翻炒，以此保持食材的鲜嫩；还有“生炒”，即主材不会被裹上生粉。煸，是炒的另一种说法，通常用于不加酱料的干香菜肴。普通的家庭厨房里不可能像中餐馆那样爆火炒菜，但掌握几个窍门，你就可以在任何灶台上做出大部分的炒菜。

做好准备。正式开始烹饪前，要确保所有的材料和调味料都切成均匀的片、条、块、丝，该腌制好的腌制好，随时取用。胡萝卜和芹菜这类需要较长时间烹调的蔬菜，在炒前要先氽水。

不要在锅里放太多的配料。如果你一次放太多，火候会跟不上，最后食物出水太多，就变成蒸而不是炒了。如果你想把一道炒菜的量翻倍，最好是把同一道菜做两次，这样通常比一次做双份来得更快，效果更好。

好好烧锅（见第344页），一定要确保锅被加热到冒烟，再加入食用油和食材翻炒。

调味料要先“炒香”。锅烧好之后，加入食用油，稍微晃动一下让其挂锅，然后立刻加入蒜、姜或辣椒等香料。如果在加入之前油烧得过热，香料可能会变成深色，很快烧煳。加入之后迅速翻炒出香味，再加入其他配料。

油量要足。热油有助于加热和煮熟食物，而且，如果你按照中国人的习惯，用筷子夹取做好的菜，大部分的油都会留在盘子上。

STEAMING
蒸

蒸是中国最典型的烹饪方法之一，也是江南乡村厨房烹饪手法的中流砥柱。从根本上说，这是一种最简单、最经济的烹饪方法：你只需要把食材和调味料放在一个碗里，放在蒸笼里蒸。在农家的厨房里，人们通常会在热气腾腾的米饭上放一个竹架，然后在上面放上几道菜，这样米饭和菜就能蒸在一起了。蒸食保留了食材固有的味道和丰富的营养，不需要在锅中进行高温烤焦、上色或翻炒的变形过程。在江南，人们经常将新鲜的蔬菜，如豆子、竹笋或芋头，与风味浓郁的腌制品，如火腿或鱼干一起蒸；原料的精华在蒸汽中混合，成菜十分美味。

蒸食有一种非常温柔而有营养的感觉。我发现，一碗火腿蒸青豆（见第 180 页），再配上白米饭，这简简单单的晚餐是缓解一天压力或一顿大鱼大肉之后消食解腻的完美选择。

用竹蒸笼
with a bamboo steamer

带盖的竹蒸笼要和你的炒锅配套。放菜的碗或盘子要能放进竹蒸笼，周围还要留下足够的空隙让蒸汽循环。盘子要足够深，能够盛放食物在蒸制过程中流出的汁水。竹蒸笼里面涂油之后，可以将包子饺子直接放上去，也可以放在一片片焯过水的白菜叶或剪成小块的油纸上。将炒锅放在灶上，确保稳定。倒入足够的水，基本要达到竹蒸笼底部了，但不要接触食物。大火烧开后把食物放入蒸笼，盖上盖子蒸制。随时注意一下，必要的话要往炒锅里加开水。蒸完东西之后，你需要给炒锅涂一下油，免得生锈。

不用竹蒸笼
without a bamboo steamer

在锅底放一个金属蒸架（如果你没有蒸架，可以即兴发挥，用一个两头通的金枪鱼罐头瓶）。倒入足够的水齐平蒸架的顶部，烧开水。把菜盘放在蒸架上，盖上锅盖蒸。如果你用金属盖子，冷凝水就会聚集在锅盖内部，滴到食物上。为了防止这种情况发生，你可以用自带盖子的盘子，或者直接倒扣一个盘子上去，也可以用锡箔纸。你也可以使用带蒸笼的金属锅。

DEEP-FRYING
炸

炸要用到大量的油，所以餐馆里的油炸菜比自己做的要多，大部分在家自己做饭的人只有招待客人时才会做油炸的菜。尽管如此，大家也都很清楚，油炸的食物香味特别足，也有酥脆的口感。炒锅锅底比平底锅窄，油炸起来用的油也要少很多：如果你是分批少量地进行油炸，通常 400 毫升油就够了。很多食材都需要炸两次，第一次是“定型”和熟透，第二次是赋予食材酥脆的口感和金黄的颜色。如果你是用炒锅油炸，一定要确保炒锅完全稳定；如果用的是圆底锅，最好在灶上放个锅架。双耳炒锅也会比单长柄炒锅更稳定些。油炸时判断油温，油温（糖温）计是非常有用的。（如果没有，那么告诉你一个判断油温的标准：一块方形老面包在 180℃的温度下，约 60 秒会上色；而这个温度刚好是很多油炸菜需要的油温。）油炸后，记住剩下的大量的油可以再次使用，比如用来热锅然后做炒菜。

PRESSURE COOKING
高压锅

高压锅是很棒的发明，用来做汤和烧菜都会更快些。无论是蒸、煮还是焖烧，时间都会大大减少，也会让你少费心力，不用担心锅会烧干。

RED-BRAISING
红烧

红烧是最具特色的江南烹饪方法之一，尽管中国其他地方也在用。“红”指的是老抽为菜肴添加的那一抹深红色。通常，红烧用的调料就是老抽、料酒和糖，再加一点姜和小葱。快出锅时要开大火收汁，酱汁要变得深色浓稠，如同糖浆。红烧菜的汤汁浇在白米饭上，实在是太美味了。吃不完的汤水可以留下来，加一点豆腐、豆腐干或者你喜欢的蔬菜，重新加热。原则上来说任何食材都可以红烧，但最常被红烧的还是猪肉和鱼。因为红烧菜最后要收汁，所以一开始不要加太多老抽或盐，最后收完汁再根据口味加就行。江南的厨师用的是传统酱油，颜色很深，味道比较咸；我在家则是用老抽和生抽混合来达到同样的效果。我也会遵照自己非常钟爱的一家上海餐厅的主厨的说明，用一种草菇老抽来做红烧菜。

‘SMOTHERING’
焖

“焖”这个字描述的是将食材放在盖盖的锅中，起到一种“窒息”作用，让食材充分吸收酱汁的风味。有时候会将食材先炒后焖。中餐厨师经常说，让食物在锅中“焖一会儿”，可以作为烹饪过程中的过渡。

STEEPING
浸

浸是最为古老的中国烹饪方法之一，有强烈的江南特色。人们常常用料酒或黄酒发酵后留下的酒糟做成卤水，将或生或熟的食材浸在其中。做卤水可能还会用到发酵出来的“虾油”。过去，人们用浸的方法来保存新鲜食材，比真正的腌制时间要短些。

THICKENING SAUCES AND SOUPS
勾芡

遇到需要将酱汁或汤水变得浓稠的情况，中餐厨师通常会在出锅前将一定量的生粉和凉水混合加入，称之为“勾芡”。用这种方法来给炒菜勾芡，可以让酱汁挂在食材上，而不是稀稀地在菜盘上呈一摊水状。将生粉和凉水加入热汁水时一定要先搅一搅，确保均匀。水淀粉要稀如牛奶。如果过于稠厚，你又将其很突然地加入锅中，很可能会结块粘锅。也是出于同样的原因，生粉和凉水要从锅中央倒入，如果直接倒在锅边的热金属上，也会结块粘锅。生粉和凉水要少量分次加入，在收汁或给汤勾芡的时候一定要随时保持警惕，勾芡太重可能会导致汤汁过于浓稠。生粉和凉水加少了还可以再加，但加多了可就没有回头路了。在家做饭的人可能会想，炒菜的汤汁本来就少，还收什么收啊，但勾个芡就会显得比较专业，所以餐馆后厨常常会这么做。

‘GLEAMING OIL’
明油

在江南的餐馆中，厨师们通常会在菜起锅前拌一点油进去，使其更有光泽，这种方法被称为“明油”。有时候他们会用普通的食用油，有时候会在油中加入小葱、姜末和香料。普通人家烧菜很少用到这种方法，我自己在家也很少尝试。但有个例外，就是第 141 页的松鼠鱼，实相极佳，你可以看看“明油”是怎么操作的。

VINEGAR AS A TABLE CONDIMENT
桌上常备一瓶醋

醋通常是江南餐桌上常备的唯一调味品。醋可以用作油炸食物的蘸料，能带来清新的酸爽。醋也可以用来去腥，特别是鱼和海鲜（所以做虾和蟹都必须用到醋，当然别的食材也可以用）。江南菜尤其是油炸食物和海鲜中用到醋，在某种程度上有点像地中海烹饪中用到柠檬汁。

OTHER COOKING METHODS
其他烹饪方法

江南饮食还有其他很多烹饪方法，有些特别具体：“炖”指的是将食材长时间小火煮，做成汤菜；“烩”是把所有的食材切成细丝一起煮；“烤”菜有著名的叫花鸡；“叉烧”是将食材（通常是一大块五花肉）穿上烤扦，以暗火慢慢烧烤。

延伸阅读

我在写作此书的过程中，阅读和参考的大量读本资料都是中文，出了中国基本就买不到。因此，把参考资料完全列出来，对大部分读者是没用的，也会抢了菜谱的风头，如果想要完整的参考资料，请去我的个人网站 **fuchsiadunlop.com** 上自提。

下面列出的是我选出来的一些阅读资料，我发现它们对于理解江南地区的文化和美食，很有裨益。

《红楼梦》，曹雪芹著。这本中国古典小说虽然名义上的背景是中国北方，描述的其实是江南上流社会悠闲精致的生活。曹雪芹的早年时光也是在江南度过的。

《中国文化中的饮食：人类学与历史学视角》，张光直主编。特别值得一读的是迈克尔·弗里曼写宋朝饮食的那一章，用大量篇幅描写了古代杭州的美食生活。

《蒙元入侵前夜的中国日常生活》，谢和耐著。书中生动展现了 13 世纪杭州的生活图景。

《中国科学技术史》第 6 卷《生物学及相关技术》第 5 分册《发酵与食品科学》，黄兴宗著。这本书非常出色，很有学术价值，其中有大量关于中餐的信息，很多都和江南有关，令人着迷。

《淡之颂：论中国思想与美学》，朱利安著。这本哲学著作简明扼要而又生动出色地解释了中国人对委婉与低调的热爱。

《马可·波罗游记》，马可·波罗著。马可·波罗在这本书中描述了 13 世纪的江南。

《浮生六记》，沈复著。一位江南文人记录的日常雅趣，虽然是未完成的作品，但十分细腻精妙。

《中国经典美食》，苏欣洁著。作者做了详尽的研究，收录了很经典的中国菜谱。书的前言特别有用。

齐安娜·韦利－科恩著《追求完美的平衡》，收录于保罗·弗里德曼主编《食物：味道的历史》。

我还写过一些以江南饮食文化为主题的文章，也可供大家一读：

'A Dream of Red Mansions' in ***Shark's Fin and Sichuan Pepper: A Sweet-Sour Memoir of Eating in China*** (Ebury Press, London, 2008), about Yangzhou and its food.《鱼翅与花椒》中的《红楼梦》一章，主题是扬州和扬州美食。

'Garden of Contentment' in the ***New Yorker*** (November 24, 2008).《满足之园》，写的是戴建军和龙井草堂，2008 年 11 月 24 日发表于《纽约客》。

'The Seduction of Stink' in ***Saveur*** (issue 177, October 2015).《臭的诱惑》，写的是绍兴的各种臭食，2015 年 10 月发表于《美味》杂志第 177 期。

'Kicking Up a Stink' in the ***Financial Times Weekend*** (20 May, 2011).《臭味攻击》，写在绍兴吃到的类似于臭奶酪的食物，2011 年 5 月 20 日发表于《金融时报周末版》。

'The Delicate Flavours of Suzhou Cuisine' in the ***Financial Times Weekend*** (11 September 2010).《苏州美食的精妙风味》，2010 年 9 月 11 日发表于《金融时报周末版》。

致谢

这本书得以付梓，要感谢很多中国朋友用他们的慷慨与大方来“喂养”我。首先，我要把最隆重的感谢献给杭州龙井草堂老板戴建军，他从一开始就一直给我鼓励，允许我进入他的厨房，引领我去了解无数经典名菜，并带我开阔眼界，领略江南烹饪的奇妙。我谨以此书献给他，向他致敬。

龙井草堂以及戴建军位于浙南的有机农场，这两处的员工一直是我游历异乡的亲人。我很荣幸能够在龙井草堂的后厨向经验丰富的大厨董金木、郭马和杨爱萍学习，当然还有草堂现任行政总厨陈晓明，他总是不厌其烦地回答我的各种问题。在浙南农场上，大厨朱引锋带着我搜寻食物，采集收割，做了让我永生难忘的珍馐佳肴，还与我分享了他对烹饪艺术的深刻认识，以及十分感染人的激情与热爱。周叔、何大师、洪大师以及“夏夏”，都让我跟着他们在江南遍访农人、渔夫，而蒋丽、任雪艳、杨崴宁和钱璐也给予了我最慷慨大方的帮助。

还是在杭州，拥有丰富经验的大厨胡忠英将我迎进他的后厨，极大地丰富了我对浙江菜的认识。我也会永远感谢大厨符岳良在多年以前将我送去龙井草堂吃午饭。这一路上，大厨牛永强和刘国明也给了我不少帮助。

在绍兴，大厨茅天尧一直指导我，激励我。我还想感谢绍兴的胡飞霞，以及孙国墚、周国熊和吴建苗，还有绍兴本地的酿酒人韩建嵘。

在苏州，沙佩智和她的同事蒋元祥、姜梅珍、张书超所传授给我的东西，实在用语言无法表达。我还想感谢朱安龄（音译）、经验丰富的大厨孙福根和陆金才、面食大厨屈桂明以及得月楼的行政总厨。

在扬州，我非常荣幸地得到当地饮食专家夏永国的照顾，他带我吃饭，为我安排娱乐，还给我讲述了这个古老城市的悠久历史与饮食文化。大厨张皓、葛华林（音译）以及他们的同事沈纬和杨朝晖允许我进入他们的后厨学习，我也学到很多东西，包括如何给鸭子去骨塞馅儿，怎么做狮子头。大厨杨彬领着我逛了当地一个菜市场。我还想感谢刘广顺，为我做了一顿扬州点心，美味得难以置信。

李建勋，一个颇有天赋的厨师，在伦敦经营着一家上海菜餐厅兼夜总会。他一直毫无保留地与我分享自己的烹饪知识。他和居住在上海的母亲何玉秀，一直激励我在这条道路上不断探索，并且教给我很多上海家常菜的知识。我的朋友冷玫瑰是我探索江南菜道路上的又一盏明灯：超过十五年前，她带我去香港的宁波同乡会吃饭，让我初尝江南美味；还给我介绍了上海很多绝妙的餐馆与诱人的美味。我很幸运地得到玫瑰那个大家庭的帮助，特别是她的姨妈徐乃奋和表弟李耶良，后者费了很多心力，安排我参观了一个豆腐厂。“福 1088”的主厨卢怿明带我认识了上海的很多珍馐佳肴。

宁波大厨陈效良允许我进入他的后厨，他手下的一位厨师鲍海敏引领我认识了宁波美食界的全貌。我还要感谢宁波的餐馆老板崔光明和厨师林红源，以及“缸鸭狗”餐厅的经理和员工。在中山，罗丝的表哥林伟带我吃了当地那些令人愉悦的海鲜，不但下了馆子，还在他自家的厨房里亲自动手。他的朋友陈信芳开车带着我们四处转悠觅食。

在南京，我要特别感谢彭东生、范萌和玲玲。

安徽大厨郑成江十分周到地尽了地主之谊，凌建军则非常出色地向我讲解了徽州的饮食文化和烹饪技法。同时也感谢大厨丰建军和高杨飞；还有绩溪的厨师周小忠、汪志国、周永忠和唐念东；还有西递的孙文平师傅和胡广胜经理；以及宏村附近的张旺和师傅。

我还要感谢成都老朋友王旭东和刘耀春的帮助。感谢《东方美食》杂志的刘光伟和 Simon Liu，以及长沙的刘伟和三三。上海的弗朗西斯卡 · 塔罗科和努齐亚 · 卡本带我去了无数的场合。（也忍受了我很多无理要求!）而格温 · 切斯奈斯和戴维德 · 夸迪奥是我多次江南冒险之旅的同伴。也感谢香港苏珊 · 郑和奈杰尔 · 凯特对我的热情招待。

在伦敦，如果没有露西 · 沃克和尼基 · 约翰逊为我提供支持，这本书是完不成的。伦敦水月巴山集团（Barshu Group）的朋友和同事也给了我很多帮助：万分感谢邵伟、娟子、Sherrie Looi 和 Anne Yim。感谢水月巴山的厨师张华兵、郑清国和傅兵，他们热心慷慨，帮我拍了照片；傅兵还帮助我精进了包包子的技术。我还要感谢帮我尝菜的“小白鼠”们：凯西 · 罗伯茨、山姆 · 查特顿 · 迪克森、亚当 · 利伯、吉米 · 利文斯通、索菲·门罗、王开和西蒙·罗比，谢谢你们为我试菜，并且给出自己的建议。保罗·迈克尔、玛拉·鲍曼、维姬·弗兰克斯和奥吉斯蒂娜·霍罗都给予了我很多帮助，让我把工作继续下去。阿尼萨·赫鲁与我无论是在工作上还是美食上都志同道合。我的母亲卡罗琳·邓洛普很热心地帮我试菜谱。也感谢丽贝卡·凯斯比、佩妮·贝尔、吴晓明和西玛·麦钱特，你们都是很棒的朋友。要特别感谢兰布罗斯·基拉尼奥蒂斯给予的爱与支持，感谢他在很多我自己都丧失信心的时候，仍然相信我，相信这本书。

能够和布卢姆斯伯里（**Bloomsbury**）出版公司以及出色的编辑娜塔莎·贝洛斯、爱丽森·考思、理查德·阿特金森、夏肖·斯图尔特、爱丽森·格洛索普和玛丽娜·阿森霍合作，我实在是万分荣幸。也感谢劳拉·格拉德温一丝不苟地审稿改稿，感谢她给予我的耐心。能和杉浦由纪和辛西娅·伊尼恩斯合作拍摄本书图片，我感到非常愉快。很荣幸美国版能由 **W. W.** 诺顿的玛丽亚·瓜耳纳斯凯利出版；我也非常感激艾琳·辛斯基·洛维特。还要一如既往地感谢我优秀的代理，佐伊·沃尔迪。

最后我想说，我很清楚中国的朋友和老师们已经耐心等待这本书良久。感谢所有人信赖我，把你们的菜谱和故事倾囊相授。我尽全力用语言和菜谱来稍稍表现中国卓越的饮食传统，当然，我永远无法完全表达那种瑰丽和伟大。希望你们能原谅我的错误和疏漏，愿这本书能唤起美好回忆，让你们想起我们在秀美江南共度的美妙时光。

TRANSLATOR'S WORDS

译后记

字里行间的“莼鲈之思”

“淮扬菜是不加辣椒的川菜。”

在扶霞的饮食札记《鱼翅与花椒》中看到这句话，我是有一点惊讶的。淮扬菜是我不甚了解的领域，但印象中总是小巧碟子里一水儿的清白翠碧，拥有各种无论看上去还是念起来都十分温柔的菜名。我怎么也想不出来，淮扬菜竟然会和整体上调味偏重、大开大合的川菜扯上关系。

但扶霞笔下的扬州与整个文化意义上的大江南地区，实在太美好了，美好到在中国（主要是四川地区）的饮食研究陷入瓶颈的她，在那里恢复了对中餐的爱，继续踏踏实实地做“中国人”，为各个地区的中国菜“立传”。她甚至多次提到“扬（扬州）一益（成都）二”，提到她对江南的爱如数年前对四川的爱一样炽烈，让我这个川妹子颇为不服：“扶霞！我们一群读者可是已经在精神上给你成都户口了啊！你怎么能这样‘见异思迁’！”

带着疑问、向往和一点不甘，我揣着一本《鱼翅与花椒》，在早春时节下了江南。苏浙的小桥流水与精致园林，以杏花雨和杨柳风迎接我，热爱花花草草的我，迷醉在柳絮如烟、繁花似锦之中。不到江南，不知春色如许。我除了背诵古时候文人墨客在大江南留下的诗词名篇，竟然词穷，只是一个劲儿地感叹：“好美！”春天仿佛格外厚待这片秀美的土地，予我江南柳、雨如烟、樱花雪、临江仙。

在这繁花柔水中享受的吃食更让我大赞：腌笃鲜、马兰头、小蚕豆、莼菜、鳜鱼……都让我感受到风情万种的春日生机；到扬州吃了几顿早茶，一向不喜吃包子的我也被三丁包和五丁包丰富的口感和味道惊艳。体验了正宗的淮扬菜，我总算明白了扶霞写的那句话：淮扬菜以咸打底，以鲜提味，注重微妙之处的调味，也讲究刀工与火候，这些都与川菜的要点不谋而合，可不就是不加辣椒的川菜吗！那个春天过得实在快乐，我在大江南徜徉流连的样子，实在是名副其实的“乐不思蜀”了！

回来以后我便犯了相思病，天天网购，江南的马兰头、春笋、莲蓬、桂花……在不同季节分别到达我家，变成各式各样的江南菜。我甚至还尝试过把嫩豆腐切成“头发丝”，想做文思豆腐；当然我这三脚猫的刀工根本连“扬州一把刀”的皮毛都赶不上，但我加了上好的火腿，切成细丝，做成一道粗糙家常版文思豆腐，聊慰我的“忆江南”。

做法简单但味道妙不可言的糟卤毛豆和“糟卤一切”，更成为我们家饭桌上常常出现的一道凉菜，在蜀地湿热的夏日里带来清凉爽口的风味。（我的糟卤菜会加一些川味，煮和“糟”的时候会多加一些香料，这种做法受到江南土著的赞赏，他们认为这样做出来的糟卤菜口味层次更为丰富。做好的糟卤菜与成都的朋友们分享，他们往往赞不绝口，也学我，从江南网购糟卤，让饭桌上增添一道异乡风情。）

所以扶霞问我愿不愿意翻译《鱼米之乡》时，我还没等她把话说完便一口答应，说：“我爱鱼米之乡!”想想自己曾经因为扶霞似乎比之川蜀更爱江南而吃醋，难免觉得自己狭隘了。（啊，实际上是我自己也有点“变节”！）

扶霞已经出版过英文的湖南菜谱、川菜谱和家常菜谱（其中川菜谱《川菜》已有中文版）。每当我谈起她的这些书，总免不了有人疑问，《鱼翅与花椒》是一个热爱中国的外国人在中国的饮食与文化见闻，让中国读者透过蓝眼睛获得全新的视角去看待中国的美食文化，出中文版再合适不过。但如果是菜谱的话，早就熟悉了锅碗瓢盆、炉灶烟火的中国人，为何要去参考一个英国人写的中餐菜谱呢?

这个问题我总不知从何答起，只好回道：“你可以看看这本书再说。”且不谈开篇洋洋洒洒的“秀美江南”详细而生动地述说了江南的饮食文化发展历史，单是在书中看到扶霞细腻地描写龙井村的茶忙，条理清晰地捋顺江南“臭臭菜”的起源与发展，生动地讲述自己与每一种美味在烟雨江南相遇的场景，深情地感谢在那美好的地方遇到的所有温柔的人，并且一丝不苟地在伦敦的厨房里以科班的专业功底和因地制宜的创意复刻她想念的每一道菜，你也会和我产生同样的感觉：“属于中国的世界人”扶霞，她实在有资格写这样一本书。身为中国吃货的我，深深感激她可以做这样的梳理，把菜谱、故事、风土人情都融汇到这一本“江南之旅”中，带我游江南、玩江南、吃江南。

《鱼米之乡》里提到了一位官员，因为过于思念和渴望江南家乡的莼菜羹和鲈鱼脍，毅然从北方辞官返乡，这舌尖上的乡愁被称为“莼鲈之思”。我自从深度游过江南，返乡之后便也莫名其妙地总是思念起那里精致美好、透露着谦逊的富庶之风的吃食。大成都自己也是美食之都，本土饮食文化强势，正宗的江南菜馆往往难觅。前面也提过，相思难耐时，我总网购江南的食材自己在家做，因此试过的江南菜谱也不在少数。扶霞的菜谱恰恰为我在厨房中重现大江南之味提供了一个涵盖全面、用料精准的范本。翻译这本书的过程中，我也往往起身把想试的菜谱实践一番，从未“翻过车”。（菜谱好要占首功，我的厨艺也是不错的！）

完成这本书的翻译之后，我心痒难耐，又恰逢烟花三四月，于是组织了一个“吃货团”，再次去江南赏春。这次有了《鱼米之乡》奠定的坚实理论基础，我面对很多菜都能正儿八经地说出个所以然，那些咸香鲜美，似乎因此更上了一个层次。我们用吸管吃灌汤包，观赏冰清玉洁的琼花；品尝“正是欲上时”的河豚，任晚樱“拂了一身还满”；在廊下听雨喝茶，看“绿杨烟外晓寒轻”；深深感激江南待我们不薄，感叹这片大地上一草一木皆有灵，乘着春风的翅膀，把不输给古诗词中的春色呈现给我们。

我翻译每一本书，总少不了在翻译期间找些合适的读者，寻求鼓励和建议。而关于这本《鱼米之乡》，我要谢谢杭州朋友吴泓艺，她因为杭州土著的身份，成为译稿的第一读者，为我把关了书中涉及江南本土的一些专有词汇。有了你，杭州于我便成为一个故乡，“忆江南，最忆是杭州”，白居易诚不欺我！

感谢热爱大江南的沪漂东北独立女性尹小玉，我的每一次江南之行，都因为你的陪伴或攻略，变得更好吃更好玩。我们俩一西南一东北，却都能在他乡找到故乡般的幸福感和归属感，这是奇妙的幸运与缘分。我愿意与你相约每一个灿烂的花朝节。

当然也要谢谢亲爱的你，莼菜羹也好，鲈鱼脍也罢，任何佳肴都希望和你一起品尝，滋味才是最好。谢谢你给我温暖、自由、美好的爱，让我勇敢前行。

谢谢亲爱的扶霞，把四川之外的菜谱放心交给我翻译，这是属于吃货与吃货之间的信任。翻译过程中能时时咨询原作者并得到详细解答，这实在是译者之幸，叫我时常感叹自己何德何能。愿伦敦的疫情早日得到缓解，你我能相约在江南水乡，春江花月夜之下就着黄酒尝尝精致的小菜。我对江南的“莼鲈之思”中，也有你的身影。

最后的感谢给予江南，感谢你总是把最美好的春天呈现给我，以温柔的泼墨，让花朝与月夜、江河与流水、美味与笑容全部朝我扑面而来，让那软糯缱绻的温柔乡包裹我，从此一个川蜀之人，会时时祝愿巴蜀与江南都风调雨顺，祝愿你我岁岁常相见。

何雨珈

2021 年暮春于江南之旅后

图书在版编目（CIP）数据

鱼米之乡 / (英) 扶霞 · 邓洛普著 ; 何雨珈译 . --
北京 : 中信出版社, 2021.7
书名原文: Land of Fish and Rice:Recipes from
the Culinary Heart of China
ISBN 978-7-5217-2911-5

Ⅰ . ①鱼… Ⅱ . ①扶… ②何… Ⅲ . ①菜谱—华东地
区 Ⅳ . ①TS972.182.5

中国版本图书馆CIP数据核字(2021)第039448号

鱼米之乡

著　　者：[英]扶霞 · 邓洛普
译　　者：何雨珈
出版发行：中信出版集团股份有限公司
（北京市朝阳区惠新东街甲4号富盛大厦2座　邮编　100029）
承 印 者：北京启航东方印刷有限公司

开　　本：880mm × 1230mm　1/16　　印　　张：23.25　　字　　数：400千字
版　　次：2021年7月第1版　　印　　次：2021年7月第1次印刷
京权图字：01-2020-1968
书　　号：ISBN 978-7-5217-2911-5
定　　价：158.00元